全レベル問題集
物　　理

［物理基礎・物理］

小菅俊夫　著

④

私大上位・
国公立大上位レベル

JN036232

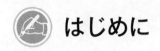 はじめに

　本書では，物理の考え方，解き方の手法が繰り返し役に立つよう，
　　　　　　「今後に生きる問題集，次につながる問題集」
を基本方針として，本シリーズのレベル4にふさわしい，味わい深い問題を選び，
丁寧な解説を心がけました。

　内容の高度な入試問題には，大学の出題者から「このことは理解しておいてほ
しい」，「ここは重要事項なので，一歩踏み込んで考えてほしい」というメッセー
ジが込められているように感じます。たとえば，2物体の相対運動，気体の断熱
変化，波動の干渉の条件式，磁場が関係する電磁気現象などの問題がそうですが，
「易しい・難しい」ということとは別に，問題文そのものが「解説的に・説明的
に」記述されているものが多く見受けられます。そして，教科書とは異なる観点
から物理現象をとらえさせたり，既知の物理現象をさらに一歩踏み込んで深く理
解させる問題ばかりです。

　本書ではこのような問題を徹底的に扱い，本書での考え方，解き方の手法が
「これ，あの問題集でやったじゃない！」といえるような内容をめざしました。

　一方，多くの受験生が「物理で必要とされる数学」を苦手と感じているかもし
れませんが，問題演習を重ねると「ごく限られた数学が，ごく限られた方法で」
しか使われていないことがわかります。高等学校で学ぶ膨大な数学に比べれば，
物理で必要とされる量はわずかで，本書を通じて使用法を習得し，苦手意識を克
服してください。

　読者のみなさんから「そうか，これはそういうことなのか。わかったぞ！」と
いう，その声が聞こえてくるような思いをしながら，夢中になって執筆しました。
本書を通じて，みなさんが栄冠を勝ちとり，晴れやかに大学生となりますことを
願っております。そして，数ある参考書の中の本書を，ふと思い出してもらえた
ら，それだけでうれしく思います。

小 菅 俊 夫

 # 目 次

著者紹介：小菅 俊夫（こすげ としお）

1949 年東京生まれ。東京工業大学物理学科卒，同大物理学専攻修士課程修了。元都立高校教諭。好きなもの（好きなこと）は，奈良の郊外，本，ガラス磨き，授業素材の構想・考案，辞書の通読，柴犬，早起き。授業で大切にしているのは「語り」で，生徒を飽きさせない壮大な大迫力の講義が持ち味。著書に『覚えておくべき物理公式 101』（旺文社）。『全国大学入試問題正解物理』（旺文社）の執筆者の一人。

装丁デザイン：ライトパブリシティ　　　　　編集協力：株式会社 FunStudyProduction
本文デザイン：イイタカデザイン　　　　　　編集担当：椚原文彦

本シリーズの特長

1. 自分にあったレベルを短期間で総仕上げ

　本シリーズは，理系の学部を目指す受験生に対応した短期集中型の問題集です。4レベルあり，自分にあったレベル・目標とする大学のレベルを選んで，無駄なく学習できるようになっています。また，基礎固めから入試直前の最終仕上げまで，その時々に応じたレベルを選んで学習できるのも特長です。

　　レベル①…「物理基礎」と「物理」で学習する基本事項を中心に総復習するのに最適で，基礎固め・大学受験準備用としてオススメです。

　　レベル②…共通テスト「物理」受験対策用にオススメで，分野によっては「物理基礎」の範囲からも出題されそうな融合問題も収録。全問マークセンス方式に対応した選択解答となっています。また，入試の基礎的な力を付けるのにも適しています。

　　レベル③…入試の標準的な問題に対応できる力を養います。問題を解くポイント，考え方の筋道など，一歩踏み込んだ理解を得るのにオススメです。

　　レベル④…考え方に磨きをかけ，さらに上位を目指すならこの一冊がオススメです。目標大学の過去問と合わせて，入試直前の最終仕上げにも最適です。

2. 入試過去問を中心に良問を精選

　本シリーズに収録されている問題は，効率よく学習できるように，過去の入試問題を中心にレベル毎に学習効果の高い問題を精選してあります。なかには入試問題に改題を加えることで，より一層学習効果を高めた問題もあります。

3. 解くことに集中できる別冊解答

　本シリーズは問題を解くことに集中できるように，解答・解説は使いやすい別冊にまとめました。より実戦的な問題集として，考える習慣を身に付けることができます。

 # 本書の使い方

　問題編は学習しやすいように分野ごとに，学習進度に応じて問題を配列しました。最初から順番に解いていっても，苦手分野の問題から先に解いていってもいいので，自分にあった進め方で，どんどん入試問題にチャレンジしてみましょう。

　問題を一通り解いてみたら，次は別冊解答に進んでください。解答は問題番号に対応しているので，すぐに見つけることができます。構成は次のとおりです。解けなかった場合はもちろん，答が合っていた場合でも，解説は必ず読んでください。

　　答　…一目でわかるように，最初の問題番号の次に明示しました。
　解説…わかりやすいシンプルな解説を心がけました。
　Point…問題を解く際に特に重要な知識，考え方のポイントをまとめました。
　注意…間違えやすい点，着眼点などをまとめました。
　参考…知っていて得をする知識や情報，一歩進んだ考え方を紹介しました。

志望校レベルと「全レベル問題集　物理」シリーズのレベル対応表

＊ 掲載の大学名は本シリーズを活用していただく際の目安です。

本書のレベル	各レベルの該当大学
① 基礎レベル	高校基礎〜大学受験準備
② 共通テストレベル	共通テストレベル
③ 私大標準・国公立大レベル	[私立大学] 東京理科大学・明治大学・青山学院大学・立教大学・法政大学・中央大学・日本大学・東海大学・名城大学・同志社大学・立命館大学・龍谷大学・関西大学・近畿大学・福岡大学　他 [国公立大学] 弘前大学・山形大学・茨城大学・新潟大学・金沢大学・信州大学・神戸大学・広島大学・愛媛大学・鹿児島大学・東京都立大学　他
④ 私大上位・国公立大上位レベル	[私立大学] 早稲田大学・慶應義塾大学／医科大学医学部　他 [国公立大学] 東京大学・京都大学・東京工業大学・北海道大学・東北大学・名古屋大学・大阪大学・九州大学・筑波大学・千葉大学・横浜国立大学・大阪市立大学／医科大学医学部　他

学習アドバイス

物理は「きっちり理解できる科目」です！

　本書では，内容豊かな充実した入試問題を精選し，「高度な内容の入試問題とはどういうものか」を示してみました。

　問題文は極力原文のまま掲載しました。これは実際の入学試験の場を想定して，1題あたりの問題の「量」を実感して欲しかったからです。そのため，さらっと第1問から解けていける，という構成にはなっていません。ですから「解けそうな問題」，「見たことのあるような問題」から解いてみるのがオススメです。また，1題あたり25〜30分程度を目標に，集中して問題に取りかかってみてください。

　そして，物理はあいまいさなしに「きっちり理解できる科目」です。ていねいな解説を心がけ，疑問点を解消できるように至るところに注意を入れました。また，正解は出たけれど「つまり，どういうこと？」と，かえって疑問が残るような問題には研究をつけたので，確信を持って理解してもらえれば本望です。

物理は言葉じゃなくて，数式で理解！

　言葉でどんなに説明したとしても，たった1行の数式が奏でる真実には遠く及びません。これと同じように高度な入試問題では，数学的手法が問われることが多くなります。言葉でいくら理解していても，わかったつもりになっていても，高度な入試問題では数式を深く理解していなければ太刀打ちできません。

　でも安心してください。物理で使われる数学は，数学全分野のごく一部分です。「数学もできなきゃ…」と焦らず，本書解説文で使用されている数学だけは理解するように努めてみてください。

　以下に，よく出る4項目の数式をまとめておきますので，ぜひ，参考にして使いこなせるようにしてください。

(1)　ベクトル

　物理はベクトル量なしでは語れませんが，実際の扱いは「矢印」と大差なく，「向き（正負）」と「成分（大きさ）」に分解して考えるだけです。

　また，高校物理ではベクトルどうしの「積（内積）」が仕事で登場しますが

$$W = \vec{F} \cdot \vec{s} = Fs\cos\theta$$

として使用される以外は，ほとんどありません。

(2) 三角関数，余弦定理

ベクトルを成分で表示するにあたり，sin，cos，tan を使いこなせなければなりません。また，$\sin^2\theta+\cos^2\theta=1$ の関係式は当然のことながら，以下の2つの公式もよく出てきますので，式の変形に習熟しておきましょう。

$$\sin(\omega t+\alpha)+\sin(\omega t+\beta)=2\sin\left(\omega t+\frac{\alpha+\beta}{2}\right)\cos\frac{\alpha-\beta}{2}$$

$$\sin(\omega t+\omega\varDelta t)=\sin\omega t\cos\omega\varDelta t+\cos\omega t\sin\omega\varDelta t \quad\cdots\cdots①$$

また，余弦定理を使うことがあります。ただし，ほとんどの場合は「b，c，θ が既知の場合に，残る a の長さを求める」という使い方です。これもしっかりマスターしておきましょう。

$$a^2=b^2+c^2-2bc\cos\theta$$

(3) 漸化式の一般項

床との n 回衝突やスイッチの n 回切り替えなど，極限値を求めさせる問題もしばしば登場します。その際，漸化式の一般項を求める場合もありますが，特に2項間漸化式 $a_n=pa_{n-1}+q$ は係数を調整して

$$a_n-\alpha=\beta(a_{n-1}-\alpha)$$

型に書き換える求め方をマスターしておきましょう。

✆ 近似計算にも慣れておこう！

近似計算は物理全分野にわたる頻出項目です。そのほとんどが，問題文に与えられていますが，本書の解説をよく読んで，使うタイミングをしっかりつかんでください。また，次の頻出の近似計算は覚えておきましょう。

x が1に比べて十分に小さいとき $(x\ll1)$，θ〔rad〕が十分に小さいとき，

$$(1+x)^n\fallingdotseq1+nx,\quad \tan\theta\fallingdotseq\sin\theta\fallingdotseq\theta,\quad \cos\theta\fallingdotseq1$$

たとえば，上の式①で $\varDelta t$ が十分に小さいとき，$\omega\varDelta t$ も十分に小さくなり，

$$\sin(\omega t+\omega\varDelta t)\fallingdotseq\sin\omega t+\cos\omega t\cdot\omega\varDelta t$$

は頻出なので押さえておきましょう。

それでは，はじめましょう！

第1章 力 学

1 等速回転しながら落下する2球の運動

質量 m の小球A，Bが長さ l のひもの両端に
つながれている。図のように水平な天井に小球
A，Bを l だけ離して固定した。小球Bを固定し
た点をOとし，重力加速度の大きさを g とする。
小球A，Bの大きさ，ひもの質量，および空気抵
抗は無視できるものとする。以下の設問に答えよ。

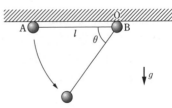

問1 小球Bを固定したまま小球Aを静かに放した。

(1) ひもと天井がなす角度を θ とする。小球Aの速さを θ を用いて表せ。ただし，

$0 \leqq \theta \leqq \dfrac{\pi}{2}$ とする。

(2) 小球Aが最下点 $\left(\theta = \dfrac{\pi}{2}\right)$ に達したときのひもの張力の大きさを求めよ。

(3) 小球Aが最下点 $\left(\theta = \dfrac{\pi}{2}\right)$ に達したときの小球Aの加速度の大きさと向きを求め
よ。

問2 小球Aがはじめて最下点 $\left(\theta = \dfrac{\pi}{2}\right)$ に達したときに小球Bを静かに放した。この
時刻を $t=0$ とする。

(4) 2個の小球の重心をGとする。小球Bを放した後の重心Gの加速度の大きさと向
きを求めよ。

(5) 時刻 $t=0$ における，重心Gに対する小球A，Bの相対速度の大きさと向きをそ
れぞれ求めよ。

(6) 時刻 $t=0$ における，ひもの張力の大きさを求めよ。

(7) 時刻 $t=0$ における，小球A，Bの加速度の大きさと向きをそれぞれ求めよ。

(8) 小球Bを放してから，はじめて小球Aと小球Bの高さが等しくなる時刻を求めよ。

(9) 小球Bを放した後の時刻 t における小球Aの水平位置を求めよ。ただし，点Oを
原点とし，右向きを正とする。

〈東京大〉

2 支点が固定されていない振り子の運動

次の文を読んで，□□□ に適した式を，それぞれ記せ。

問1 図1に示すように，質量 M の小球Aが，質量を無視できる
長さ l の伸びない糸でつり下げられており，糸の他端に取り付
けられた質量 m の小物体Bは，水平な直線レールに沿ってな
めらかに移動できるようになっている。重力加速度の大きさを
g とし，空気抵抗は無視できるものとする。

はじめに，図1の静止状態において，小球Aの α 倍の質量
αM を持つ小球Cが，水平右向きに速さ w_0 で小球Aに正面衝
突し，両球は互いに水平方向にはね返された。小球A，Cの衝
突後の運動は，レールを含む鉛直平面内に限られるものとする。

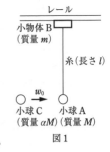

図1

8

衝突直後，小物体Bはレールに沿って滑り始めたが，その初速度は0であった。小球Aと小球Cの衝突のはね返り係数(反発係数)がeであるとき，衝突直後の小球Aの速さは ____(1)____ であり，小球Cについては，もし不等式 ____(2)____ が成り立てば右向きに運動し，その速さは ____(3)____ である。また，この衝突によって失われた全力学的エネルギーは ____(4)____ である。

問2 問1における衝突によって，小球Aが得た水平右向きの初速度の大きさをu_0と記し，以下では，衝突後の運動に関係する諸量をu_0を用いて表すことにする。衝突の後，小物体Bはレールに沿って移動しつつ，糸は鉛直状態を中心にして左右に振れた。ただし，振れの最大の角度は90度よりも小さかった。ある瞬間に，小球Aの速度の水平成分(右向きが正)がuであり，小物体Bのそれがvであった。uとvとの間には等式 ____(5)____ が成り立たなければならない。一方，同じ瞬間に，小物体Bから距離xだけ離れた糸上の点が持つ速度の水平成分は，糸が直線状であることに注意すれば，u, v, l, xを用いて ____(6)____ のように表される。これら2つの関係から，$x=$ ____(7)____ の点の速度はつねに一定の水平成分 ____(8)____ を持つことがわかる。

問3 糸が図2に示されるように右に振れ切った瞬間，小球Aは水平方向にのみ速さ ____(9)____ を持ち，最低点から ____(10)____ だけ高い位置にある。その後はじめて糸が鉛直になった瞬間における小球Aの運動は，もし不等式 ____(11)____ が成り立てば右向きであり，その速さは ____(12)____ である。また，同じ瞬間における小物体Bの速さは ____(13)____ である。

〈京都大〉

3　加速度運動する台車に対する相対運動

図のように，なめらかな水平面Dの上に，直方体形の物体Cを置く。物体Cのなめらかな上面に，小球Aを置き，小球Aを手で動かないように押さえる。小球Aと小球Bを軽い糸でつなぐ。物体Cの上面の一端に置かれたなめらかな滑車に糸をかけて，小球Bを物体Cのなめらかな側面に

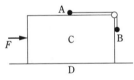

接してつり下げる。手を放して，小球A，Bが運動し始めてから，小球Bが水平面Dに付くまでの間の小球A，Bおよび物体Cの運動について以下の問いに答えよ。ただし，小球A，小球B，物体Cの質量をそれぞれ$3m$，$2m$，$10m$とする。答えには，m，g(重力加速度の大きさ)，および数字以外を用いてはならない。

図のように水平方向に力Fを加える。

(1) 物体Cが静止しているとき，小球Bの落下加速度を求めよ。

(2) 物体Cを静止させている力Fの値を求めよ。

(3) 物体Cが静止しているとき，水平面Dが物体Cに及ぼす垂直抗力を求めよ。

　力Fを増加させたところ，物体Cは力Fと同じ向きに$\frac{1}{10}g$の加速度で運動した。

(4) このときの小球Bの落下加速度を求めよ。

(5) このときの力Fを求めよ。

〈横浜国立大〉

4　加速度運動する三角台に対する相対運動

以下の　　　　の中に適当な数，式または説明を記入せよ。

図のように，水平な床の上に，質量 m〔kg〕で断面が直角三角形の台が置かれている。台は水平面に対して θ〔rad〕の角をなす平らな斜面を持ち，その斜面の上に質量 m'〔kg〕の物体が載っている。台は，つねに床と接しながら，x 軸方向に動くことができるとし，鉛直上向きを y 軸の正の方向とする。物体は xy 平面内で回転することなく斜面に沿って運動する。重力加速度の大きさを g〔m/s²〕とし，

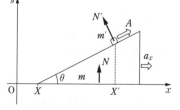

図　斜面を持つ台と物体.

床と斜面はなめらかで摩擦力は無視できるとして，台と物体の運動を考える。

床と接する斜面の左端の x 座標を X〔m〕とし，静止した観測者から見たときの，台の加速度の x 方向の成分を a_x〔m/s²〕とする。また，物体の x 座標を X'〔m〕とし，台とともに運動する観測者から見たときの，物体の加速度の斜面に沿った方向の成分を，斜面を上がる方向を正として，A〔m/s²〕とする。

問1　静止した観測者から見たときの，斜面に沿って運動する物体の加速度の x 方向の成分を a_x'〔m/s²〕，y 方向の成分を a_y'〔m/s²〕とすると，$a_x'=$ (1) であり，$a_y'=$ (2) である。

物体が斜面から受ける垂直抗力の大きさを N'〔N〕とすると，静止した観測者から見たときの，台の x 方向の運動方程式は $ma_x=$ (3) である。一方，静止した観測者から見たときの，物体の x 方向の運動方程式は $m'a_x'=$ (4) であり，y 方向の運動方程式は $m'a_y'=$ (5) である。これらの式から a_x'，a_y'，N' を消去すると，a_x，A は，m，m'，g，θ を用いて，$a_x=$ (6) ，$A=$ (7) と表されることがわかる。また，台が床から受ける垂直抗力の大きさを N〔N〕とすると，N は，m，A，θ を用いて，$N=$ (8) と表される。

問2　台の質量 m が物体の質量 m' に比べて十分に大きい極限の場合を考える。この場合(7)から，あるいは，台はほとんど動かないことからわかるように，物体の加速度については，$A=$ (9) となる。

問3　台の質量 m が物体の質量 m' に比べて十分小さい極限の場合について，台と物体の運動の時間 t〔s〕による変化を考えよう。最初の時刻 $t=0$ では，台は静止しており，台の斜面の左端の x 座標は $X=0$ であるとし，台の斜面上で物体の x 座標 X' が x_0〔m〕である位置に，物体を静かに置くとする。

この場合，台と物体の加速度については，(6)および(7)からわかるように，それぞれ，g，θ を用いて，$a_x=$ (10) および $A=$ (11) となる。物体が斜面を下って左端に到達するまでの時間を T〔s〕とすると，$T=$ (12) であり，$0 \leqq t < T$ での，台の x 座標 X と物体の x 座標 X' の時間変化を表すグラフの概形および特徴は (13) となる（ (13) では，横軸を t，縦軸を x にとって，台の座標 X の時間変化を実線，物体の座標 X' の時間変化を点線で示した，大まかなグラフを描き，グラフの特徴の簡潔な説明を記入せよ。ただし，グラフには，原点と $t=T$ の時刻を明示せよ）。

問4　次に，$m=m'$ の場合を考えよう。静止した観測者から見たときの，台の速度の x 方向の成分を V_x〔m/s〕，物体の速度の y 方向の成分を V_y'〔m/s〕とし，時刻 $t=0$ で，台が静止していて，物体が速さ v〔m/s〕で斜面を上がる方向に動いているとする。

物体が斜面を途中まで上がってから，下がってきて，再び，$t=0$ での高さになった

とき，台の速度のx方向の成分は $V_x=$ [14] であり，物体の速度のy方向の成分は $V_y'=$ [15] である。 〈奈良県立医科大〉

5 円錐面内の質点の運動と面積速度

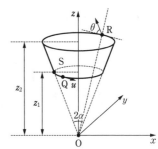

図のように曲面Sは2つの水平面によって切り取られた円錐側面の一部である。この面の内側に沿って運動する質量mの質点を考える。円錐の頂角は2αであり，円錐の軸は鉛直方向であるとする。頂点Oを原点にとり，水平面内にx軸とy軸を，鉛直上向きにz軸をとる。Sの下端のz座標はz_1，上端のz座標はz_2であり，その範囲を超えると質点は自由に運動できる。Sと質点の間の摩擦は無視できるとし，重力加速度の大きさをgとして以下の設問に答えよ。

問1 質点が $z=z_0$ $(z_1<z_0<z_2)$ の水平面内を等速円運動している。水平面内の等速円運動の運動方程式と鉛直方向の運動方程式とをそれぞれ書け。ただし，等速円運動の角速度をω，質点がSから受ける抗力の大きさをNとする。また，ここからωとNを求めよ。

問2 質点が水平面内を運動していない場合であっても，質点に働く力のベクトルを考えると，その水平成分はつねに円錐の軸に向かっている。このため，質点をxy平面に投影してできる点の運動について，太陽のまわりを回る惑星の運動と同様に面積速度一定の法則が成り立つ。この性質を利用して，Sの下端の円上の点Qから速さuで円周に沿って打ち出された質点の運動を考える。

(1) 質点をxy平面に投影してできる点の面積速度を求めよ。

(2) 質点がSから外に飛び出すことなく運動し続けるためにはuはどのような範囲になければならないかを答えよ。

(3) 速度が前問の条件を満たさず，図に示すように上端のある点Rから質点が飛び出すとする。飛び出す瞬間の速度ベクトルと，Rにおける円の接線がなす角をθとする。速度ベクトルはRにおける円の接線と線分ORとを含む平面内にあることに注意して$\cos\theta$を求めよ。

(4) 前問で上端から飛び出した後に到達する最も高い点のz座標を求めよ。 〈東京大〉

6 万有引力による人工天体の運動

地球を半径Rの一様な球体と考え，その質量をMとする。地表での重力加速度の大きさをg，万有引力定数をGとして，以下の問いに答えよ。ただし，地球の自転や公転，地球以外の天体，空気の抵抗などの影響は考えなくてよい。

問1 地表Sからhの高さの点Aでの重力加速度の大きさ g' を R, h, g を用いて表せ。

問2 点Aにおける質量 m_1 の小物体1が持つ万有引力による位置エネルギーを求めよ。ただし，図1のように，地球の中心Oを原点としてr軸をとり，位置エネルギー $U(r)$ の基準点（$U=0$ となる点）を無限遠（$r=\infty$）にとるものとする。

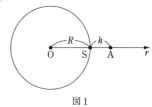

図1

問3 点Aと地表Sで小物体1が持つ万有引力による

位置エネルギーの差 $U(R+h)-U(R)$ を R, h, m_1, g を用いて表せ。また、h が R に比べて十分小さいとき、この差はどのような値に近づくか。

問4　地表Sから小物体1を鉛直上向き（r 軸の向き）に打ち上げる。地表Sからどのような速さ v_0 で打ち上げると点Aで小物体1の速さが0となるか。

問5　小物体1が無限遠に達するためには、地表Sからどのような速さで打ち上げなければならないか。速さの最小値 v_1 を求めよ。

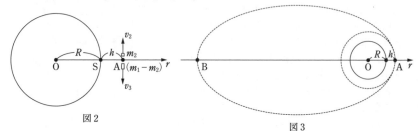

図2

図3

問6　問4のように地表Sから速さ v_0 で打ち上げた小物体1が、点Aで速さが0になった直後、小物体2と小物体3に外力を受けずに分裂した（図2）。小物体2（質量 m_2、ただし、$m_2 < m_1$）は速さ v_2 で地球を等速円運動で回る人工衛星となった。このときの小物体2の運動エネルギー K と力学的エネルギー E を G, M, m_2, R, h を用いて表せ。ただし、小物体2と小物体3の間に働く万有引力は無視できるものとする。

問7　分裂直後の小物体3（質量 m_1-m_2）の速さ v_3 を G, M, m_1, m_2, R, h を用いて表せ。小物体3が無限遠に飛び去るための m_2 の最小値を m_1 を用いて表せ。

問8　問6のように等速円運動をしている小物体2に点Aでさらにエネルギーを与えて瞬間的に加速したところ、図3に示すように点Oを1つの焦点とし、ABを長軸とする楕円を描く軌道上を運動するようになり、その周期が、円運動のときの周期の8倍になった。OBの距離および小物体2に加えたエネルギー ΔE を求めよ。

次に、地球の自転による影響が無視できない場合について考える。ただし、自転の角速度の大きさを ω とし、地軸の傾きなどの影響は考えなくてよい。

問9　地球の自転の影響を考えると、地表にある質量 m の物体に働く重力の向きと大きさにどのような変化が起こるか。図4のように中緯度帯にある点P（緯度を θ とする）と赤道上にある点Qについて、重力の向きと大きさを作図し、$\Longrightarrow$ のような矢印で示せ。作図に際し、万有引力（図中の破線の矢印）以外の力が必要な場合はその大きさを求め、$\longrightarrow$ のような矢印で示せ。ただし、これらの力の大き

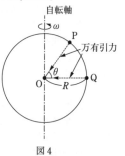

図4

さの比は、正確である必要はなく、点Pと点Qでの違いがわかるように描けばよい。

問10　同じ量の燃料を積んだロケットでより重い人工衛星を打ち上げるためには、打ち上げ場所として点Pと点Qのどちらがよいか。また、打ち上げる方向は、東向き、西向き、南向き、北向きの中で、どれがよいか。理由を付けて答えよ。〈東京医科歯科大〉

7 回転台上の物体に働く遠心力とその他の力のつりあい

図のように，中心Oのまわりを矢印の向きに水平面内で回転できる半径Rの薄い円板があり，その面上に中心Oを原点とするx軸を定義する。細い円筒をx軸に沿って円板に固定し，質量mの小球をばね定数kのばねの一端に取り付け，ばねとともに円筒内に入れた。ばねの他端は，円板の外の，x軸上負の点Pで円筒に固定した。小球ははじめに金具により固定されていて，金具がはずれた後はx軸上に限定された運動を行う。小球と円筒の間には，$x≧0$ ではなめらかで摩擦はないが，$x<0$ では静止摩擦係数μ，動摩擦係数μ'の摩擦力が働く。金具がはずれ，円板と小球がともに静止した状態では，小球は $x=d$ の点Qにあった。ただし，d は正の値とする。以下の問いに答えよ。重力加速度の大きさをgとし，また，ばねと円筒との間には摩擦は無く，ばねの質量や空気抵抗は無視できるものとする。

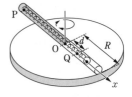

問1 $x=d$ を除く $-R<x<R$ のどの位置に小球を固定しても，円板が静止した状態で静かに金具をはずすと小球が必ず滑り出した。そのためにμが満たすべき範囲は $0≦\mu<\mu_0$ と書ける。μ_0 を，m，k，g，d を用いて表せ。

問2 小球を $x=x_0$ の位置 $(0<x_0<R)$ で固定し，円板を一定の角速度ωで回転させながら静かに金具をはずしたところ，小球はその位置のまま等速円運動を行った。ただし，$k>m\omega^2$ とする。

(1) 小球にかかる遠心力と，小球がばねから受ける力を，x軸の向きを正として，k，m，d，x_0，ω を用いて表せ。

(2) 金具をはずす前の小球の固定位置が範囲 $0<x≦s$ にある場合，角速度$\omega(>0)$をどのような値にしても，静かに金具をはずした後，小球が等速円運動しない。そのようなsをk，m，dのうちから必要な記号を用いて表せ。また，小球が等速円運動しない理由を 40 字程度で説明せよ。

(3) 小球が円板上で等速円運動するためには，ω は $0<\omega<\omega_1$ を満たさなければならない。ω_1 を，k，m，d，R を用いて表せ。

以下では，$-R<x<0$ で小球を固定し，円板を一定の角速度ωで回転させながら静かに金具をはずすことにする。ただし，$k<m\omega^2$ とする。

問3 摩擦が無視できる場合，すなわち $\mu=\mu'=0$ の場合を考えよう。小球が $x=-r$ $(x<0)$ で半径rの等速円運動を行う場合の円板の角速度をω_2とする。

(4) ω_2を，k，m，d，r を用いて表せ。ただし，$\omega_2>0$ とする。

(5) 円板の角速度をω_2から変えずに，小球の位置をrに比べて小さい量Δxだけずらし，$x=-r+\Delta x$ とした場合，小球にかかる遠心力とばねから受ける力の和を，x軸の向きを正として，k，d，r，Δx を用いて表せ。

(6) 小球を $x=-r+\Delta x$ で固定し，円板を角速度ω_2で回転させながら金具を静かにはずす。その直後の小球の運動はどうなるか。選択肢(ア)～(ウ)から正しいものを1つ選べ。ただし，$\Delta x>0$ とする。

　(ア)正の向きに移動する。　　　(イ)その場にとどまる。　　　(ウ)負の向きに移動する。

問4 $\mu>0$ の場合を考える。$-R<x<0$ の位置 $x=x_1$ で小球を固定し，円板を一定の角速度ωで回転させながら静かに金具をはずすと，小球はそのまま半径$|x_1|$の等速円運動を行った。角速度ωの取り得る範囲を，m，k，d，$|x_1|$，μ，g を用いて表せ。ただし，μ は，**問1**のμ_0を用いて $\mu<\mu_0$ を満たし，また，$\omega>0$ とする。

問5 問4で $x_1 = -d$ とし，円板を一定の角速度で回転させながら静かに金具をはずすと，小球は半径 d の等速円運動を行った。その後，ある瞬間に円板を停止させた。円板が停止した後の小球の運動において，はじめて点Oを通過するときの速さを v_0，また，点Pから最も離れたときの位置を x' とする。v_0 と x' を，m，k，d，μ'，g を用いて表せ。ただし，$0 < \mu' < \mu_0$ とし，また，d は十分小さいため $x' < R$ が満たされるとする。

〈千葉大〉

8 回転台上で運動する物体とコリオリの力

水平面内に座標軸 x と y を固定し，その原点Oを中心に長さ l の棒を一定の角速度 ω で回転させる。この水平面内における小球の運動を，原点で静止しているAと，原点で棒とともに回転しているBが観測している。重力と摩擦の影響は無視できるとして，**問1，2**は空欄にあてはまる適当な数式，語句，図を求め，**問3**に答えよ。なお，空欄 (5)，(6) は問題文の図に軌跡を線で，運動の向きを矢印で記入せよ。

問1 図1に示すように，大きさの無視できる質量 m の小球を棒の先端に取り付けて回転させた。小球の運動をAから見ると，その軌跡は図2(a)となる。小球の速度の大きさを l と ω で表せば (1) となる。また，小球の加速度の大きさは l と ω を用いて (2) と表され，その向きはつねに (3) である。一方，Bが観測する軌跡は図2(b)のように一点で表される。このときBは，小球は棒から受ける張力と遠心力がつりあっているため静止していると考える。遠心力の大きさをAが観測した (2) をもとに，ω，l，m で表せば (4) である。

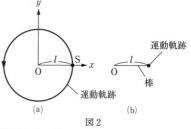

図1

小球が図2(a)に示す x 軸上の点Sを通過した瞬間に棒から切り離された。棒はその後も回転を続けた。切り離された後の短い時間における小球の運動軌跡を実線で描くと，Aは図2(a)で (5) のように，Bは図3のように観測した。Bから見ると，小球には遠心力の他に運動の向きを曲げる慣性力も働いているように見える。この力を調べるため次の実験を考える。

図2

図3

問2 図4に示すように，図1と同一の棒と小球を十分に長い円管の中に入れて，一定の角速度 ω で回転させた。小球は棒の先端に取り付けられていたが，ある瞬間に切り離されて，円管と棒はその後も回転を続けた。Bから見て，切り離された後の運動軌跡を実線で描くと図4で (6) となり，小球は遠心力により棒の長さ方向(以下，半径方向と呼ぶ)に運動する。一方，**問1**でBが観測した運動の向きを曲げる慣性力は，小球が円管の壁から受ける力とつりあう。そして，これらの力は円管の壁に直交する方向(以下，周方向と呼ぶ)に働いて見える。

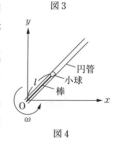

図4

Aから見た小球の加速度を導いて，Bが観測した運動の向きを曲げる慣性力を求めよう。

14

切り離された後の小球は，図5に示すように，極めて短い時間 Δt の間に点Pから点Qへ移動したと考える。線分OPとOQのなす微小な角度は ω と Δt を用いて ⑺ と表される。点Pおよび点Qにおける速度を $\vec{V}$ および $\vec{V}+\Delta\vec{V}$ とし，点Pにおける加速度を $\vec{a}$ とすれば，Δt，$\Delta\vec{V}$ を用いて $\vec{a}=$ ⑻ と表される。

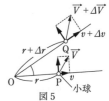

図5

$\vec{a}$ の周方向成分は，点Pと点Qで線分OPと直交する速度成分の差をもとに考えればよい。OP間の距離を r，OQ間の距離を $r+\Delta r$，速度の半径方向成分を点Pで v，点Qで $v+\Delta v$ とおく。線分OPと直交する速度成分は，点Qでは v，Δv，ω，Δt，r，Δr を用いて ⑼ と表され，点Pでは r と ω を用いて ⑽ と表される。これらの差は，下に示した近似式が成り立つとして，v，ω，Δt，Δr を用いて ⑾ と表される。$v=\dfrac{\Delta r}{\Delta t}$ の関係を用いると，点Pにおける加速度の周方向成分は ω と v を用いて ⑿ となる。したがって運動の向きを曲げる力の大きさは，ω，v，m を用いて ⒀ と表される。

近似式：ある物理量 p，q の微小量 Δp，Δq について，$\sin(\Delta q)\fallingdotseq\Delta q$，$\cos(\Delta q)\fallingdotseq1$。また，$(p+\Delta p)(q+\Delta q)\fallingdotseq pq+p\Delta q+q\Delta p$ が成り立つ。

問3　⒀ でBを観測した，運動の向きを曲げる慣性力の向きを ⑹ に矢印を付けた破線で描き加えよ。このとき，小球の運動軌跡上の任意の1点を破線の始点とせよ。

〈岡山県立大〉

⟮ 9 ⟯ 2本の回転ローラー上での板の往復運動

図に示すように，台座上の $2l$ 離れた場所に互いに逆向きに高速で回転している2つのローラーがあり，その上に質量 M の一様な厚さの板が載せられている。板は，質量の無視できる伸び縮みしないひもで壁に結ばれており，その重心は2つのローラーの中間点O（$x=0$）から右に d だけ離れた地点（$x=d$）で静止している。ここで板の長さはローラーの回転軸間の距離 $2l$ より十分長く，

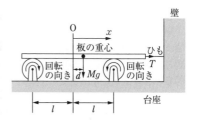

d と l の間には，$0<d<l$ の関係がある。また，板とローラーの間の動摩擦係数は μ，重力加速度の大きさは g とする。以下の設問に答えよ。

問1　図の状態にあるとき，ひもに働く張力 T を求めよ。

問2　図の状態でひもを切断した。その後の板の重心の運動を，時間 t の関数として具体的に示せ。ただし，ひもを切断したときを $t=0$ とする。

問3　運動を始めた後，板の重心が2つのローラーの中間点Oを，右から左に向かって通過する瞬間の板の速さを求めよ。

問4　問3で板の重心が中間点Oを左に向かって通過する瞬間に，2つのローラーの回転を止めた。すると板は左の方に Δd だけ滑って停止した。この Δd を求めよ。ただし2つのローラーは瞬時に停止するものとする。

問5　問4において，2つのローラーの回転を止めるのを，板の重心が中間点Oの左側に d だけ離れた点（$x=-d$）に達するまで待ったとする。ローラー停止後，板はどのような運動をするか，説明せよ。

〈東京大〉

10 摩擦力とばねの力による運動①

図のように，摩擦のある水平な床の上に質量 m の小さな物体Aを置き，自然長 L で軽いばねの一端を取り付ける。ばねの他端はばねが水平となるように壁に固定する。また，図のように x 軸をとり，ばねが自然長にあるときのAの位置を $x=0$ とする。Aを x_0 $(0<x_0<L)$ の位置まで移動し，時刻 $t=0$ において静かに手を放した。このときAは x 軸の負の向きに動き出し，時刻 $t=t_1$ に座標 x_1 の位置まで達したところで運動の向きを反転し，x 軸の正の向きに動き始めた。その後，Aは座標 x_{n-1} $(n \geqq 3)$ の位置で $(n-1)$ 回目の反転を行い，時刻 $t=t_n$ において座標 x_n の位置で静止した。ばね定数を k として，Aがばねから受ける力はフックの法則にしたがうものとする。重力加速度の大きさを g，床とAの間の静止摩擦係数を μ_0，動摩擦係数を μ として以下の問いに答えよ。

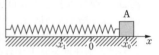

問1 次の文章の空欄に適切な式を入れて文章を完成せよ。ただし，(5) と (6) は x_1 を用いてよい。

「Aと床の間には摩擦力が働くため，手を放したときにAが動き出すためには $x_0 >$ (1) であることが必要である。Aの加速度を a とすると，時刻 $t=0$ から $t=t_1$ までの間のAの運動方程式は $ma=$ (2) であり，この間のAの運動は $x=$ (3) を中心とする単振動の場合と同じであることがわかる。したがって，$x_1=$ (4) となる。また，物体Aとばねが持つ力学的エネルギーは，Aが x_0 から x_1 まで移動する間に (5) だけ変化し，(5) は，この移動の間に動摩擦力がAに対してする仕事 (6) に等しい。」

問2 x_2 を求めよ。

問3 x_n に達したところでAが静止するための条件は，n によって定まる座標 $Y(n)$ を用いて「$Y(n-1)<x_0 \leqq Y(n)$」の形に書くことができる。$Y(n)$ を求めよ。

問4 Aが静止する時刻 t_n を求めよ。

問5 $n=3$ の場合について，Aの位置 x と時刻 t の関係の概略を図示せよ。

問6 Aが x_n で静止するまでに動いた総移動距離を求めよ。　　　　　〈大阪府立大〉

11 摩擦力とばねの力による運動②

以下の文章中の空欄に適当な記号，式を入れ文章を完成せよ（解答に際しての注意：(2) 以降，ばね定数は k を用いよ）。

自然の長さ l_0〔m〕のばねに質量 m〔kg〕のおもりをかけたらその長さが l〔m〕になってつりあった。このばねのばね定数 k は，$k=$ (1) 〔N/m〕である。ただし重力加速度の大きさは g〔m/s²〕とする。このつりあいの状態からさらに下へ小さな距離 h〔m〕引っ張り，そこでおもりに下向きの速度 u〔m/s〕を与えたら，おもりはつりあいの位置を中心に単振動した。この振動の振幅 A〔m〕は $A=$ (2) 〔m〕となる。またこのおもりの運動方程式は，おもりの加速度を a〔m/s²〕とおき，つりあいの位置からの変位を x〔m〕とすれば (3) と書ける。よって，この振動の周期は $T=$ (4) 〔s〕である。ただしここでは空気抵抗の影響はないとする。

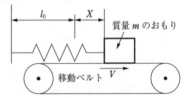

次に，図に示すようにこのばねとおもりを水平な移動ベルトの上に載せた。ここでは水平方向の座標を，ばね自身の長さ l_0〔m〕から右へ X〔m〕

ととる。ベルトとおもりの間の静止摩擦係数を μ_0，動摩擦係数を μ とする（$\mu_0 > \mu$ である）。

ベルトは一定の速度 V〔m/s〕で右へ移動している。いま，おもりが摩擦によりベルトの上を滑ることなく右方向に運ばれているとする。おもりの位置が X〔m〕のとき，おもりとベルトの間に働く摩擦力 F〔N〕は，$F=\boxed{(5)}$〔N〕である。時間の経過とともにばねが長くなり，ばねの引っ張り力が次第に強くなる。このためおもりとベルトの間に滑りが生じ，ついにおもりの運動が止まり，ただちにばねによる引っ張り力によりおもりは左向きに運動を始める。

おもりの右向きの運動が止まる瞬間のばねの長さを求めよう。そのため，まずばね力の大きさと最大摩擦力の大きさが等しくなる位置 X_A〔m〕を求めると，$X_A=\boxed{(6)}$〔m〕である（注：これ以降 X_A が必要な場合，記号 X_A をそのまま用いよ）。$X=X_A$ で，おもりの速度は $\boxed{(7)}$〔m/s〕なので，ここでおもりとばねが持っている力学的エネルギーの総和は，$E=\boxed{(8)}$〔J〕である。$X>X_A$ ではおもりとベルトの間に滑りが生じ，摩擦力は $F=\boxed{(9)}$〔N〕となる。やがて右向きの運動が止まり反転する。その反転する位置を X_B〔m〕としよう。おもりが X_A〔m〕から X_B〔m〕に移動する際，おもりがベルトとの摩擦力から受ける仕事（エネルギー）ΔE は $\boxed{(10)}$〔J〕である。よって $X=X_B$ での力学的エネルギーは $E+\Delta E$〔J〕となる。これがばねに蓄えられているエネルギーに等しいことから $X_B=\boxed{(11)}$〔m〕と求められる。

反転の後，おもりはばね力により左向きに運動を開始し，$X=X_C$ で再び止まり，その後右向きの運動を開始した。おもりが $X=X_B$〔m〕から X_C〔m〕に戻るときのおもりの運動方程式は，加速度を a〔m/s²〕とおくと $\boxed{(12)}$ と書ける。また X_C〔m〕は，X_B を用いて，$X_C=\boxed{(13)}$〔m〕と求められる。その後おもりはある位置でベルトと同じ速度になり，再びはじめの状態に戻る。結局おもりは，$X=X_C$ と $X=X_B$ の間を振動することになる。このような振動は，自転車のブレーキをかけた時に出る"キー"という音の原因になっている。

〈名古屋工業大〉

〔12〕 ばねの力で振動する2物体の衝突

文中の空欄にあてはまる答えを記せ。

自然長 l，ばね定数 k の軽いばね S_1，S_2 がなめらかな水平面上で図に示すように一直線に沿って置かれている。それぞれのばねの一端は $2L$ だけ離れた位置 P，Q に固定され，その反対側の端点には質量 m の質点 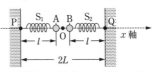 A，B が付けられている。質点は一直線上を運動し，この直線を x 軸（図に破線で示してある）とする。質点 A，B に手を触れ，ばね S_1 を自然長から長さ A だけ左に，また，ばね S_2 を自然長から B だけ右に縮めて，初速度 0 で同時に手を放すものとする。手を放した瞬間の時刻を時間 t の原点にとり，かつ P と Q の中点 O を x 軸の原点として，以下の問いに答えよ。

問1 P と Q の距離 $2L$ が $\boxed{(1)}$ より大きいときは2つの質点 A，B は衝突することはない。この条件が満たされているとき，質点 A，B の位置 x_A，x_B は時間 t とともに $x_A=\boxed{(2)}$，$x_B=\boxed{(3)}$ と変化する。また，このとき全体の力学的エネルギー E は，$E=\boxed{(4)}$ となる。

問2 次に，固定する点PとQの距離をせばめて $L=l$ とする。質点A，Bがはじめて衝突するまでの時間Tは，$T=$ [5] である。衝突が弾性衝突（はね返り係数 $e=1$）の場合，衝突後の質点A，Bの位置 x_A，x_B は次に衝突するまでの間は時間 $t'(=t-T)$ とともに $x_A=$ [6]，$x_B=$ [7] と変化し，その後も衝突を繰り返す。手を放した瞬間から3回目の衝突を行うまでの x_A，x_B の変化の様子は図 [8] のようになる（右上図に示せ）。ただし，$A>B>0$ とする。

問3 問2の場合と同様に $L=l$ として，今度はA，Bが完全非弾性衝突（はね返り係数 $e=0$）をする。衝突後の質点A，Bの位置は時間 t' とともに $x_A=x_B=$ [9] と変化する。また，衝突の際に失われる全体の力学的エネルギーは [10] となる。

〈早稲田大〉

13 ばねの力ではね上がる物体の鉛直運動

次の問いに答えよ。[　　]には適した式または数値を記せ。なお，ばねの弾性力についてはフックの法則が成り立ち，ばね定数を k〔N/m〕とする。また，ばねは鉛直方向のみに伸び縮みするものとする。さらに，重力加速度の大きさは g〔m/s^2〕とし，空気の抵抗は無視できるものとする。

問1 図1に示すように，水平面上に質量 m〔kg〕の板Aが置かれており，板Aの上には質量が無視できるばねが鉛直方向に固定されている。このとき，板Aが水平面から受ける垂直抗力の大きさは [1] 〔N〕である。

問2 次に，板Aと同じ質量 m〔kg〕の板Bをばねの上端に固定したところ，ばねが自然の長さから縮んだ図2の状態で板Bは静止した。このとき，ばねが板Bから受ける力の大きさは [2] 〔N〕であり，ばねの自然の長さからの縮みは [3] 〔m〕である。また，板Aはばねから弾性力を受けており，その大きさは [4] 〔N〕である。よって，板Aが水平面から受ける垂直抗力の大きさは [5] 〔N〕である。

問3 ばねが自然の長さに戻るまで板Bを鉛直方向に持ち上げて静かに放したところ，板Bは単振動をした。ばねの自然の長さからの縮みを x〔m〕，板Bの速さを v〔m/s〕として，x と v の関係式を導出せよ。さらに，x の最大値，および v の最大値を求めよ。

問4 問3で振動していた板Bを静止させ，その後でゆっくりと板Bを鉛直方向に持ち上げていく。すると，それにつれてばねは伸びていき，その伸びがある大きさに達したとき板Aが水平面から離れた。板Aが水平面から離れる瞬間の，板Aが水平面から受ける垂直抗力の大きさは [6] 〔N〕である。したがって，この瞬間に板Aがばねから受ける弾性力の大きさは [7] 〔N〕であり，このときのばねの自然の長さからの伸びは [8] 〔m〕である。

問5 図3に示すように，板Bを図2のつりあいの位置よりもさらに鉛直方向に押し下げ，ばねを自然の長さから h〔m〕だけ縮めて静かに放した。すると，板Bは上昇してやがてある高さで最高点に達したが，板Aは水平面を離れることはなかった。この場合の h の最大値 h_m〔m〕を求めよ。

問6 ばねの自然の長さからの縮みが問5で求めた h_m〔m〕の2倍になるように，板Bを鉛直方向に押し下げて静かに放したところ，板Aは水平面を離れて上昇した。この場合の，板Aが水平面を離れる瞬間の板Bの速さ u〔m/s〕を，k，m，g を用いて表せ。

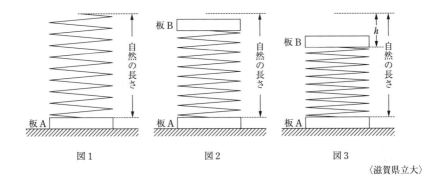

図1　　　　　　　図2　　　　　　　図3

〈滋賀県立大〉

14 ばねでつながれた2物体の鉛直落下運動

　図1および図2のように，それぞれ
質量がmで大きさが無視できる2つ
のおもりが，ばね定数kのばねでつな
がれている。この物体と壁や床との衝
突を考える。図1のように水平でなめ
らかな床の上を，ばねは自然長lのま
ま物体が初速度vで水平に滑って垂直
な壁と衝突する場合と，図2のように
ばねは自然長lのまま下のおもりの高

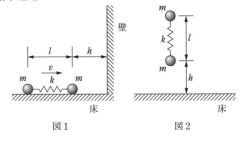

図1　　　　　　図2

さhのところから初速度0で水平な床に落ちる場合について比較する。ただし，壁や床
とおもりとは弾性衝突を行うとする。また，図1ではばねは壁とつねに垂直，図2ではばね
は床とつねに垂直とする。重力加速度の大きさをgとし，ばねの質量や空気抵抗は無視
する。さらに，ばねの伸縮は弾性範囲内であり，2つのおもりが接触するほどに縮むこ
とはないとする。

問1　図1の場合について以下の設問に答えよ。
(1)　衝突後にばねが最も縮んだ瞬間のばねの長さを求めよ。
(2)　右のおもりが最初に壁に衝突してから次に衝突するまでの時間を求めよ。
(3)　各おもりの位置と物体の重心位置の時間変化をグラフに表せ。

問2　図2の場合について以下の設問に答えよ。
(4)　どのようにはね返るかについて，図1の場合と比較して概略を説明せよ。このと
き，下のおもりが2度目の衝突をするまでの時間にわたって，各おもりの位置と物
体の重心位置の時間変化の概要をグラフに表し，説明せよ。
(5)　衝突を繰り返した後に物体の重心の高さが，落ちる前の物体の重心の高さまで戻
るか否かについて，理由を添えて答えよ。

〈東京大〉

15 斜衝突後の2球の速度とエネルギー

図1, 図2は, 表面がなめらかな台の上で大きさが等しい球AとBが衝突するところを示している。球A, 球Bの質量はそれぞれ m, M である。球の表面も完全になめらかであり, 衝突面において摩擦力は生じず, 衝突時のはね返り係数(反発係数)は e とする。また, 2つの球の重心を含み, 台の表面と平行な水平面内に, 図のように x 軸, y 軸を設定する。このような条件のもとに, 以下の空欄を, 適当な数字および本文中で与えた記号で埋めよ。

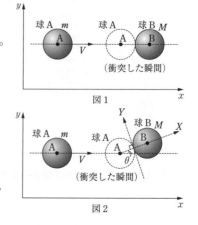

図1

(衝突した瞬間)

図1は, 静止している球Bに, 球Aが x 軸方向の速度 V で衝突するところを示している。衝突後, 球Aの速度は $V_A = $ [(1)] $\times V$, 球Bの速度は $V_B = $ [(2)] $\times V$ となった。また, 2つの球の力学的エネルギーは, 衝突前後で $\Delta W = \dfrac{mM}{2(m+M)} \times$ [(3)] $\times V^2$ の差が生じることになる。

図2

(衝突した瞬間)

次に, 図2は静止している球Bに, 球Aが x 軸方向の速度 V で衝突するが, 衝突時の球Aと球Bの重心を結んだ直線と球Aの進行方向(x 軸方向)となす角度が θ $(0° < \theta < 90°)$ である場合を示している。

この衝突において, 衝突位置の球面に対する接線方向に Y 軸, これと直交方向(両球の重心を結んだ直線方向)に X 軸を図2のように設定する。両球の衝突面に摩擦力はないので, 衝突時には球Bが球Aから受ける力積の方向は X 軸方向のみとなる。したがって, 衝突後, 球Bの速度の X 成分は $V_{BX} = $ [(2)] $\times$ [(4)], 球Bの速度の Y 成分は $V_{BY} = $ [(5)] となり, 球Aの速度の X 成分, Y 成分はそれぞれ $V_{AX} = $ [(1)] $\times$ [(4)] および $V_{AY} = $ [(6)] となる。また, この衝突における両球の力学的エネルギーの衝突前後の差は $\Delta W = \dfrac{mM}{2(m+M)} \times$ [(7)] で表される。 〈横浜国立大〉

16 重心座標系で見る2球の衝突の力学

質量 m_1 の物体1が, 空間に静止している質量 m_2 の物体2に, 速度 $\vec{v}$ で接近し衝突した。衝突は完全に弾性的であり, 全運動エネルギーの変化はなかった。物体1, 2の位置を示すベクトルがそれぞれ $\vec{r_1}$, $\vec{r_2}$ であるとき, ベクトル $\vec{r_C} = \dfrac{m_1\vec{r_1} + m_2\vec{r_2}}{m_1 + m_2}$ で表される点を両物体の重心と呼ぶ。重心は実験室空間を等速直線運動するが, この重心とともに動く座標系を重心系, 実験室空間に固定されている座標系を実験室系と呼ぶことにする。

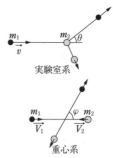

実験室系

重心系

重心系のように実験室系に対して等速直線運動をしている座標系においても, 運動量の保存則・力学的エネルギーの保存則など実験室系で成り立つ力学法則はまったく同様に成り立つとしてよい。

問1　実験室系における重心の速度 $\vec{v_C}$ を m_1, m_2, $\vec{v}$ で表し，さらに重心系における衝突前の物体1，2の速度 $\vec{V_1}$, $\vec{V_2}$ を求めよ。

問2　重心系においては衝突の前後で各物体の速度の大きさが変化しないことを示せ。

問3　衝突前後における物体1の運動方向の変化角度が，実験室系では θ，重心系では φ であったとする。両者の間には次の関係 $\tan\theta = \dfrac{A\sin\varphi}{1+A\cos\varphi}$ があることを示せ。

ただし，$A = \dfrac{m_2}{m_1}$ とする。

問4　実験室系における衝突前の物体1の運動エネルギーが E であるとき，同じく実験室系における衝突後の物体2の運動エネルギー E' はいくらか。A, E, φ を用いて表せ。さらに，A, E を一定としたときの E' の最大値を求めよ。　〈東京大〉

17 斜面との繰り返し衝突と放物運動

図に示すように，水平面と角度 α をなす斜面上から，質量 m の物体を斜面に対して角度 β の方向（$\alpha > 0°$, $\beta > 0°$, $\alpha + \beta < 90°$）に初速度 V_0 で投げ上げる。重力加速度の大きさを g とし，斜面で物体は弾性衝突をするとしたとき，以下の問いに答えよ。ただし，物体の大きさおよび空気による抵抗は無視してよいものとする。

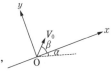

また，x, y 軸を図のように斜面に沿った方向およびそれに垂直な方向にとり，物体を投げ上げる地点を原点Oとする。

問1　投げ上げてから最初に斜面上に落下するまでの時間 t_1，および落下地点の x 座標 X_1 を求めよ。

問2　最初に落下してはね返った直後の x 方向の速度 u_1 および y 方向の速度 v_1 を求めよ。

問3　問2で，はね返ってから次に斜面上に落下するまでの時間 t_2 と，落下地点の x 座標 X_2 を求めよ。

問4　2回目の落下で，ちょうど原点に戻ってくるための条件式を求めよ。また，このとき問2の u_1 はどうなっているか。　〈埼玉大〉

18 なめらかな水平面との n 回衝突

図に示すように，水平面内に x 軸，鉛直上方に y 軸をとり，大きさが無視できる質量 m の小物体を，時刻 $t=0$ に原点から角度 α，速さ v_0 で投げ上げた。小物体は xy 平面内で放物線を描いて落下し，水平面との衝突を繰り返し，最後は水平面上を滑り出した。水平面はなめらかであり，小物体と水平面のはね返り係数は e（$0<e<1$）である。空気抵抗は無視する。重力加速度の大きさを g とする。

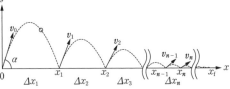

n 回目の衝突直後の小物体の速さを v_n，速度の x, y 成分を v_{nx}, v_{ny} とする。n 回目の衝突の時刻を t_n，衝突位置の x 座標を x_n とする。さらに，$(n-1)$ 回目の衝突から n 回目の衝突までにかかる時間を $\Delta t_n = t_n - t_{n-1}$，その時間に進む距離を $\Delta x_n = x_n - x_{n-1}$ とする。ただし $t_0 = 0$, $x_0 = 0$ とする。また，$t_n = \Delta t_1 + \Delta t_2 + \Delta t_3 + \cdots + \Delta t_n$，および $x_n = \Delta x_1 + \Delta x_2 + \Delta x_3 + \cdots + \Delta x_n$ の関係がある。

問1　最初の衝突直後の速度成分 v_{1x}, v_{1y} および次の衝突直後の速度成分 v_{2x}, v_{2y} を m,

α, v_0, e, g から必要なものを用いて表せ。

問2 n 回目の衝突直後の速度成分 v_{nx}, v_{ny} を m, α, v_0, e, n, g から必要なものを用いて表せ。

問3 Δt_n を m, α, v_0, e, n, g から必要なものを用いて表せ。

問4 x_n を m, α, v_0, e, n, g から必要なものを用いて表せ。ただし、

$$1+e^1+e^2+e^3+\cdots+e^n=\frac{1-e^{n+1}}{1-e}$$ の関係式を使ってよい。

問5 n が非常に大きくなると e^n は 0 (ゼロ) に等しくなり、v_{ny} も 0 (ゼロ) に等しくなって小物体は水平面上を滑り出す。滑り出したときの x_n の値 x_f を m, v_0, e, g から必要なものを用いて表せ。

問6 n 回目の衝突で小物体が失うエネルギー q_n を m, $v_{(n-1)x}$, v_{nx}, $v_{(n-1)y}$, v_{ny} から必要なものを用いて表せ。

問7 n 回の衝突で小物体が失うエネルギーを $Q_n=q_1+q_2+q_3+\cdots+q_n$ とする。n が非常に大きいときの Q_n の値 Q_f を m, α, v_0 を用いて表せ。ただし、n が非常に大きいときは e^n は 0 (ゼロ) に等しいとして答えよ。 〈九州大〉

第2章 熱

19 気体の状態変化と風船の浮力

次の文を読んで、 [___] に適した式を、それぞれ記せ。ただし、 (10) と (12) については、(ア)~(ウ)の中から正しいものを選べ。また、**問4**と**問6**では、指示にしたがって適切な図を描け。

図のように、風船にヒーターを取りつけた装置を考える。風船の膜は熱を通さず、気体の出入りがないとする。また、風船の外と中の圧力は等しいと考えてよく、風船内の気体はヒーターで暖めることができる。風船の膜とヒーターの質量はあわせて M であり、体積は無視できるとする。風船は n モルの理想気体で満たされ、その定圧モル比熱を C_p、1モル

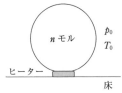

当たりの質量を m とする。また、装置の外側は空気であり、空気の1モル当たりの質量を m_0 とする。気体定数を R とし、床付近の空気の温度を T_0、圧力を p_0 とする。最初、装置は床に置かれ、風船内の理想気体の温度は外側の空気と同じく T_0 である。なお、理想気体の断熱変化では、比熱比 γ を用いると (圧力)×(体積)$^\gamma$ は一定となる。

問1 ヒーターをつけて風船内の理想気体の温度を T_1 とした。風船内の理想気体が外部の空気に行った仕事 W_1 は [(1)] であり、ヒーターから与えられた熱量は [(2)] である。これより、内部エネルギーの変化は [(3)] となる。また、比熱比は $\gamma = \dfrac{(定圧モル比熱)}{(定積モル比熱)}$ で定義されるので、$\gamma =$ [(4)] となる。

問2 さらにヒーターで風船内の理想気体の温度を上げていくと、温度 T_2 でちょうど装置が浮き上がった。このときの風船内の理想気体の密度は [(5)] である。また、装置の外側の空気の物質量は、T_2 を用いて表すと、風船と同じ体積当たり [(6)] となる。これより、装置が浮くときの温度は $T_2 =$ [(7)] である。

問3 次に、装置を床に固定し、ヒーターで風船内の理想気体の温度を $T_3(>T_2)$ とした後、ヒーターを止めて固定を外した。装置はゆっくり上昇していき、空気の圧力が $p_3(<p_0)$ の高さで止まった。このときの風船の体積は [(8)] であり、理想気体の温度は $T_4 =$ [(9)] となるので、[(10) (ア) $T_3 > T_4$, (イ) $T_3 = T_4$, (ウ) $T_3 < T_4$] である。また、装置がゆっくり上昇するときに、風船内の理想気体が外部の空気に行った仕事は $W_{\mathrm{II}} =$ [(11)] である。

問4 問3で床から装置がゆっくり上昇したときの、風船内の理想気体の状態変化を、横軸を体積、縦軸を圧力として図示せよ。変化の始めの状態と終わりの状態における体積と圧力の式を図中に記入し、変化の進む方向を矢印で示せ。

問5 装置を改めて床に固定し、今度は風船内の理想気体の温度を T_3 に維持するようにヒーターを設定して固定を外した。装置はゆっくり上昇していき、空気の圧力が p_3 の高さに達した。風船内の理想気体が外部の空気に行った仕事 W_{III} は [(12) (ア) $W_{\mathrm{II}} > W_{\mathrm{III}}$, (イ) $W_{\mathrm{II}} = W_{\mathrm{III}}$, (ウ) $W_{\mathrm{II}} < W_{\mathrm{III}}$] である。

問6 問5で床から装置がゆっくり上昇したときの、風船内の理想気体の状態変化を、問4の図に破線で書き加えよ。変化の始めの状態と終わりの状態における体積と圧力の式を図中に記入し、変化の進む方向を矢印で示せ。

〈和歌山県立医科大〉

20 気体の膨張と温度・内部エネルギー変化

以下の ☐ の中に適当な数または式を記入せよ。

なめらかに動くピストンの付いた円筒容器内に，n〔mol〕の単原子分子理想気体が閉じ込められている。ピストンを動かして，円筒容器内の気体の圧力 p〔Pa〕と体積 V〔m³〕を，図1のように，変化させた。ここで，状態Aから，状態Bと状態Cを経て，再び状態Aに戻る間のすべての状態変化は V–p 平面上での直線に沿った変化である。状態Aの気体の圧力を p_0〔Pa〕，体積を V_0〔m³〕として，状態Bの圧力は $2p_0$，体積は $2V_0$ であり，状態Cの圧力は p_0，体積は $3V_0$ である。気体定数を R〔J/(mol·K)〕とする。

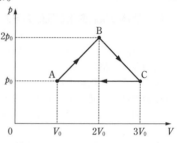

図1 円筒容器内の気体の
圧力 p と体積 V の変化

問1 状態 A → B の変化の過程から考えよう。状態Aの温度は ☐(1)☐〔K〕と表せる。状態Bの温度も同様に表せるので，この状態変化における気体の内部エネルギーの変化は，p_0，V_0 を用いて，☐(2)☐〔J〕である。この状態変化の過程で，気体がピストンにした仕事は，p_0，V_0 を用いて，☐(3)☐〔J〕であるので，熱力学の第1法則より，状態 A → B の変化の過程で気体が得る熱量は，p_0，V_0 を用いて，☐(4)☐〔J〕となる。

　　状態 B → C の変化の過程，状態 C → A の変化の過程も同様に考えると，気体が得る熱量は，それぞれ，B → C：☐(5)☐〔J〕，C → A：☐(6)☐〔J〕である。

問2 状態 B → C の変化の過程を詳しく調べよう。図2は状態 B → C の変化だけを示しており，状態 B → C の変化の途上にある状態Dでの圧力を p_1〔Pa〕，体積を V_1〔m³〕とすると，p_1 は，p_0，V_0，V_1 を用いて，$p_1 =$ ☐(7)☐ である。ここで，状態 B → C の変化の途上で，状態Dから体積が ΔV〔m³〕だけ微小に増加した状態Eを考えると，状態Eでの圧力は，p_1 を用いて，☐(8)☐〔Pa〕である。状態D，Eのそれぞれで気体の状態方程式が成り立つので，状態 D → E の変化の過程での気体の内部エネルギーの変化は，ΔV が微小で

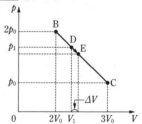

図2 状態 B → C の変化過程

$(\Delta V)^2$ の項は十分に小さいとして無視すると，$p_0 \Delta V \times$ ☐(9)☐〔J〕である（☐(9)☐ には，p_1，ΔV は用いずに答える）。状態 D → E の変化の過程で気体がピストンにした仕事は，同様に $(\Delta V)^2$ の項を無視すると，$p_0 \Delta V \times$ ☐(10)☐〔J〕であるので（☐(10)☐ には，p_1，ΔV は用いずに答える），熱力学の第1法則より，状態 D → E の変化の過程で気体が得る熱量は $p_0 \Delta V \times$ ☐(11)☐〔J〕である。ここで，この熱量が0になるときの状態Dの体積を V_1^*〔m³〕とすると，$V_1^* =$ ☐(12)☐ であり，体積が $2V_0 \to V_1^*$ の変化の過程では気体は熱を吸収し，$V_1^* \to 3V_0$ の変化の過程では気体は熱を放出する。この前者の過程で気体が得る熱量は ☐(13)☐〔J〕である。

　　これらより，状態変化 A → B → C → A のサイクルを持つ熱機関の熱効率は ☐(14)☐ となる（☐(14)☐ には，数を記入する）。

問3 次に，図1に示した円筒容器内の気体の状態変化を，気体の圧力 p と体積 V ではなく，気体の温度 T〔K〕と体積 V で表す。これ以降，状態Aの温度 T_0〔K〕を用いてよい。

状態 B → C の変化を表す T, V の関係式は，T_0, V_0 を用いて， ⑮ であり，状態 C → A の変化を表す T, V の関係式は，T_0, V_0 を用いて， ⑯ である（ ⑮ および ⑯ には，関係式を記入する）。状態 A → B の変化も同様であり，気体の状態変化 A → B → C → A を T と V の図で表すことができる。　　〈奈良県立医科大〉

21 断熱変化による2室の気体の状態変化

図のように，外部と熱の出入りがないように周囲を断熱材で囲んだシリンダーがあり，外部から支えることができるように棒が取り付けられたピストンで，シリンダーの内部が区切られている。ピストンは短い時間では熱を通さないと見なすことができる。またピストンを支える棒は熱を通さない。ピストンとそれを支える棒，およびシリンダーの熱容量は無視できる。さらにピストンとシリンダーの間の摩擦はないものとする。

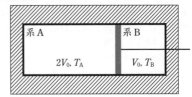

ピストンによって分けられたシリンダー内部の右と左の部分に，それぞれ 1 mol の単原子分子理想気体が入っている。以下，左の部分を系A，右の部分を系Bと呼ぶ。単原子分子理想気体の定積モル比熱を C_V，気体定数を R とする。また，温度はすべて絶対温度とする。

最初，系Aの体積が $2V_0$，系Bの体積が V_0，また温度がそれぞれ T_A, T_B であり，ピストンは何の支えもなく静止していた。これを初期状態と呼ぶことにする。

問1　T_A と T_B の間に成り立つ関係式を求めよ。

初期状態から，系Aと系Bの温度と圧力が等しくなるような状態への変化の過程を，次のIとIIの場合について考えてみよう。

〔Iの場合〕

初期状態からピストンを通してゆっくりと熱が移動し，系Aと系Bの温度と圧力が等しい状態に達した。このとき系Bの体積が V_1，温度が T_1 となった。

問2　V_1 を V_0 を用いて表せ。

問3　T_1 を T_B を用いて表せ。

〔IIの場合〕

初期状態でピストンを固定した。この状態からピストンを通してゆっくりと熱が移動し，系Aと系Bの温度が等しい状態に達した。このとき温度が T_2 となった。

問4　T_2 を T_B を用いて表せ。

問5　この変化の過程で系Aから系Bに移動した熱量を C_V, T_B を用いて表せ。

この状態は系Aと系Bの温度は同じであるが，圧力は異なる。ここで手でピストンを支えながら固定を解き，系Aと系Bが同じ圧力になるまでピストンを支えながら単調に動かし，単原子分子理想気体を断熱変化させた。このとき系Bの体積が V_3，圧力が p_3 となった。また，単原子分子理想気体の断熱変化に対して，圧力 p および体積 V の間には，$pV^{\frac{5}{3}} =$ 一定 という関係が成立する。

問6　p_3 を，R, T_2, V_0, V_3 を用いて表せ。

問7　V_3 を V_0 を用いて表せ。必要であれば $2^{\frac{1}{5}}$ を α，$3^{\frac{1}{5}}$ を β として用いてもよい。

これで圧力がつりあったので手の支えを放す。しかしこの状態は温度が異なる。この状態からピストンを通してゆっくりと熱が移動し，系Aと系Bの温度と圧力が等しい状

態に達した。このとき温度が T_4 となった。

問8 Ⅰの場合に**問3**で求めた温度 T_1 と，Ⅱの場合の温度 T_4 は，どちらが高いか，または同じか。以下より適当なものを選び，その記号を記せ。また，その理由も簡潔に述べよ。

(ア) $T_1 > T_4$　　(イ) $T_1 = T_4$　　(ウ) $T_1 < T_4$

〈大阪大〉

22 気体の膨張による内部エネルギー変化

次の問いに答えよ。

図1に示すように，両側にピストン D_A, D_B が付いている円筒を，熱をよく通す壁Sで2つの部分 A, B に分ける。円筒にはⅠとⅡの2種類があり，円筒Ⅰは熱をよく通す材料で，円筒Ⅱは断熱材でできている。ピストン D_A, D_B は断熱材でできている。壁Sには弁Cがあり，弁の開閉によって気体を A, B 間で自由に移動あるいは遮断することができる。ピストン D_B を壁Sに押し付けて弁Cを閉じ，Aの体積 V の部分に温度 T の単原子分子の理想気体 n モルを入れておく。以下のいずれの問いにおいても，この初期状態から始めて，それぞれに指定された操作をした後に，対応した平衡状態が得られた。気体定数を R，定圧比熱と定積比熱の比を γ とし，また，ピストンと円筒との摩擦，および壁Sと弁Cの熱容量は無視できるものとする。

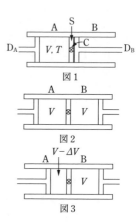

図1

図2

図3

まず，円筒Ⅰを用いた図1の装置全体を温度 T の恒温槽の中に入れる。

問1 D_A を固定して，Cを全開にしてから，Bの体積が V になるまでゆっくり D_B を動かす。その結果得られた状態（図2）の気体の圧力を求めよ。

次に，外部と熱の出入りがないように，円筒Ⅱを用いた図1の装置を考える。

問2 D_A を固定して，Bの体積が V になるまで D_B を引いて固定してから，Cを全開にする。平衡状態（図2）の気体の温度はいくらか。

問3 D_A を固定して，Cを全開にしてから，Bの体積が V になるまで D_B をゆっくり動かす。その結果得られた状態（図2）の気体の圧力と温度を求めよ。

問4 Bの体積が V になるまで D_B を引いて固定する。Cをごくわずかに開けると同時に，Aの圧力がはじめの圧力と等しい値に保たれるように D_A を押していく。その結果，Aの体積が $V - \Delta V$ になったところでBの圧力がAの圧力と等しくなった（図3）。はじめの状態の気体の内部エネルギー U，外部から気体に加えられたエネルギー W，終わりの状態の気体の温度および ΔV を求めよ。

〈早稲田大〉

23 ピストンの落下運動と状態変化

図のように，1モルの理想気体がなめらかに動くピストンによって，円筒状のシリンダーの中に閉じ込められ，真空中に置かれている。気体定数を R〔J/(mol·K)〕としたとき，この気体の定積モル比熱は $\frac{3}{2}R$〔J/(mol·K)〕で与えられる。シリンダーおよびピストンはともに断熱材でできており，ピストンの質量が m〔kg〕，面積は S〔m²〕であった。ピストンの位置は図のように，

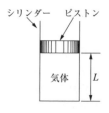

シリンダー　ピストン

気体

L

シリンダーの底からピストンの下面までの距離 L 〔m〕で表す。重力加速度の大きさを g 〔m/s²〕とし，ピストンに比べて気体の質量は無視できるものとして，以下の問いに答えよ。

問1 最初，静止したピストンにより閉じ込められた気体の温度は T_0〔K〕であった。

(1) このときのピストンの位置 L_0〔m〕を求めよ。

問2 ピストンの上に質量 M〔kg〕のおもりを静かに置いたところ，ピストンは下に向かって運動を始めた。これに伴い気体の圧力と温度の変化が観測された。

(2) 気体の圧力が P〔N/m²〕になったとき，ピストンの加速度は a〔m/s²〕であった。この場合に，ピストンとおもりによって構成される質量 $m+M$ の物体に対する運動方程式を求めよ。ただし加速度は下向きを正とする。

ピストンの位置が L_1〔m〕のとき，ピストンは下向きに最大の速さを示した。

(3) このときのピストンの加速度 a_1〔m/s²〕はいくらか。

(4) このときの気圧の圧力 P_1〔N/m²〕とおもりの質量 M〔kg〕の関係を示せ。

(5) エネルギー保存則を考慮することにより，このときの気体の温度 T_1〔K〕とピストンの下向きの最大の速さ v_1〔m/s〕の関係を求めよ。

ピストンの位置が L_2〔m〕のところで，気体は最大の圧力を示した。

(6) エネルギー保存則を考慮することにより，このときの気体の温度 T_2〔K〕と T_0〔K〕，L_0〔m〕，L_2〔m〕の関係を求めよ。

問3 シリンダー内に閉じ込められた気体の温度をつねに T_0〔K〕に保つような温度調節器を取り付け，**問2**と同じ実験を行った。

(7) この場合，ピストンが L_3〔m〕の位置にあるとき，ピストンが下向きに最大の速さを持った。L_3〔m〕は L_1〔m〕よりも大きいか，小さいか，理由を付けて答えよ。

〈東京工業大〉

〔24〕断熱膨張における気体分子運動

次の文章の空欄の中に適当な数式，または数値を入れよ。数値計算は有効数字2桁で答えよ。

図のように，ピストンの付いたシリンダーの中に質量 m〔kg〕の分子 N 個からなる理想気体がある。シリンダーの左の面を x 軸の原点Oとし，ピストンを引く向きを正に選ぶ。ピストンの面積を S〔m²〕，時刻 $t=0$〔s〕におけるピストンの位置を L〔m〕，気体の温度を T〔K〕とする。ピストンはなめらかに動き，

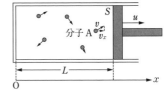

シリンダー，およびピストンは断熱されている。k〔J/K〕はボルツマン定数である。

〔Ⅰ〕 気体を断熱的に膨張させると温度が下がることを，気体分子の運動から考えてみよう。気体分子のシリンダー面，およびピストン面との衝突は弾性衝突（$e=1$）で，ピストンを引く速さ u〔m/s〕は気体分子の速さに比べて十分小さい。

問1 一定の速さ u でピストンを位置 L から引いていく。いま，分子Aが x 方向の速さ v_x でピストン面にぶつかった後に，速さ $v_x{}'$ で離れていった。はね返り係数の式 $e=$ 〔 (1) 〕 から，衝突後の速さは v_x より $2u$ だけ小さい。分子Aがピストン面と n 回衝突を繰り返した後の速さは 〔 (2) 〕〔m/s〕である。

問2 ピストンの速さ u の2乗に比例する項を無視すると，分子Aの運動エネルギーは n 回の衝突後には，衝突前に比べて 〔 (3) 〕〔J〕だけ減少している。分子Aは n 回ピス

トンに衝突するのに Δt 秒かかった。Δt 秒間では L, v_x はほとんど変化しないと見なして，Δt, L, v_x を使うと $n=\boxed{(4)}$ と表せる。このとき，分子Aの Δt 秒間の運動エネルギーの減少量は n を消去すると $\boxed{(5)}$〔J〕となる。

問3 シリンダー中には N 個の多数の分子があり，分子の速さ v_x の2乗平均を $\overline{v_x^2}$ と表す。それぞれの分子の Δt 秒間のエネルギーの減少量を合計すると，シリンダー内の運動エネルギーの減少量は $\boxed{(6)} \times \dfrac{1}{2} m \overline{v_x^2}$〔J〕となる。

問4 一方，ピストンとの衝突による x 方向の運動エネルギーの変化量は，多数の分子との衝突によって x, y, z の3方向に均等化され，
$\dfrac{1}{2} m \overline{v_x^2} = \dfrac{1}{2} m \overline{v_y^2} = \dfrac{1}{2} m \overline{v_z^2} = \dfrac{1}{2} kT$〔J〕が成立している。体積 V〔m³〕からピストンを動かし始め $\Delta V (=S u \Delta t)$ だけ増加したとき，気体の温度変化 ΔT は V, ΔV, T を用いると $\boxed{(7)}$〔K〕となる。

〔Ⅱ〕 次に，断熱膨張によって気体の温度が下がることを，熱力学第1法則と理想気体の状態方程式から考えてみよう。

n_0 をモル数，R〔J/K〕を気体定数とすると，気体の定積比熱は $C_V = \dfrac{3}{2} n_0 R$〔J/K〕である。

問5 はじめ，気体の温度が T〔K〕，体積 V〔m³〕の状態から，ピストンを断熱的にゆっくり引き気体に仕事をさせる。小さな体積 ΔV だけ膨張させたところ，内部エネルギーが ΔU〔J〕だけ変化した。気体の圧力がする仕事と内部エネルギーの変化から，$\boxed{(7)}$ の温度変化 ΔT が導かれることを示せ。

問6 いま，シリンダー内に閉じ込められた温度 300 K，圧力 1.00×10^5 Pa $(=$N/m²$)$ の気体の体積が 2.00×10^{-2} m³ であった。この気体を断熱的にゆっくり膨張させたところ，体積が 2.05×10^{-2} m³ となった。このとき，気体の温度は $\boxed{(8)}$〔K〕だけ下がる。また，この気体の内部エネルギーの減少量は $\boxed{(9)}$〔J〕である。〈北海道大〉

第3章 波 動

25 正弦波の式による固定端・自由端反射

　光が屈折率の小さい媒質から大きい媒質に向かって入射するとき，その境界面で，反射波の位相が入射波の位相に対してずれることが知られている。このことを確かめてみよう。以下の文中の　　　にあてはまる式を，また，〔　　　〕に角度(単位：ラジアン)を記入せよ。必要ならば次の公式を用いよ。

$$\sin(a+b)=\sin a\cos b+\cos a\sin b,\quad \cos(a+b)=\cos a\cos b-\sin a\sin b$$

　振幅 A_1，角振動数 ω の光波が，屈折率 n_{I} の媒質 I 中を x 軸の方向に速度 v_{I} で進むとき，時刻 t におけるこの光波の変位は $y_1=A_1\sin\omega\!\left(t-\dfrac{x}{v_{\mathrm{I}}}\right)$ と表すことができる。この光波が屈折率 n_{II} の媒質 II へ，その境界面に垂直に入射するときに生ずる反射波(振幅：A_2) および透過波 (振幅：A_3, 速度：v_{II}) の変位は，それぞれ，

$$y_2=A_2\sin\!\left\{\omega\!\left(t+\frac{x}{v_{\mathrm{I}}}\right)+\theta\right\},\qquad y_3=A_3\sin\omega\!\left(t-\frac{x}{v_{\mathrm{II}}}\right)$$

で与えられるとする。ここで，反射波は反射の際，$\theta\,(0\leqq\theta<2\pi)$ だけ位相がずれると考えた。

　これらの波は，境界面 ($x=0$) で次の2つの条件を満たす。まず第一に，媒質 I 内にある波の変位 y_1+y_2 は，媒質 II 内の波の変位 y_3 に等しい。第二に，媒質 I 内にある波の変位が x の変化とともに変わる割合 (変位の変化率) は，境界面で媒質 II 内の波の変位の変化率に等しい。第一の条件より，

$$(\boxed{\ (1)\ })\sin\omega t+\boxed{\ (2)\ }\cos\omega t=0 \quad\cdots\cdots\text{(i)}$$

を得る。ところで，変位 y_1 の変化率 $\dfrac{\Delta y_1}{\Delta x}$ は，$-A_1\dfrac{\omega}{v_{\mathrm{I}}}\cos\omega\!\left(t-\dfrac{x}{v_{\mathrm{I}}}\right)$ で与えられる。

同様に，$\dfrac{\Delta y_2}{\Delta x}$ および $\dfrac{\Delta y_3}{\Delta x}$ は，それぞれ，

$$A_2\frac{\omega}{v_{\mathrm{I}}}\cos\!\left\{\omega\!\left(t+\frac{x}{v_{\mathrm{I}}}\right)+\theta\right\}\qquad\text{および}\qquad -A_3\frac{\omega}{v_{\mathrm{II}}}\cos\omega\!\left(t-\frac{x}{v_{\mathrm{II}}}\right)$$

である。また，v_{I}，v_{II} を n_{I}，n_{II} および真空中の光速度 c を用いて表すと，$v_{\mathrm{I}}=\boxed{\ (3)\ }$，$v_{\mathrm{II}}=\boxed{\ (4)\ }$ である。したがって，第二の条件より，

$$A_2 n_{\mathrm{I}}\sin\theta\sin\omega t+(\boxed{\ (5)\ })\cos\omega t=0 \quad\cdots\cdots\text{(ii)}$$

を得る。

　(i)および(ii)式が任意の時刻で成り立つためには，$\sin\omega t$ および $\cos\omega t$ の係数がゼロでなければならない。これより，まず，$\theta=0$ または $\theta=(6)\,\langle\ \ \rangle$ が得られる。θ の値が前者の場合，A_2，A_3 は n_{I}，n_{II}，A_1 を用いて，$A_2=\boxed{\ (7)\ }$，$A_3=\boxed{\ (8)\ }$ となる。一方，θ の値が後者の場合，$A_2=\boxed{\ (9)\ }$ となる。これより，振幅は正であることを考えると，$n_{\mathrm{I}}>n_{\mathrm{II}}$ のときは $\theta=0$ であるが，$n_{\mathrm{I}}<n_{\mathrm{II}}$ のときは，$\theta=(6)\,\langle\ \ \rangle$ となる。

　以上によって，屈折率が小さい (光学的に疎な) 媒質から大きい (光学的に密な) 媒質に向かって光が入射すれば，反射波の位相が(6)〔　　　〕だけずれることが確かめられた。

〈京都産業大〉

26 速さの異なる正弦波の重ねあわせ

さまざまな現象において波動を見ることができる。それらは波としての共通の特徴を備えている。ここでは進行する波（進行波）の基本的な性質について考えてみることにしよう。

x軸の正の向きに進む進行波として、以下の式(i)で表される波を考える。時刻t、位置xでの媒質の変位y（これを$y(x, t)$と表す）は

$$y(x, t) = A\cos(\omega t - kx) \quad \cdots\cdots(\text{i})$$

である。ここでAは振幅、ωは角振動数（角周波数）であり、正の値を持つ量kは波数と呼ばれる。

問1 式(i)が実際に進行波を表していることを確かめるために、5つの異なる時刻 $t=0, \dfrac{\pi}{2\omega}, \dfrac{\pi}{\omega}, \dfrac{3\pi}{2\omega}, \dfrac{2\pi}{\omega}$ における波形を、それぞれ右図に描け。

問2 問1で描いた波形の挙動を参考にして、以下の空欄 $\boxed{\;(\text{ア})\;}$ ～ $\boxed{\;(\text{エ})\;}$ にあてはまる式を記せ。

(1) ωを、周期Tを用いて表すと $\omega = \boxed{\;(\text{ア})\;}$ となり、振動数（周波数）fを用いて表すと $\omega = \boxed{\;(\text{イ})\;}$ となる。

(2) kを、波長λを用いて表すと $k = \boxed{\;(\text{ウ})\;}$ となる。

(3) 波の進行速度vは、kとωを用いて、$v = \boxed{\;(\text{エ})\;}$ と表される。以後、vを位相速度と呼ぶことにする。

次に、振幅の等しい2つの進行波

$$y_1(x, t) = A\cos(\omega_1 t - k_1 x), \quad y_2(x, t) = A\cos(\omega_2 t - k_2 x) \quad \cdots\cdots(\text{ii})$$

が同時に存在し、その結果、進行波$y(x, t)$が合成される場合を考えよう。ただし、2つの角振動数（角周波数）ω_1とω_2($\omega_1 > \omega_2$)の値は互いに接近しており、差$\omega_1 - \omega_2$はω_1、ω_2と比べると十分小さいものとする。さらに、2つの波数k_1とk_2($k_1 > k_2 > 0$)についても同様に2つの値は互いに接近しており、差$k_1 - k_2$はk_1、k_2と比べると十分小さいものとする。

問3 以下の空欄 $\boxed{\;(\text{オ})\;}$ ～ $\boxed{\;(\text{キ})\;}$ にあてはまる式を記せ。

波の重ねあわせの原理を適用する。合成された進行波の変位$y(x, t)$は、$y_1(x, t)$と$y_2(x, t)$を用いて表すと $y(x, t) = \boxed{\;(\text{オ})\;}$ となる。この式は、公式

$$\cos X + \cos Y = 2\cos\left(\frac{X-Y}{2}\right)\cos\left(\frac{X+Y}{2}\right)$$

を利用すると、

$$y(x, t) = A_m(x, t)\cos(\omega t - kx) \quad \cdots\cdots(\text{iii})$$

と表現できる。ただし、

$$A_m(x, t) = 2A\cos(\Omega t - Kx) \quad \cdots\cdots(\text{iv})$$

であり、

$$\omega = \frac{\omega_1 + \omega_2}{2}, \quad k = \frac{k_1 + k_2}{2}, \quad \Omega = \boxed{\;(\text{カ})\;} > 0, \quad K = \boxed{\;(\text{キ})\;} > 0$$

である。Ωはωと比べて十分小さく、Kはkと比べて十分小さい。

式(iii)と(iv)で得られた結果は、式(i)と比較すると次のように解釈できる。

合成された進行波$y(x, t)$は角振動数（角周波数）ω、波数kの波で、緩やかに変動する振幅$A_m(x, t)$を持っているものと見なすことができる。

問4 問3の解釈を理解するために，式(ⅲ)で表される波の $t=0$ における波形を右図に描け。ただし，$\dfrac{k_1-k_2}{k}$ はおよそ 0.1 であるとせよ。波形の基本的な特徴が描かれていればよい。

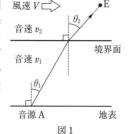

問5 以下の空欄 （ク） にあてはまる式を記せ。

　式(ⅰ)と比較するとわかるように，式(ⅳ)の変動する振幅 $A_m(x,\ t)$ は，再び進行波の形をしていることに注目しよう。したがって，振幅の空間的な変動も x 軸の正の方向へある速度 v_m で進行する。v_m を ω_1，ω_2，k_1，k_2 を用いて表すと $v_m=$ （ク） となる。

問6 2つの進行波 $y_1(x,\ t)$ と $y_2(x,\ t)$ は，2つのおんさがそれぞれ発生した音波であるとする。次の(4)と(5)に答えよ。

(4) 合成された音波は観測者にどのように聞こえるか。その特徴を簡潔に述べよ。

(5) 2つのおんさが発生するそれぞれの音波の振動数（周波数）と波長は $f_1=416\ \mathrm{Hz}$，$\lambda_1=0.817\ \mathrm{m}$ および $f_2=393\ \mathrm{Hz}$，$\lambda_2=0.865\ \mathrm{m}$ であった。合成された音波に関して，位相速度 v と速度 v_m を有効数字2桁まで求めよ。また，この結果をもとにして，v と v_m の大小関係を調べよ。〈名古屋工業大〉

27 風に流される素元波の広がりと音波

　空気中を伝わる音の速さは，温度が上昇すると速くなる。図1のように，地表に平行な平面を境界として温度差があり，無風状態での音速が，境界面より下で v_1，境界面より上で v_2 になっているとする。また，境界面より上空でのみ，一定の風速 V の風が水平方向に左から右へ吹いている。いま，地表の点Aから発せられ，鉛直から角度 θ_1 をなして図1の矢印の方向へ伝わる音波を考える。境界面を通過して伝わる音波の屈折角を θ_2 と表す。境界面は地表から十分離れており，音源Aから発した音波は，境界面で平面波と見なせるとする。

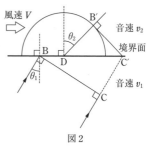

図1

問1 ある時刻に作られた波面の各点が波源となって，2次的な球面波（素元波）が送り出され，その球面波に共通に接する面が次の瞬間の波面になる。波面の伝わり方に関するこの考え方を何と呼ぶか答えよ。

問2 境界面での屈折を図2のように考える。ある時刻の入射波の1つの波面と境界面との交点をBとし，そのときの波面上の他の1点をCとする。時間 t の後に，Cは境界上の点 C′ に達し，Bから発せられた素元波は風とともに移動して，Dを中心とする球面に広がる。C′ を通り，B′ を接点としてこの素元波に接する直線 B′C′ が，屈折波の1つの波面となる。距離 BD，CC′，DB′ を v_1，v_2，V，t を使って表せ。

図2

問3 V，v_1，v_2，θ_1，θ_2 の間に成り立つ関係を求めよ。

問4 屈折波が鉛直から角度 θ_2 の方向に伝わる速さを V，v_2，θ_2 を使って表せ。

問5 音源Aから発する音の周波数を f とする。風と同じ速度で移動する気球が図1の点Eを通過するとき，気球上の観測者に聞こえる音の周波数 f' を求めよ。〈埼玉大〉

28 音源の円運動によるドップラー効果

音源と観測者が同じ xy 平面内にあって，音源のみが xy 平面内で動く場合のドップラー効果を考えよう。以下の問いに答えよ。

〔I〕 図1のように，原点Oを通り x 軸から角度 θ（$0°<\theta<90°$）だけ傾いた直線上を，音源Pが図の右上方向に一定の速さ v で移動している。時刻 $t=0$ で原点Oを通過した瞬間から，音源が一定の振動数 f の音を出し続けた。この音を x 軸上の点A$(L, 0)$（ただし，$L>0$）で観測したところ，観測された音の振動数 f_m は f とは異なっていた。この現象について，以下の問いに答えよ。ただし，音速を V とし，v は V より小さいものとする。

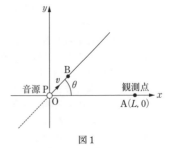

図1

問1 点Aではじめて観測された音の振動数 f_{m0} について記した以下の文中の空欄 [(1)] ～ [(5)] に入る式を答えよ。なお，解答には f, v, V, L, θ, 並びに以下の文中で定義される Δt のうち必要な記号を用いよ。

時刻 $t=0$ で音源Pが原点Oを通過してから短い時間 Δt の間に，音源が発する波の数 n は，[(1)] となる。原点Oで出た音が点Aに届く時刻 t_1 は [(2)] である。

一方，時刻 $t=\Delta t$ での音源の位置を点Bとすると，点Bの座標は（[(3)], [(4)]）となる。よって，点Bで出た音が点Aに届く時刻 t_2 は $\Delta t+$ [(5)] である。

したがって，点Aでは時間 $\Delta t'$（$=t_2-t_1$）の間に n 個の波が届く。この $\Delta t'$ の短い時間内では，観測される音の振動数 f_{m0} は一定と見なせるので，観測される音の振動数 f_{m0} は $\dfrac{n}{\Delta t'}$ となる。$\Delta t'$ は Δt と異なるので，f_{m0} は f と異なる値となる。

問2 点Aではじめて観測された音の振動数 f_{m0} を，f, v, V, θ を用いて表せ。ただし，Δt は十分小さいので $(\Delta t)^2$ の項は無視してよい。さらに，必要な場合には，$|x|$ が1に比べて十分小さいときの近似式 $\sqrt{1+x}≒1+\dfrac{1}{2}x$ を用いよ。

問3 音源Pが移動するにしたがって，音源Pから見た観測点の方向は変わっていく。このとき，点Aで観測される音の振動数 f_m は，音がはじめて観測されたときの値 f_{m0} から，時間とともにどのように変化するか。次の(ア)～(オ)のうちから，1つ選んで記号で答えよ。

　(ア) 減少し続ける　　(イ) 増加し続ける　　(ウ) 一定で変化しない

　(エ) 最初は増加し，その後は減少し続ける　(オ) 最初は減少し，その後は増加し続ける

〔II〕 図2のように，原点Oを中心として，半径 r，周期 T で反時計回りに，音源Pが等速円運動をしている。時刻 $t=0$ で音源Pが点C$(r, 0)$ を通過した瞬間から，音源Pが一定の振動数 f の音を出し続けた。この音を x 軸上の点A$(L, 0)$（ただし，$L>r$）で観測したところ，観測された音の振動数 f_m は時間とともに変化した。この現象について，以下の問いに答えよ。

図2

ただし，音速を V とし，音源Pの速さは V より小さいものとする。さらに，音源Pが出す音波の周期は T より十分小さいものとする。

線分 OP の線分 OC からの回転角を φ（反時計回りのときを正）とする。

問4 点Aで観測される振動数が最小となる音を出すときの音源Pの位置を点Dとし，線分 OD の線分 OC からの回転角を φ_D とする。このとき，r，L，φ_D の間に成り立つ関係式を書け。

次に，点Aで観測される音の振動数の時間変化について考える。

問5 点Aで音がはじめて観測された時刻 t_A を，f，V，r，T，L のうち必要な記号を用いて表せ。

問6 点Aで音がはじめて観測された時刻 t_A から時刻 t_A+T までの間の f_m の時間変化の様子について考えよう。なお，以下の(6)，(7)では，f，V，r，T，L のうち必要な記号を用いて表せ。

(6) 時刻 t が $t_A \leq t \leq t_A+T$ の範囲における f_m の最大値と最小値を求めよ。

(7) 時刻 t が $t_A \leq t \leq t_A+T$ の範囲において，f_m が f と等しくなる時刻をすべて求めよ。

(8) 時刻 t が $t_A \leq t \leq t_A+T$ の範囲における f_m の時間変化の概略を，グラフで示せ。なお，グラフ中には，上の(6)，(7)で求めた値を記さなくてよい。 〈千葉大〉

---

29 **風，ドップラー効果による振動数変化**

大気中に，図1のように x 軸上に振動数 f_0 の音源Sと観測者Oが存在し，音源Sは x 軸正方向に速さ v で移動している。観測者Oは

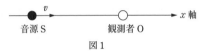

図1

$x=x_0$ $(x_0>0)$ の位置で静止している。大気中の音速は V で，音源Sの速さ v は音速 V より小さいとする。以下の問いで音源Sは，時刻 $t=0$ に $x=0$ の位置にあるとし，時間が経過しても観測者Oの位置にまだ到達していないものとする。

はじめは無風状態で，大気は静止している。

問1 以下の問いに答えよ。解答は，f_0，v，V および x_0 のうち必要な記号を用いよ。

(1) 時刻 $t=0$ に音源Sが発した音が観測者Oに伝わる時刻 t_1 を求めよ。

(2) 時刻 $t=t_1$ における，音源Sと観測者Oの間に存在する音波の波の数 n（1波長分を1個とする）を求めよ。

(3) 時刻 $t=t_1$ において音源Sが発した音が，観測者Oに伝わる時刻 t_2 を求めよ。

(4) 観測者Oが聞く音の振動数 f_1 を求めよ。

次に，速度 w の風が一様に吹いている場合を考える。ただし，w は音速 V より小さいとする。音波は大気中を速度 V で伝わる波である。そのために，媒質である大気が移動する場合，音波の伝わる速度は「媒質（大気）中を伝わる速度」と「媒質（大気）の移動する速度」の合成になる。以下の問いに答えよ。解答は，特に指定がない問いでは，f_0，v，V，x_0 および w のうち必要な記号を用いよ。

問2 図2のように，x 軸正方向に速さ w の風が一様に吹いている場合を考える。

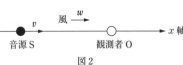

図2

(5) 音源Sから観測者Oに音が伝わる速さを求めよ。

(6) 時刻 $t=0$ に音源Sが発した音が観測者Oに伝わる時刻 t_3 を求めよ。

(7) 時刻 $t=t_3$ において音源Sが発した音が，観測者Oに伝わる時刻 t_4 を求めよ。

(8) 観測者Oが聞く音の振動数 f_2 を求めよ。

問3 図3のように，x軸と垂直方向に速さwの風が一様に吹いている場合を考える。

(9) 時刻 $t=0$ に音源が発した音波の波面が，時刻t_fにx軸を横切る場所のx座標 x_fを求めよ。ただし$x_f>0$とし，解答には，t_fを用いてよい。

(10) 音源Sから観測者Oに音が伝わる速さを求めよ。

(11) 観測者Oが聞く音の振動数f_3を求めよ。

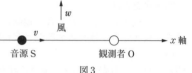

図3

(12) 風の速さwと音源Sの速さvが，それぞれ，音速Vの25％，10％の速さであったとする。このときに観測される音の振動数は，f_0から $\Delta f_3=f_3-f_0$ だけずれた。Δf_3の値は，f_0の何％になるか，有効数字2桁で答えよ。必要ならば，xの絶対値が1より十分小さい場合に成り立つ，$\sqrt{1+x}\fallingdotseq 1+\dfrac{1}{2}x$ の近似を用いてもよい。

〈千葉大〉

30 **2個のレンズによる実像・虚像**

以下の問いに答えよ。

図1のように，凸レンズLの光軸上に物体AA′がある。点Fと F′はレンズLの焦点であり，fは焦点距離である。点OはレンズLの中心であり，点PはA′Pが光軸と平行となるレンズL中の点である。物体AA′の位置は，レンズLの前方（左側）であり，焦点Fの外側である。

図1は，点 A′ から出た光の一部が進む経路を破線で示している。レンズLを通過

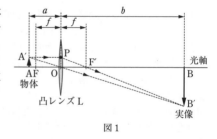

図1

した光は，レンズの後方（右側）で集まり，実像BB′を形成している。物体AA′とレンズLの距離をa，実像BB′とレンズLの距離をbとする。なお，レンズの厚さは無視できるものとする。

問1 $\boxed{(1)}$〜$\boxed{(5)}$ に適する記号または数式をa, b, fの中から必要なものを用いて答えよ。

図1より，△AA′Oは△BB′Oに相似であるため，$\dfrac{\text{AA}'}{\text{BB}'}=\dfrac{\boxed{(1)}}{\boxed{(2)}}$ となる。また，△OPF′は△BB′F′に相似であるため，$\dfrac{\text{OP}}{\text{BB}'}=\dfrac{\boxed{(3)}}{\boxed{(4)}}$ である。以上よりa, b, fの間にはレンズの式 $\boxed{(5)}$ が成立することがわかる。

$f=16$ cm，$a=20$ cm の場合を考える。このとき，レンズLの後方（右側）に形成される実像の位置にスクリーンを設置し，これを固定した。物体AA′を動かさずに，レンズLを光軸に沿って後方（右側）へ移動させると，ある位置でスクリーン上に再び鮮明な像が現れた。

問2 スクリーン上に再び鮮明な像が現れたときの物体 AA′ とレンズLの距離を求めよ。また，このときのスクリーン上での像の倍率を求めよ。

次に，虫眼鏡による物体の観察方法を考える。この方法では，物体AA′の位置は，図2のようにレンズLの前方（左側），焦点Fの内側である。AA′から出た光は，レンズLを通過した後に広がってしまうが，レンズLの後方（右側）から観察すると，観測者はAA′の方向に拡大された虚像（CC′）を肉眼で見ることができる。

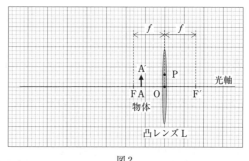

図2

問3 点A′から出て，㋐点Pへ向かう光が進む経路と，㋑点Oへ向かう光が進む経路をそれぞれ図2に示せ。さらに，㋒虚像CC′の位置と大きさを作図により示せ。解答図には㋐，㋑，㋒を明記すること。

問4 $f = 16\,\text{cm}$，AA′とLの距離を$12\,\text{cm}$とするとき，レンズLと虚像CC′の距離を求めよ。

今度は，2枚の凸レンズを組合せて，顕微鏡の仕組を利用して物体の拡大像を得る。図3のように，光軸上に物体AA′，凸レンズL_1，凸レンズL_2を設置した。レンズL_1の焦点は点F_1と$F_1′$であり，焦点距離はf_1である。また，レンズL_2の焦点は点F_2と$F_2′$であり，焦点距離はf_2である。

物体AA′の位置はレンズL_1の焦点F_1の外側であり，L_1によってAA′の実像DD′が形成されている。このとき，点$F_1′$とDD′の距離がgである。また，DD′の位置は，レンズL_2の焦点F_2の内

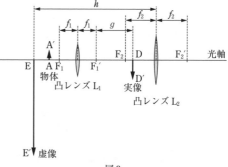

図3

側である。この条件では，虫眼鏡による観察と同じように，レンズL_2の後方（右側）に実像は形成されない。顕微鏡では，観測者はレンズL_2の後方（右側）から実像DD′の方向を眺め，拡大された虚像を肉眼で観察する。この虚像をEE′とする。L_2からEE′までの距離はhである。

問5 倍率$\dfrac{DD′}{AA′}$をf_1，f_2，g，hの中から必要なものを用いて表せ。

問6 倍率$\dfrac{EE′}{AA′}$は，レンズL_1の倍率とL_2の倍率の積で表される。$\dfrac{EE′}{AA′}$をf_1，f_2，g，hの中から必要なものを用いて表せ。

次に，レンズL_1を焦点距離がf_3の凸レンズL_3に交換した。レンズL_3の位置はL_1と同じであり，また$f_3 < f_1$である。物体AA′を光軸に沿って適切な位置に移動させると，虚像JJ′が虚像EE′と同じ位置に形成された。

問7 物体AA′はどの方向に移動させ

㋐	物体AA′を右へ移動させた	$\dfrac{EE′}{AA′} > \dfrac{JJ′}{AA′}$
㋑	物体AA′を右へ移動させた	$\dfrac{EE′}{AA′} < \dfrac{JJ′}{AA′}$
㋒	物体AA′を左へ移動させた	$\dfrac{EE′}{AA′} > \dfrac{JJ′}{AA′}$
㋓	物体AA′を左へ移動させた	$\dfrac{EE′}{AA′} < \dfrac{JJ′}{AA′}$

たか。また，倍率 $\dfrac{\text{JJ}'}{\text{AA}'}$ と $\dfrac{\text{EE}'}{\text{AA}'}$ はどちらが大きいか。前ページの表から正しい組合せを1つ選び，記号で答えよ。

問8 倍率 $\dfrac{\text{JJ}'}{\text{AA}'}$ を f_1，f_2，f_3，g，h の中から必要なものを用いて表せ。　　〈九州大〉

31 4つのスリットによるヤングの干渉実験

次の文章を読んで，**問1～3**に答えよ。

光の干渉について考えよう。右の図1のように4つのスリット S_1～S_4 を持つつい立てとスクリーンがある。スリットの左からはつい立てに垂直に単一波長 λ の平行光線がくるとする。スリット S_i のみを開けて他を閉じた場合を考えよう。図のようにスクリーン上の点Oを原点とした点Pの座標を x とする。つい立てとスクリーンの間の距離 L は OP の長さに比べ十分大きく，スリット S_i からの時刻 t における光波は点P上で

$$F_0 = A \sin 2\pi\left(\dfrac{t}{T} - \dfrac{L_i}{\lambda}\right)$$
$$(i = 1,\ 2,\ 3,\ 4)$$

と表せるとする。ここで L_i は S_i とP

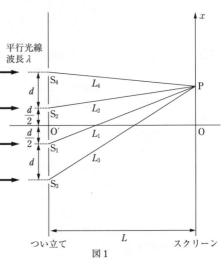

図1

の距離，λ は波長，T は周期，A は時間によらない振幅である。強度 I_0 は，F_0 の2乗の時間的平均 $\langle F_0{}^2 \rangle$ で与えられ，交流の実効値の計算と同様に，

$$I_0 = \langle F_0{}^2 \rangle = A^2 \left\langle \sin^2 2\pi\left(\dfrac{t}{T} - \dfrac{L_i}{\lambda}\right)\right\rangle = \dfrac{A^2}{2}$$

であることが知られている。

まず，S_3 と S_4 を閉じて，S_1 と S_2 からの光波のみを考える。$L_1{}^2 - L_2{}^2$ を x と d で表すと $L_1{}^2 - L_2{}^2 = $ ____(1)____ である。L は d や $|x|$ に比べ十分大きいので，$L_1 + L_2 \fallingdotseq 2L$ と考えてよい。したがって $L_1 - L_2 = $ ____(2)____ となる。点Pでの S_1 と S_2 からの光波の合成を調べると

$$F_1 = A \sin 2\pi\left(\dfrac{t}{T} - \dfrac{L_1}{\lambda}\right) + A \sin 2\pi\left(\dfrac{t}{T} - \dfrac{L_2}{\lambda}\right) = \boxed{\ (3)\ }$$

となり，スクリーン上の強度 I_1 は $F_1{}^2$ の時間的平均であるから

$$I_1 = 2A^2 \cos^2 2\pi\left(\dfrac{xd}{2L\lambda}\right) \quad \cdots\cdots(\text{a})$$

となる。この強度は x に関して次ページの図2(ア)のようにふるまい，スクリーン上には干渉縞が現れる。この結果，明線と暗線の位置 x は

$$x = \dfrac{L\lambda}{2d} \times \begin{cases} 2m & \cdots\cdots\cdots\cdots \text{明線} \\ (2m+1) & \cdots\cdots \text{暗線} \end{cases} \quad (m = 0,\ \pm1,\ \pm2,\ \cdots\cdots)$$

と表される。

次に，S_1 と S_2 を閉じ，S_3 と S_4 を開け，点Pでの S_3 と S_4 からの光波の合成を調べると

$$F_2 = A \sin 2\pi \left(\frac{t}{T} - \frac{L_3}{\lambda} \right) + A \sin 2\pi \left(\frac{t}{T} - \frac{L_4}{\lambda} \right) = \boxed{(4)}$$

となり，スクリーン上の強度 I_2 は $F_2{}^2$ の時間的平均であるから

$$I_2 = \boxed{(5)} \quad \cdots\cdots(b)$$

となる。この場合，明線の間隔は I_1 の場合に比べて $\boxed{(6)}$ 倍になる。

さらに，S_1，S_2，S_3，S_4 を開けた場合の点Pでの光波の合成を調べると

$$F_3 = A \sin 2\pi \left(\frac{t}{T} - \frac{L_1}{\lambda} \right) + A \sin 2\pi \left(\frac{t}{T} - \frac{L_2}{\lambda} \right)$$

$$+ A \sin 2\pi \left(\frac{t}{T} - \frac{L_3}{\lambda} \right) + A \sin 2\pi \left(\frac{t}{T} - \frac{L_4}{\lambda} \right) = \boxed{(7)}$$

である。スクリーン上の強度 I_3 は $F_3{}^2$ の時間的平均であるから

$$I_3 = \boxed{(8)} \quad \cdots\cdots(c)$$

である。この結果，式(c)の最大値は式(a)の最大値の $\boxed{(9)}$ 倍であることがわかる。

ここでは，4つのスリットの場合までを調べたが，これを等間隔に並んだ多数のスリットの場合に拡張すれば，スリットの数が多いほど明線が鋭く現れることがわかる。必要ならば

$$\sin \theta_1 + \sin \theta_2 = 2 \sin \frac{\theta_1 + \theta_2}{2} \cos \frac{\theta_1 - \theta_2}{2}$$

または

$$\cos \theta_1 + \cos \theta_2 = 2 \cos \frac{\theta_1 + \theta_2}{2} \cos \frac{\theta_1 - \theta_2}{2}$$

を用いよ。

問1 上の文中の空欄 $\boxed{(1)} \sim \boxed{(9)}$ を A, d, L, t, T, x, λ を用いた式または数値で埋めよ。

問2 式(b)と(c)に対応するグラフを下の図2(ア)〜(カ)の中から1つ選べ。

問3 単色光のかわりに白色光を用いると干渉縞はどうなるか説明せよ。

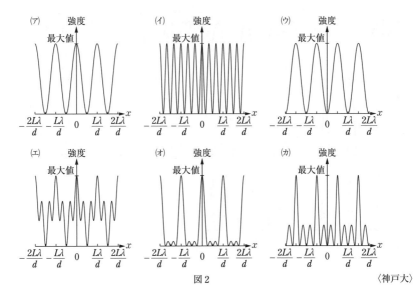

図2

〈神戸大〉

32 単スリットによる光波の干渉

　図1に示す配置の光の干渉実験において，スリットの位置Aに図2に示す形状のスリット(1)，(2)および(3)を置いた場合，それぞれスクリーン上にどのような干渉縞が生じるか，図3の(ア)〜(コ)に示す図形より最も近いと思われるものを選べ。また，選んだ図形のx軸上の位置x_0の近似値をλ，l，d等を用いて表せ。ただし，入射光は平行な単色光であり，スリットおよびスクリーンは入射光に対して垂直に置かれているものとする。また，装置全体は中心線に対して上下対称である。ここでは，目安として波長$\lambda=5.0\times10^{-7}$ m，スリットとスクリーンとの間の距離$l=1$ m，図2におけるdは長さを示しており1.0×10^{-4} m程度を考えよ。なお，図3の図形は中心線より片側の中心付近の光の強さを示しており，高さは最高強度を1としている。また，x軸は必ずしも同一の尺度とは限らない。

　必要なら以下の近似式を用いよ。zが1に比べて十分小さいとき，$\sqrt{1+z^2}\fallingdotseq1+\dfrac{1}{2}z^2$。$\theta$〔rad〕が十分小さいとき，$\sin\theta\fallingdotseq\theta$ および $\tan\theta\fallingdotseq\theta$。

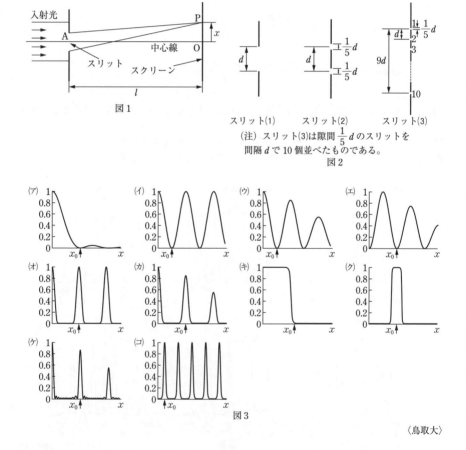

（注）スリット(3)は隙間$\dfrac{1}{5}d$のスリットを間隔dで10個並べたものである。
図2

図3

〈鳥取大〉

33 マイケルソンによる光波の干渉実験

図に模式的に示した装置で光の干渉実験を行った。波長が連続に変えられる単色光源Sを出た光を半透明の平面鏡H（半透鏡）に当てる。このとき，光の一部はHを透過しaとなり，（光とその進行方向を矢印aで模式的に示す。以下b，c，d，e，fも同様），固定平面鏡M_0で反射された後bとなってHに戻る。bはさらにHでその一部が反射されてcとなり光検出器Dに入る。一方，光源から出てHに入射した光の一部はHで反射されてdとなり，平面鏡Mでeとして反射されてHに戻る。eの一部はHを透過しfとなり，これも光検出器Dに入る。光検出器Dではcとfをあわせた光の強度を測定する。HとM_0との距離はl_0に固定されているが，Mは左右に移動できる。以下の問いの ⬚ を埋めよ。なお整数が必要なときは記号mを用いよ。

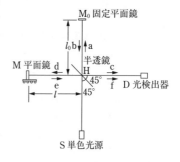

問1 光源で発生する光の波長をλに固定して，Mを移動し半透鏡Hまでの距離lを変えながらDで光の強度Iを測定した。強度Iはlとともに周期的に変化した。Iが極大になるのは$2|l-l_0|=$ ⬚(1) となるときであり，またIが極小になるのは$2|l-l_0|=$ ⬚(2) のときである。次に，Iについて極大を与えるlのうちで隣りあう2点間の距離をu_0とすると，用いられた光の波長はu_0を用いて$\lambda=$ ⬚(3) と表される。

問2 次に，平面鏡Mを$l=l_1$に固定して光源の波長を変えてみた。波長を長くしていくと強度Iは単調に増加していき$\lambda+\Delta\lambda$のときはじめて極大になった。したがって$2|l_1-l_0|=$ ⬚(4) である。また波長を短くしていくと強度Iは単調に減少していき$\lambda-\frac{1}{2}\Delta\lambda$のときはじめて極小になった。したがって$2|l_1-l_0|=$ ⬚(5) である。この結果からl_1とl_0の距離の差はλと$\Delta\lambda$のみを用いて表すと$|l_1-l_0|=$ ⬚(6) となる。

問3 問2の条件のもとでは ⬚(7) $\cdot\lambda<2|l_1-l_0|<$ ⬚(8) $\cdot\lambda$ となっている。$l_1>l_0$の場合にl_1をλに比較して微小量増すと強度Iはどう変化するか。 ⬚(9)

問4 平面鏡Mを左右に速さvで遠ざけるとする（ただしvは光の速さcより十分小さい。また$c=3.0\times10^8$ m/s）。光源で発生する光の波長がλのとき反射光eの波長は$\lambda'=$ ⬚(10) $\cdot\lambda$ である。この場合Dで測定した光の強度Iの変化はどのようになるか。 ⬚(11)

また波長λが600 nm（1 nm＝10^{-9} m），速さvが時速60 kmのときの強度Iの変化を定量的に述べよ。 ⬚(12)

〈大阪大〉

34　点電荷による球形導体の静電誘導

静電場に関する以下の問いに答えよ。ただし，静電気に関するクーロンの法則の比例定数を k_0 とし，無限遠の電位を 0 とする。また各問いに記される以外の電荷は存在しないものとする。

問1　電気量 Q の点電荷Aが真空中にある。ただし，Q は正とする。点電荷Aから距離 r だけ離れた点の電場の強さ E_1 と電位 V_1 を Q，r，k_0 を使って表せ。

問2　半径 a の導体球が真空中にあり，その表面に電気量 Q の正電荷が一様に分布している。導体球の中心をOとし，点Oから距離 $r(r > a)$ だけ離れた点をPとする。点Pの電場の強さ E_2 と電位 V_2 および点Oの電位 V_0 を Q，a，r，k_0 の中から必要な記号を用いて表せ。

問3　真空中において，ある半径 a の球面上に電気量がそれぞれ Q_1，Q_2，Q_3，$\cdots$，Q_n の n 個の点電荷が配置されている。球中心の電位 $V_0{}'$ を Q_1，Q_2，Q_3，$\cdots$，Q_n，a，k_0 を使って表せ。

問4　電気量がそれぞれ Q_1，Q_2，Q_3，$\cdots$，Q_n である n 個の点電荷が真空中に固定されており，このとき，点Rの電位は V_R であったとする。さらに，点Rから距離 r だけ離れた点に電気量 Q_0 の点電荷を置いたとき，点Rの電位は $V_R{}'$ になった。$V_R{}'$ を V_R，Q_0，Q_1，Q_2，Q_3，$\cdots$，Q_n，r，k_0 の中から必要な記号を用いて表せ。

問5　問1～問4の結果を考慮して，図に示すような点電荷の近傍に置かれた導体球殻の電位を求めよう。以下の文中の空欄 [(1)] ～ [(9)] に適切なものを，次ページに与えられた選択肢 (ア)～(サ)の中から選び，記号で答えよ。同じ選択肢を複数回使用してよい。また，空欄 [(10)] には与えられた文字を用いた適切な式を記せ。

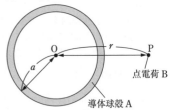

電荷を持たない半径 a の厚みを無視できる導体球殻Aが真空中に固定されている。導体球殻Aの中心Oから距離 $r(r > a)$ だけ離れた点Pに電気量 Q の点電荷Bを置いた。ただし，Q は正とする。このとき，[(1)] 現象により導体球殻Aの表面には電荷が誘導される。点電荷Bに近い導体球殻表面には [(2)] が，点電荷Bから遠い表面には [(3)] が誘導されるが，電気量保存の法則により導体球殻Aの正味の電荷は [(4)] となっている。導体球殻Aを構成する導体内の電場は，導体球殻Aに誘導された電荷と点電荷Bが作る場を合成したものであるが，一般に導体内の電場は [(5)] であるから，導体球殻Aのすべての点は [(6)] になる。この場合，[(3)] と [(2)] を結ぶ電気力線は存在しない。なぜならば，そのような電気力線が存在すると仮定すると，導体球殻表面が [(6)] であることに矛盾する。したがって，[(3)] から出た電気力線は [(7)] まで行く。こうして，導体球殻Aの電位は [(8)] であることがわかる。

次に，導体球殻Aが囲む空間内の電場について考えてみよう。この場合，空間内には電荷は存在しないので，電場は存在しない。なぜならば，電場があるとするとその電気力線の始点と終点は導体球殻Aの内面になり，導体球殻Aが [(6)] であることに矛盾する。こうして，導体球殻Aの内面には電荷は誘導されず，また導体球殻Aとそれが囲む空間内のすべての点は [(6)] であることがわかる。ここでは，導体球殻

について考えたが，一般に導体で囲まれた空間の電場は外部の電場の影響を受けない。このような効果を $\boxed{(9)}$ という。したがって，導体球殻Aが囲む空間内の任意の場所の電位は導体球殻Aの電位 V_A に等しい。導体球殻の中心Oの電位を考えると，この電位 V_A は Q，a，r，k_0 の中から必要な記号を用いて $\boxed{(10)}$ と表せる。

〔選択肢〕　(ア) 正　　(イ) 負　　(ウ) 0　　(エ) 点電荷B　　(オ) 無限遠

　　　　　(カ) 正の誘導電荷　　(キ) 負の誘導電荷　　(ク) 等電位　　(ケ) 静電誘導

　　　　　(コ) 誘電分極　　(サ) 静電遮蔽　　　　　　　　　　　　　　　　　〈千葉大〉

35　2個の点電荷の作る電気力線

xy 平面上において，距離 l〔m〕だけ離れた2点A，Bに電荷を固定したときの電気力線について考える。点Aの座標を $\left(-\dfrac{l}{2},\ 0\right)$，点Bの座標を $\left(\dfrac{l}{2},\ 0\right)$ として以下の設問に答えよ。

問1　点A，点Bに等しい正電荷 Q〔C〕を置いた場合を考える。

(1)　xy 平面上の電気力線の様子を，向きも含めて図示せよ。

(2)　Q が 5.0×10^{-12} C，l が 6.0×10^{-2} m とする。y 軸上で原点から 4.0×10^{-2} m だけ離れた点に静かに置いた大きさの無視できる荷電粒子が，無限遠方に達したときの速度を求めよ。ただし，荷電粒子の電荷を 1.6×10^{-19} C，質量を 9.0×10^{-31} kg とする。また，クーロンの法則の比例定数を 9.0×10^9 N·m²/C² とする。

問2　点A，点Bにそれぞれ Q〔C〕，$-\dfrac{Q}{2}$〔C〕の電荷を置いた場合を考える。ただし，Q は正とする。

(3)　電位が 0（無限遠方と同じ）となる点 (x, y) が満たす方程式を求めよ。それは xy 平面上でどのような図形を表すか。

(4)　x 軸上の点Pに電荷を置いたとき，それに働く力が0になった。そのような点Pの座標を求めよ。

(5)　点Bを中心とする円周上で，電位が最も低い点は x 軸上 $\left(\text{ただし } x>\dfrac{l}{2}\right)$ にある。その理由を説明せよ。

(6)　点Aを出た電気力線は，一部は点Bに，一部は無限遠方に達する。線分ABとなす角度 θ で点Aを出た電気力線が点Bに入るとき，θ が取り得る範囲を理由とともに答えよ。ただし，電気力線のふるまいを考える際，点Aのごく近くにおいては，点Bに置いた電荷からの影響は無視してよい。

(7)　問(3)〜(6)の結果を参考にして，xy 平面上の電気力線の様子を，向きも含めて特徴がわかるように図示せよ。なお，図には点A，点B，点Pの位置をそれぞれ示すとともに，問(3)で求めた図形を点線で書き加えよ。　　　　　　　　　　　〈東京大〉

36 回路の電流，電位についての重ねあわせ

図1～図4のような直流回路を考える。ただし，電流の向きは矢印の向きを正とし，電池の内部抵抗は無視する。

〔Ⅰ〕 図1のように，起電力 E_1 $(E_1>0)$ の電池1，起電力 E_2 $(E_2>0)$ の電池2，抵抗値 r の抵抗3つからなる回路がある。それぞれの抵抗には電流 I_1, I_2, I_3 が流れている。電流 I_1, I_2, I_3 並びに点bに対する点aの電位 V_a を求めてみよう。

問1 I_1, I_2, I_3 の間に成り立つ関係は $I_1=$ □(1) となる。□(1) の中に適切な式を入れよ。

問2 E_1, I_2, I_3 の間に成り立つ関係は $E_1=$ □(2) となる。さらに，E_2, I_1, I_2 の間に成り立つ関係は $E_2=$ □(3) となる。□(2) と □(3) の中に適切な式を入れよ。I_1, I_2, I_3, r のうちの必要なものを用いて表せ。

問3 I_1, I_2, I_3, V_a を求めよ。E_1, E_2, r のうちの必要なものを用いて表せ。

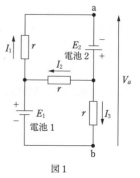

図1

〔Ⅱ〕 次に，図2および図3の回路を考える。図2においてそれぞれの抵抗に流れる電流を I_1', I_2', I_3' とし，図3では，それぞれの抵抗に流れる電流を I_1'', I_2'', I_3'' とする。

問4 図2において，電池1から見た，3つの抵抗の合成抵抗を求めよ。

図1と図2を比較すると，図2は図1において電池2の起電力をゼロとした（つまり，電池2を導線と入れかえ

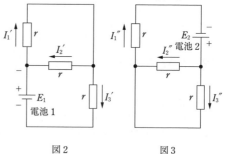

図2　　　　図3

た）場合に等しい。また，図3は図1において電池1の起電力をゼロとした（つまり，電池1を導線と入れかえた）場合に等しい。このように電池が2つ以上あり，回路内のある抵抗に流れる電流を求める場合，1つの電池をそのままで残りの電池の起電力をゼロ（つまり電池を取り除いて導線と入れかえる）としたときに，その抵抗に流れる電流を計算し，他の電池に対しても同様の手続きを行い電流をそれぞれ求めることができれば，それらの電流を足しあわせ，実際の回路における抵抗に流れる電流を求めることができる。これを重ねあわせの原理という。つまり，図1，図2，図3においては，$I_1=I_1'+I_1''$, $I_2=I_2'+I_2''$, $I_3=I_3'+I_3''$ の関係式が成り立つ。それぞれの電流は，電池の起電力の値と合成抵抗や抵抗の比を利用して求めればよい。

〔Ⅲ〕 さらに，図4に示すように，抵抗値 r_x の抵抗 R_X を図1の回路につなげたときに，抵抗 R_X に流れ

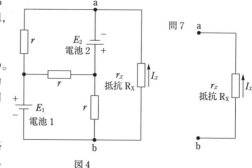

図4

る電流 I_x を重ねあわせの原理を用いて求めてみよう。以下の問いにおいては，E_1，E_2，r，r_x のうちの必要なものを用いて答えよ。

問5　図4において，電池2の起電力をゼロとしたときに抵抗 R_X に流れる電流を I_x' とし，電池1の起電力をゼロとしたときに抵抗 R_X に流れる電流を I_x'' とする。I_x' と I_x'' を求めよ。

問6　前問の結果から I_x を求めると，$I_x = \dfrac{E_0}{r_x + r_0}$ のような形で表される。E_0 と r_0 を求めよ。

問7　前問の結果は，$E_0 > 0$ において，図4の回路図を起電力 E_0 の電池，抵抗値 r_0 の抵抗，抵抗値 r_x の抵抗 R_X からなる簡単な回路に置き換えられることを示している。置き換えた回路図を描け。　　　　　　　　　　　　　　　　　〈大阪大〉

37　デジタル・アナログ変換回路の原理

次の各問いの答えを記せ。

図1，2，3は，電池と抵抗とスイッチを含む3種の電気回路である。図1の回路では，電池の起電力がそれぞれ E_1 と E_2 であり，図2と3の回路では，すべての電池の起電力が等しく，E であるとする。また，図1の回路には，抵抗値がそれぞれ R，$\frac{3}{4}R$，$\frac{1}{4}R$ の3種の抵抗が接続されており，図2と3の回路には，抵抗値がそれぞれ R，$\frac{3}{4}R$，$\frac{1}{2}R$，$\frac{1}{4}R$ の4種の抵抗が接続されている。スイッチ S_1，S_2，S_3，……，S_N は，いずれも右側に閉じると導線を通して端子Gにつながり，左側に閉じると電池に接続する。以下の問いでは，すべての電池の内部抵抗と導線の抵抗が，無視できるほど小さいものとする。まず，図1の回路について，次の問いに答えよ。

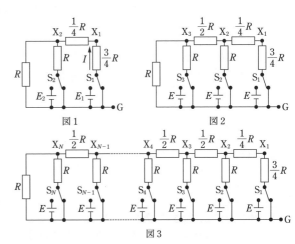

図1　　　　図2

図3

問1　S_1 を左側（電池側）に閉じ，S_2 を右側に閉じたとき，端子 X_1G 間の電位差はいくらか。

問2　S_1 を右側に，S_2 を左側（電池側）に閉じたとき，端子 X_1G 間の電位差はいくらか。

問3　S_1 と S_2 をともに左側（電池側）に閉じたとき，端子 X_1 とスイッチ S_1 との間の $\frac{3}{4}R$ の抵抗に流れる電流 I はいくらか。

問4　問3の状態のとき，端子 X_1G 間の電位差はいくらか。

次に，図2の回路について，次の問いに答えよ。

問5　S_1 と S_2 をともに右側に閉じ，S_3 のみを左側（電池側）に閉じたとき，端子 X_1G 間の電位差はいくらか。

問6 S_1, S_2, S_3 をすべて左側（電池側）に閉じたとき，端子 X_1G 間の電位差はいくらか。

最後に，図3の回路は，図2の回路におけるスイッチを含む枝路（抵抗，スイッチ，電池の直列接続部分）の数を，N個にしたものである。この回路について，次の問いに答えよ。

問7 スイッチ S_N のみを左側（電池側）に閉じ，他のすべてのスイッチ S_1，S_2，……，S_{N-1} を右側に閉じたとき，端子 X_NG 間の電位差はいくらか。

問8 問7の状態のとき，端子 X_1G 間の電位差はいくらか。

問9 この回路で，枝路の数を 6 個（$N=6$），電池の起電力を 8 V（$E=8$ V）とするとき，いくつかのスイッチを左側（電池側）に閉じ，残りのスイッチを右側に閉じて，端子 X_1G 間の電位差を 3.25 V としたい。どのスイッチを左側に閉じればよいか。

〈早稲田大〉

---

38 コンデンサー極板間の誘電体とエネルギー

文中の □ に入る適当な式を，{ } に入る適当な語句の記号をそれぞれ記入し，設問に答えよ。

〔Ⅰ〕 図1のように x 軸方向に奥行 a，y 軸方向に幅 b の2つの金属極板（極板）を z 軸方向に間隔 d で向かいあわせてできたコンデンサーが真空中に置かれている。極板1は $z=d$ の

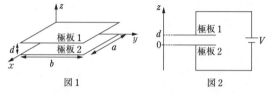

図1　　　　　　　　　　図2

位置にあり，極板2は $z=0$ の位置にある。a, b は d に比べて十分大きく，極板の端の影響は無視してよい。このコンデンサーの電気容量は真空の誘電率を ε_0 として □(1) と表される。このコンデンサーに図2のように起電力 V の電池を接続し，充電した。コンデンサーのこの状態を初期状態と呼ぶことにする。このとき極板1の電荷量は □(2) である。

〔Ⅱ〕 極板間には，厚さ d，奥行 a，幅 b で比誘電率が ε（>1）の誘電体を y 軸方向に挿入できるようになっている。ただし極板と誘電体の間はなめらかであり，摩擦は考えなくてよいものとする。

初期状態にあるコンデンサーから電池を切り離した。その後，図3のように $y=0$ の側から誘電体を挿入し，$y=l$（$0<l<b$）の位置まで入れて固定した。このとき極板間に挿入された誘電体の極板1側の表面には(3){(ア) 正 (イ) 負} の電荷が，極板2側の表面には，その逆符号の電荷が誘起され

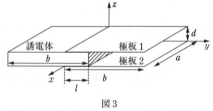

図3

る。誘電体が挿入されている領域とそれ以外の領域が並列に接続されていると考えれば，コンデンサー全体の電気容量は □(4) となる。このときコンデンサーに蓄えられている静電エネルギーは □(5) と表される。

再びコンデンサーを初期状態にした後，電池を接続したまま，誘電体を $y=0$ の側から挿入し，$y=l$ の位置まで入れて静止させた。このときコンデンサーに蓄えられている静電エネルギー U は □(6) と表される。その後，誘電体を y 軸正方向に l から $l+\Delta l$ までわずかな距離 Δl だけ，電場に垂直な方向の電気力に逆らって力を加えなが

ら，ゆっくり移動させた。Δl の移動によって生じる静電エネルギーの変化分 ΔU は $\boxed{(7)}$ となり，極板に蓄えられた電荷量の変化で電池がした仕事は $\boxed{(8)}$ となる。ΔU から電池がした仕事を引いた残りが電気力に逆らう力のした仕事であることを考慮すると，電気力の大きさを誘電体の断面積（図3の斜線で示した面の面積）で割ることによって，電場に垂直な方向に働く単位面積当たりの電気力の大きさは $\boxed{(9)}$ となることがわかる。ここで加えていた力を0にすると，誘電体は y 軸の (10){(ア) 正方向　(イ) 負方向} に動く。

問1　コンデンサーを初期状態に戻し，次に誘電体を $y=b$ の位置まで挿入した。この状態から厚さ d の誘電体はそのままにして，極板1だけを z 軸方向に $z=d$ から $z=3d$ までゆっくり移動させた。このときに必要となる仕事を求めよ。できるだけ導出の過程を詳しく書くこと。

〔Ⅲ〕　電源につながれたコンデンサーの極板間隔を時間的に変化させると，蓄えられた電荷が時間変化し，回路に電流が流れる。これは機械的振動を電気信号に変換する方法の1つであり，コンデンサーマイクと呼ばれるマイクロフォンの動作原理はこれと同様な現象に基づいている。ここでは極板の位置の変化によって回路に流れる電流を，以下のように見積もってみよう。

極板2を $z=0$ の位置に固定し，極板1を $z=d$ に置いて初期状態にした後，時刻 t での位置を $z=d+h\sin\omega t$ ……① のように角振動数 ω で移動させた。ここで h は定数であり，その絶対値は d に比べて十分小さい。ただし，極板の振動によって発生する電磁波の効果は無視できるとする。ここで $|\alpha|$ が1に比べて十分小さい場合に成り立つ近似式，$(1+\alpha)^{-1}=1-\alpha$ を用いると，時刻 t における電気容量 C は，①式の z のように，t によらない定数項と $\sin\omega t$ に比例する項の和として $\boxed{(11)}$ と表される。したがって時刻 t における電荷 $Q(t)$ と，非常に短い時間 Δt 後の時刻 $t+\Delta t$ における電荷 $Q(t+\Delta t)$ の差 ΔQ は $\boxed{(12)}$ と表される。公式 $\sin(\alpha+\beta)=\sin\alpha\cos\beta+\cos\alpha\sin\beta$，および θ が非常に小さいとき，$\sin\theta\fallingdotseq\theta,\ \cos\theta\fallingdotseq1-\dfrac{\theta^2}{2}$ と近似できることを使って問(12)の結果を書き改め，$\dfrac{\Delta Q}{\Delta t}$ を求めて Δt の1次の項を無視すると，単位時間当たりの電荷の変化量，つまり電流は $\boxed{(13)}$ となる。

〈滋賀医科大〉

39　3個のコンデンサーと電荷保存

図に示すように，起電力 V_0 の電池，電気容量 C_A，C_B のコンデンサー，抵抗値 R_1，R_2，R_3 の抵抗，および切り換えスイッチSからなる電気回路がある。この回路の各コンデンサーは，はじめに電荷を持っていなかったものとして，以下の問いに答えよ。

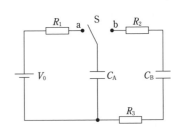

問1　スイッチSをaに接続した状態で十分な時間が経過した。コンデンサー C_A に蓄えられた電気量 Q_0 と静電エネルギー U_0 を求めよ。

問2　次にスイッチSをaからbに切り換えた。切り換えた瞬間に，抵抗 R_2，R_3 に流れ始める電流 I_2，I_3 を求めよ。

問3　スイッチSをbに切り換えてから十分な時間が経過した後，コンデンサー C_B の極板間にかかっている電圧 V_B と蓄えられている電気量 Q_B を求めよ。

問4 スイッチSをbに切り換えてから十分な時間が経過するまでに失われた静電エネルギー ΔU を求めよ。

問5 失われた静電エネルギー ΔU はすべて抵抗で消費されたとする。抵抗 R_2 で消費された電気エネルギー W を求めよ。

上記の操作を1回目とし，以下，$V(1)=V_B$, $Q_B(1)=Q_B$ とおく。スイッチSを再びaに接続した後bに接続する。この操作を2回目とする。ただし，スイッチの切り換えは十分な時間が経過した後に行うものとする。

問6 2回目の操作から十分な時間が経過した後，コンデンサー C_B の極板間にかかっている電圧 $V(2)$ と蓄えられている電気量 $Q_B(2)$ を求めよ。

問7 この操作を n 回繰り返した後，コンデンサー C_B の極板間にかかっている電圧を $V(n)$ とする。$V(n-1)$ と $V(n)$ の関係を求めよ。また，$V(n)$ を C_A, C_B, n, V_0 で表せ。さらに，操作を繰り返し行っていくと，電圧 $V(n)$ はどのような値に近づくか答えよ。

〈横浜市立大〉

40 ダイオードの特性と回路の電位

同じ電気容量 C〔F〕のコンデンサーC_1, C_2を図1のように2個のダイオードD_1, D_2で連結して，端子A，B間に電位をかけた。端子Bは接地（電位を0に固定）されていて，端子

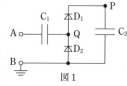

図1

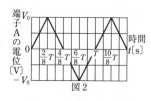

図2

Aの電位は図2のように周期 T〔s〕で変化している。このとき，点Pの電位はどのような時間的変化をするか順々見ていこう。

2個のコンデンサーは，はじめは電荷を蓄えていなかったものとする。ダイオード 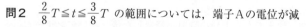 は矢印の方向しか電流を流さず，その両端の電位の大小関係によって開閉するスイッチの役割をしているものとする。ダイオードD_1を例にとって説明すると，点Qの電位が点Pの電位より高い場合はQからPの向きに電流が流れ，そのときのダイオードの電気抵抗はきわめて小さく，D_1はスイッチを閉じたのと同じ働きをしていると考えてよく，逆の場合には電流は流れずD_1はスイッチを開いたのと同じ働きをしていると考えてよい。次の問いに答えよ。

問1 $0 \leq t \leq \dfrac{2}{8}T$ の範囲については，端子Aの電位が増加しているので図1の回路は図3のようにD_1のスイッチが閉じ，D_2のスイッチが開いている回路と考えればよい。

(1) この範囲では，点Pと点Qの電位は同じと考えてよいが，$t=\dfrac{2}{8}T$ のときの点Pの電位はいくらか。

(2) $t=\dfrac{2}{8}T$ のときのコンデンサーC_1のQ側の極板およびC_2のP側の極板上の電荷はそれぞれいくらか。

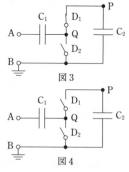

図3

図4

問2 $\dfrac{2}{8}T \leq t \leq \dfrac{3}{8}T$ の範囲については，端子Aの電位が減少し始めたが，まだ点Qの電位は正なので図4のようにD_1, D_2の両方のスイッチが開いた回路になったと考えればよい。

(3) $t=\dfrac{3}{8}T$ のときのコンデンサー C_1 の Q 側の極板および C_2 の P 側の極板上の電荷はそれぞれいくらか。

(4) $t=\dfrac{3}{8}T$ のときの点 P および点 Q の電位はそれぞれいくらか。

問3 同様に順次見ていくと，$\dfrac{3}{8}T\leqq t\leqq\dfrac{6}{8}T$ の範囲では D_1 のスイッチは開いたままで D_2 のスイッチは閉じる。$\dfrac{6}{8}T\leqq t\leqq\dfrac{7}{8}T$ の範囲では，図 4 のように D_1，D_2 の両方のスイッチが開いた状態が再び出現する。$\dfrac{7}{8}T\leqq t\leqq\dfrac{10}{8}T$ の範囲では D_1 および D_2 のスイッチの開閉状態はそれぞれどうなっているか。

問4 図 1 は倍電圧整流回路と呼ばれているが，$0\leqq t\leqq\dfrac{10}{8}T$ の範囲では点 P の電位はどのような変化をするか。その変化をグラフに記入せよ。　　　　　　　　　　　　〈山口大〉

[41] ダイオードの特性と回路の電流

　ダイオードを含む回路について考える。ダイオードは一方向にのみ電流を流し，逆方向へは流さない特性を持つ。ダイオードに加える電圧 v と電流 i との間には図 1 に示す関係があり，正の電圧 v に対して，$v>v_a$ のときにのみ電流 i が $i=a(v-v_a)$ の関係式で図の矢印の方向に流れる。ただし $v_a\geqq0$ であり，a は正の定数である。電池の内部抵抗，および導線の電気抵抗は無視できるものとして，以下の問いに答えよ。

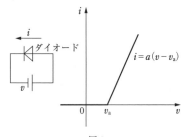

図1　　　　　　　　　　　　　　　　　　図2

問1 図 2 のように，ダイオード，電圧 E の電池，抵抗値 R の抵抗，電気容量 C のコンデンサー，およびスイッチからなる回路を考える。電池の電圧は $E>v_a$ である。最初コンデンサーに電荷はなかった。

(1) スイッチを I 側に接続した。回路に流れる電流を I としたとき，ダイオードにかかる電圧 V を，I，E，R の中から必要なものを用いて表せ。ただし，電流 I の向きは図 2 に示す矢印の方向を正とする。

(2) 問(1)のとき，回路に流れる電流 I を，E，R，v_a，a の中から必要なものを用いて表せ。

(3) 次にスイッチを II 側に接続し，十分に時間が経過するのを待った。コンデンサーに蓄えられる電気量 q と静電エネルギー U を，それぞれ E，R，C，v_a，a の中から必要なものを用いて表せ。

(4) 問(3)において，電池のした仕事 W，およびジュール熱などで回路から失われたエネルギー Q を，それぞれ E，R，C，v_a，a の中から必要なものを用いて表せ。

問2 次に図3のような回路を考える。電池1，電池2の電圧はE，抵抗A，抵抗Bの抵抗値はR，コンデンサーA，コンデンサーBの電気容量はそれぞれC_A，C_Bである。ダイオードA，ダイオードBは図1の特性を持つが$v_a=0$である。なお，ダイオードAに流れる電流I_A，ダイオードBに流れる電流I_Bの

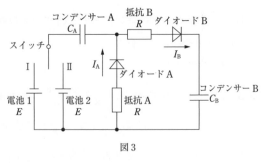

図3

向きは図3に示す矢印の向きを正とする。最初，コンデンサーA，コンデンサーBに電荷はなかった。

(5) スイッチをI側に接続し十分に時間が経過するのを待った。コンデンサーAに蓄えられる電気量q_AとコンデンサーBに蓄えられる電気量q_Bを，それぞれE，R，C_A，C_B，a の中から必要なものを用いて表せ。

(6) 次にスイッチをII側に接続した。スイッチを接続した直後にダイオードAに流れる電流I_AとダイオードBに流れる電流I_Bを，それぞれE，R，C_A，C_B，a の中から必要なものを用いて表せ。

(7) 問(6)の操作から十分に時間が経過するのを待った。コンデンサーBに蓄えられる電気量q_B'を，E，R，C_A，C_B，a の中から必要なものを用いて表せ。　〈東北大〉

42 円筒状電流が作る合成磁場

　十分長い直線導線上を電流Iが流れているとき，導線から距離rの点にできる磁場の強さHは $H=\dfrac{I}{2\pi r}$ であることが知られている。以下の設問に答えよ。ただし問題の設定はすべて真空中であるとし，真空の透磁率はμ_0とする。また図1と図2のx，y，z軸は互いに直交するようにとられていて，z軸の正の向きは紙面の裏から表向きである。

〔I〕 図1のようにxy平面上の原点Oを中心とする半径aの円周上に3点A，B，Cがある。ここでAは円とx軸の正の部分との交点，BとCは直線OBとOCがx軸正の向きと角度θをなす対称な2点である。この3点を通りz軸に平行な3本の直線導線があり，この上をz軸の正の向きに同じ大きさの電流Iが流れている。

問1 点Bと点Cを通る直線導線上を流れる電流が点Aに作る合成磁場$\vec{H}$の向きを図1に矢印で表し，その強さHを求めよ。

問2 点Aを通る直線導線の長さl当たりに働く力$\vec{F}$の向きを図1に矢印で表し，その大きさFを求めよ。

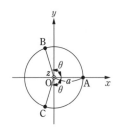

図1　3本の直線導線のxy平面上での配置

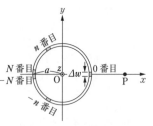

図2　パイプ状導体のxy断面

〔II〕 半径aの十分長いパイプ状導体が，中心軸がz軸に一致するように置かれていて，この上をz軸の正の向きに電流Iが一様に流れている場合を考える。図2はそのxy断

48

面を示したものである。ここでパイプの厚さは半径aに比べて十分小さいとする。

問3 このパイプ状導体を流れる電流によって導体の側面には力が働く。この力を以下の手順で求めるとき、□□□にあてはまる式を書け。

　まず図2のように、xz平面に関して対称になるようにパイプ状導体を中心軸に平行で等間隔に$2N+1$本（Nは十分大きな自然数）の細長い領域に分割し、$-N$からNまで図2のように番号を付ける。このとき各領域の幅Δwは $\Delta w=$ □(1)□ となり、そこを流れる電流ΔIは $\Delta I=$ □(2)□ となる。分割された細長い領域を1本の導線と考えると、n番目と$-n$番目の領域を流れる電流が0番目の領域のz方向の長さlの部分を流れる電流に及ぼす力の大きさΔF_nは $\Delta F_n=$ □(3)□ となる。したがって0番目の領域の長さlの部分に働く力の大きさF_Nは $F_N=\displaystyle\sum_{n=1}^{N}\Delta F_n=$ □(4)□ となる。

　0番目の領域の長さlの部分の面積は$l\Delta w$であるから、0番目の領域には単位面積当たり大きさ$f_N=$ □(5)□ の力が働いている。ここでNを無限に大きくすることによって、パイプ状導体の側面に働く単位面積当たりの力の大きさfは $f=$ □(6)□ と求められる。

問4 x軸上で原点Oから距離R($R>a$)の点Pにおける磁場$\vec{H}$はxy平面内にあって、x軸に垂直になることを右図を用いて説明せよ。 〈東京工業大〉

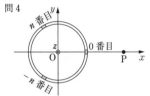

問4

---

43 磁場中を運動する導体棒の起電力と加速度

　図のように、水平と角θをなす斜面に沿って、間隔Lの2本のなめらかなレールがあり、その上で、質量mの太さが無視できる導体の棒が動くものとする。ただし、棒はレールの間隔よりも少し長く、つねにレールに垂直であるとする。このレールは2本とも導体であり、下端はスイッチSによって、つながっている。Rは抵抗値Rの抵抗、Cは電気容量Cのコンデンサーである。また、斜面に垂直かつ下向きに磁束密度Bの一様な磁場が斜面全体にかけられている。レールの上端を原点とし、斜面に沿って下向きにx軸をとり、重力加速度の大きさをgとして、以下の問いに答えよ。ただし、棒およびレールの抵抗は無視し、回路の自己誘導は考えない。また、斜面とレールは十分に長いものとする。解答には、各問いの最後で（　）内に指定された物理量を用いること。

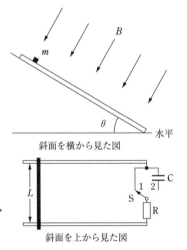

斜面を横から見た図

斜面を上から見た図

　はじめに、スイッチSを1の位置にして、棒を原点で静かに放した場合を考える。

問1 棒の速度がvのとき、回路に流れる電流はいくらか。ただし、斜面を上から見たとき、時計回りの向きを正、反時計回りの向きを負とする。$(B,\ L,\ v,\ R)$

問2 棒の速度がvのとき、棒に働くx軸方向の力はいくらか。$(\theta,\ B,\ g,\ L,\ m,\ v,\ R)$

問3 棒を原点で静かに放してから十分に時間が経過すると、棒の速度は一定となる。この速度はいくらか。$(\theta,\ B,\ g,\ L,\ m,\ R)$

問4 棒の速度が一定になった後に，抵抗Rで発生する熱量は単位時間当たりいくらか。(θ, B, g, L, m, R)

次に，スイッチSを2の位置に切り換えて，棒を再び原点で静かに放した。以下の問いでは，回路に流れる電流をI(符号のとり方は**問1**と同じとする)，コンデンサーCが蓄える電荷(図中のコンデンサーの上側の極板にある電荷)をQ，棒の速度をv，加速度をaとせよ。ただし，棒を原点で放したとき，コンデンサーCに電荷はなかったものとする。

問5 棒のx軸方向の運動方程式を書け。(θ, a, B, g, I, L, m)

問6 電位差に関するキルヒホッフの法則を表す関係式を書け。(B, C, I, L, Q, R, v)

問7 十分に時間が経過すると，棒は等加速度運動をすることがわかっている。この状態では，任意の時間内におけるQの変化ΔQと棒の速度の変化Δvの比は一定である。この比を求めよ。(B, C, L)

問8 十分に時間が経過したときの棒の加速度と電流をそれぞれ求めよ。(θ, B, C, g, L, m)

〈大阪府立大〉

---

44 不均一な磁場中を落下する正方形コイル

細い導線で作った1辺lの伸び縮みしない正方形ABCDの1巻きコイルを磁場中で鉛直方向に落下させる。図のように鉛直上向きにz軸をとり，正方形コイルを辺ABがx軸と平行になるように設置する。また，つねに，正方形コイルの中心はz軸上にあり，その面は水平に保たれる。磁場

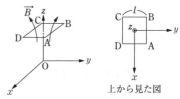

上から見た図

はz軸正方向を向く大きな一様磁場からわずかにずれて不均一になっており，磁束密度は座標(x, y, z)の関数として，$\vec{B} = (bx, by, B_0 - 2bz)$($B_0$, bは正の定数)で与えられる。ある高さから正方形コイルを初速度0で落下させたとき，以下の問いに答えよ。ただし，重力加速度の大きさをg，コイルの質量をm，コイルの電気抵抗をRとし，導線の太さ，コイルの自己インダクタンス，空気抵抗は無視できるものとする。

正方形コイルが高さzにあるとき，その速さはvとなった。このとき，

問1 コイルを貫く磁束の大きさはいくらか。

問2 コイルに生じる誘導起電力の大きさはいくらか。ただし，微小時間Δtの間に高さがΔz変化するとき $\left| \dfrac{\Delta z}{\Delta t} \right| \fallingdotseq v$ であることに注意して，vを用いて答えよ。

問3 コイルに流れる電流Iの大きさを求めよ。

正方形コイルには磁場から力が働く。ここで，xy平面内の力は，相対する辺の組どうしで打ち消しあう。

問4 コイルが高さz(速さv)にあるとき，磁場がコイルに及ぼす力のz成分F_zの大きさとその向きを求めよ。

問5 時間Δtの間に磁場がコイルになす仕事の大きさは，コイルで消費されるジュール熱に等しいことを示せ。

十分に時間が経ったとき，コイルは一定の速さv_fで落下するようになった。

問6 速さv_fを求めよ。

問7 なぜコイルは重力により加速し続けず一定の速さとなるのか。その理由を50字程度で述べよ。

〈横浜国立大〉

45 磁場の時間変化による荷電粒子の加速

xy 面内に，点Oを中心とした半径 r〔m〕の細い金属の導線で作られた円形コイルがある。図に示すように，z 軸（紙面から上向き）を中心軸とする半径 a〔m〕の円柱内に，z 軸方向に向かい，磁束密度が時間とともに一定の割合 b〔T/s＝N/(A·m·s)〕で増加する一様な磁場をかけた。このとき，

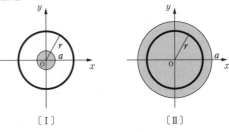

〔Ⅰ〕　　　　　〔Ⅱ〕

図のように，〔Ⅰ〕コイルが磁場の外部にある場合と，〔Ⅱ〕内部にある場合について，それぞれ，次の問いに答えよ。ただし，半径 a〔m〕の円柱の外には磁場はないものとする。また，コイルに流れる電流が作る磁場は無視せよ。

問1　コイルに誘導される起電力の大きさを求めよ。

　起電力が生じてコイルに電流が流れるのは，磁場の時間的変化によって空間に電場が生じ，電子がその電場から力を受けるためである。この場合，空間に生じる電場は点Oを中心とする xy 面内の円周上どこでも同じ強さで，円の接線方向を向いている。

問2　半径 r〔m〕の円周上の電場の強さを求めよ。

問3　電場の向きは，図で時計回りの向きか，反時計回りの向きか。

問4　導線中の自由電子の質量を m〔kg〕，電気量を $-e$〔C〕とする。電場による力のほかにコイルの接線方向に力を受けないとすると，はじめ静止していた自由電子は半径 r〔m〕の円周上を N 回転したときどれだけの速さになるか。

問5　実際の導線中の自由電子は，熱運動している金属イオンと衝突しながら運動する。このため自由電子は，電子全体を平均すると，その速さ v〔m/s〕に比例する抵抗力 kv〔N〕（k は比例定数）を進行方向の逆向きに受けると考えてよい。導線の断面積を S〔m²〕とし，単位体積中の自由電子の数を n〔1/m³〕として，コイルに流れる電流を求めよ。ただし，導線中の電場の強さはどこでも半径 r〔m〕の円周上の電場の強さと同じで，自由電子はそれぞれ円運動するものとする。

問6　この円形コイルの電気抵抗を求めよ。　　　　　　　　　　　〈大阪府立大〉

46 回転座標系で見る荷電粒子の運動

真空中に半径 R の絶縁体球があり，この球内に単位体積当たり $-\rho$ $(\rho>0)$ の負電荷が一様に分布している。図1に示すように，この球の中心を含む平面に沿ってせまい隙間を開ける。平面状の隙間を含む平面を xy 平面とし，球の中心を座標の原点Oとする。隙間の幅は無視できるとする。この隙間内で原点Oより距離 r $(\leqq R)$ の点における，絶縁体球全体の電荷による電場は，原点Oを中心とする半径 r の球内に存在する全電荷が原点Oに集中していると考えたときに，この電荷が作る電場と等しいことが知られている。

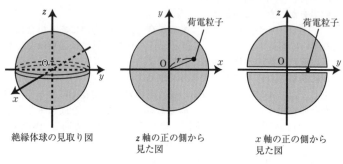

絶縁体球の見取り図　　　z 軸の正の側から　　　x 軸の正の側から
　　　　　　　　　　　　見た図　　　　　　　　見た図

図1

この隙間内で，正電荷 q を持ち，質量 m で大きさの無視できる荷電粒子が摩擦なく運動する。以下の問いに答えよ。ただし，重力の影響を無視し，この荷電粒子は絶縁体球と絶縁されており，この荷電粒子の運動に伴う絶縁体球内の電荷分布の変化はないとする。

〔Ⅰ〕　**問1**　原点Oから距離 r $(\leqq R)$ にこの荷電粒子があるとき，この荷電粒子の受ける力は原点Oに向かう向きであり，大きさは $F(r)=Cr$ と書ける。C を求めよ。ただし，真空中のクーロンの法則の比例定数を k_0 とする。

　　　以下の問いでは，答に C が含まれるときには，**問1**で得られた C の値は代入せずに C を用いよ。

問2　$F(r)=Cr$ が r に比例する形であることに着目して，原点Oから距離 r $(\leqq R)$ にこの荷電粒子があるときの静電気力による位置エネルギー $U(r)$ を答えよ。ただし，原点Oを位置エネルギーの基準点にとることとする。

問3　原点Oにあるこの荷電粒子に x 軸の正の向きに速さ v_0 を与える。この荷電粒子が絶縁体球の表面 $(r=R)$ まで到達するための v_0 の最小値を求めよ。

〔Ⅱ〕　次に，z 軸の正の向きに磁束密度の大きさが B の一様磁場を加える。

問4　**問3**と同様に，原点Oにあるこの荷電粒子に x 軸の正の向きに速さ v_1 を与えたところ，次ページの図2に示す曲線に沿ってこの荷電粒子は運動し，絶縁体球の表面に到達した。球の表面に到達したときのこの荷電粒子の速さ v を求めよ。

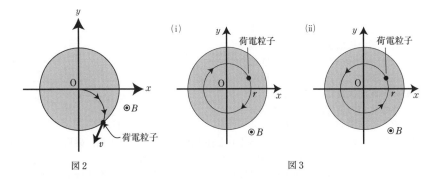

図2   図3

問5 原点Oから距離 $r(<R)$ にあるこの荷電粒子に適当な速度を与えると，この荷電粒子が隙間内で原点Oを中心とする半径 r の等速円運動を行う。図3に示すように，円運動が xy 面内で(i)時計回りのとき，(ii)反時計回りのとき，それぞれについて円運動の角速度の大きさを求めよ。

問6 以下の空欄に入る適切な数式を答えよ。

問5では，この荷電粒子の円運動が(i)時計回りのときと(ii)反時計回りのときとで角速度の大きさが異なっている。もし，この荷電粒子の運動を，原点Oを中心として，角速度 $\Omega=$ $\boxed{(1)}$ で xy 面内を時計回りに回転運動している観測者Kから見ると，(i)時計回りのときと(ii)反時計回りのときとでこの荷電粒子の円運動の角速度の大きさは等しく，ともに $\omega'=$ $\boxed{(2)}$ と観測される。

これは物理的には次のように解釈できる。観測者Kから見たときの電場や磁場の観測値は，静止している観測者Sから見たときとは異なる。観測者Kから観測すると，この隙間内の磁場はなく，電場は原点Oに向かう向きとなっている。このために，観測者Kから見たときのこの荷電粒子の円運動の角速度の大きさが，(i)時計回りのときと(ii)反時計回りのときとで等しくなっている。また，観測者Kから見たときの電場からこの荷電粒子が受ける力の大きさは $F(r)=C'r$（C' は定数）と書ける。ここで $C'=$ $\boxed{(3)}$ であり，この値は C とは異なっていて，確かに電場の観測値は，観測者Kと観測者Sとで異なっていることがわかる。　　〈東京工業大〉

47 不均一な磁場から受けるローレンツ力

磁場の中における荷電粒子の運動について，以下の文章の空欄に適切な数式あるいは語句を記入せよ。

問1 図1(a)のように，一様な磁場（磁束密度 B）の中で荷電粒子が運動している。この運動を，図1(b)のように磁場に垂直な面内の円運動と磁場に平行な方向の運動とに分

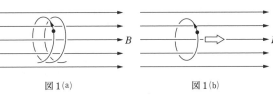

図1(a)　　　　図1(b)

けて考えよう。磁場に垂直な面内の円運動の角速度 ω を，磁束密度 B，荷電粒子の電荷 $q(q>0)$ 並びに質量 m を用いて表すと，$\omega=$ $\boxed{(1)}$ となる。磁場に平行な方向の運動では $\boxed{(2)}$ が一定である。

問2 次に図2(a)のような一様でない磁場の中における荷電粒子の運動を考える。磁力線は x 軸のまわりに軸対称に分布している。磁束密度は $x=0$ において最小であり，x 軸の正負の方向に次第に大きくなる。このような磁場の中で，荷電粒子は x 軸に垂直な面内で x 軸を中心とする

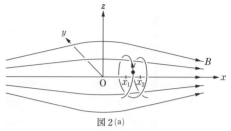

図2(a)

円運動をしながら，x 方向にはゆっくりと往復運動をする。その際，磁場の強いところは荷電粒子を押し返すので，「磁気ミラー（鏡）」と呼ばれる。

　この現象は，磁場が x 軸方向だけでなく，x 軸と垂直な方向にも成分を持つことによるのであるが，以下のように考えると，磁束密度の x 成分が一様でないということを用いて説明できる。以下では，磁束密度の x 成分は，x のみの関数であり，y，z には依存しないものとする。

　まず，**問1**の一様磁場の場合と同様に，荷電粒子の運動を x 軸に垂直な面内の円運動と x 軸方向の運動とに分けて考えよう。円運動の角速度 ω は十分大きく，円軌道を1周する間に荷電粒子が x 方向に進む距離はわずかであるとする。

　x 方向の位置 x_1 における磁束密度の x 成分の大きさを B_1 とし，その位置での荷電粒子の円運動の半径を r_1 とする。円運動の角速度 ω_1 は**問1**と同様に磁束密度の x 成分 B_1 と荷電粒子の電荷 q $(q>0)$ 並びに質量 m によって与えられる。したがって円運動の運動エネルギー E_1 は，q，m，r_1，B_1 を用いて $E_1 = \boxed{(3)}$ と表される。

　荷電粒子は，円軌道を1周する間に，位置 x_1 からわずかに x 軸方向に移動して位置 x_2 に到達したとする。位置 x_2 における磁束密度の x 成分を B_2 とする。この移動の間に円軌道の半径と角速度は変化する。位置 x_2 における角速度 ω_2 も磁束密度 B_2 によって決まり，半径 r_2 は位置 x_2 における円運動の運動エネルギー E_2 によって決まる。この運動エネルギー E_2 を見積るために，ここでは便宜上次のように考える。

　まず，図2(b)に示すように，荷電粒子ははじめに半径 r_1 と角速度 ω_1 を一定に保ったまま円運動を1周する間に x 方向に移動して x_2 に到達するものと考える。そうすると，半径 r_1 の円軌道が位置 x_1 から位置 x_2 に移動する間にその中を通る磁束の増加分は $\Delta\Phi = \boxed{(4)}$ となる。また，荷電粒子が円軌道を1周する

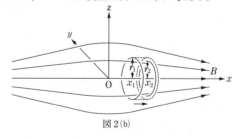

図2(b)

のに要する時間 Δt を，B_1 を用いて表すと，$\Delta t = \boxed{(5)}$ となる。この磁束の変化によって生じる誘導起電力を受けて，荷電粒子が円軌道を1周する間に加速される結果，円運動の運動エネルギーは $\Delta E = \boxed{(6)}$ だけ増加する。この円運動の運動エネルギーの増加に対応して，位置 x_2 において円運動の半径が変化して r_2 になると考える。

　このように考えると，位置 x_2 における円運動の運動エネルギー E_2 は，位置 x_1 における円運動の運動エネルギー E_1 に ΔE を加えたものと等しいということになる。このことから，r_1，B_1，r_2，B_2 の間に $\boxed{(7)}$ という関係があることがわかる。

　これより，円運動の速さ v と磁束密度の x 成分 B について，移動の前後で

$\dfrac{v^2}{B}=$一定　……(i)　であることがわかる。

　一方，磁場は荷電粒子に対して仕事をしないから，円運動の運動エネルギーの増加は，x軸方向の運動の運動エネルギーの変化によってまかなわれ，結局，荷電粒子の運動エネルギーは全体として保存する。すなわち，x軸方向の運動の速さをVとすると，全体の運動エネルギーについて $\dfrac{1}{2}m(V^2+v^2)=$一定　……(ii)　という関係がある。

式(i)と(ii)で表される2つの保存則を用いると，x軸方向の運動について以下のような考察が可能となる。まず，図2(c)のように，時刻 $t=0$ においてx軸の原点Oで荷電粒子はx軸に垂直な面内で速さv_0の円運動をしつつx方向には速さV_0で移動しているとする。また原点Oにお

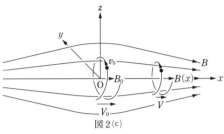

図2(c)

ける磁束密度のx成分をB_0とする。この荷電流子が移動して位置xにきたとき，x方向の速さVの2乗は，そこでの磁束密度のx成分$B(x)$とB_0, v_0, V_0を用いると $V^2=\boxed{(8)}$ と表される。

$B(x)$の位置依存性を $B(x)=B_0(1+ax^2)$（ただし $a>0$）とした場合，荷電粒子はx軸方向に $|x|\leqq\boxed{(9)}$ の範囲で往復運動する。　　　　〈東京工業大〉

48　移動する座標系で見る電場・磁場の変換

次の文を読んで，$\boxed{}$ に適した式か値を，それぞれ記せ。ただし，$\boxed{(10)}$，$\boxed{(11)}$，$\boxed{(12)}$ では，取り得る自然数（正の整数）のうち，最小の値を記せ。

図のように，紙面内にx軸とy軸をとり，紙面に垂直で手前向きにz軸をとる。このxyz空間に一様な電場と磁場をかけて，質量 m，電荷 $q(>0)$ の粒子Pの運動を考える。ただし，粒子に働く重力の効果は無視できるとする。

問1　図1のように，z軸の負の方向に磁束密度の大きさBの磁場と，z軸の正の方向に大きさEの電場をかける。時刻 $t=0$ に原点Oからx軸の正の方向に粒子Pを速さv_0で入射する。

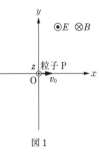

図1

時刻 t における粒子Pの速度を (v_x, v_y, v_z)，加速度を (a_x, a_y, a_z) とおくと，粒子Pの運動方程式のx成分は $\boxed{(1)}$，y成分は $\boxed{(2)}$，z成分は $\boxed{(3)}$ である。

粒子Pの運動をxy平面に投影したとき，運動の軌道の半径は $\boxed{(4)}$ であり，この軌道を1周するのに要する時間は $T_{\mathrm{P}}=\boxed{(5)}$ である。これより，時刻 t における粒子Pの位置は $(x, y, z)=(\boxed{(6)}, \boxed{(7)}, \boxed{(8)})$ となる。また，時刻 $t=2T_{\mathrm{P}}$ に粒子Pは位置 $(x_{\mathrm{P}}, y_{\mathrm{P}}, z_{\mathrm{P}})=(0, 0, \boxed{(9)})$ に到達する。

問2　次に，原点Oからx軸の正の方向に質量 m'，電荷 $q'(>0)$ の粒子Qを初速度v_0で入射する場合を考え，このときの時刻を $t=0$ とする。時刻 $t=T_{\mathrm{P}}$ に，粒子Qは位置 $(x_{\mathrm{P}}, y_{\mathrm{P}}, z_{\mathrm{P}})$ に到達したので，粒子Qの電荷は $q'=\boxed{(10)}\times q$，質量は $m'=\boxed{(11)}\times m$ であり，粒子Qが軌道を1周するのに要する時間は $\dfrac{1}{\boxed{(12)}}T_{\mathrm{P}}$ である。

問3 図2のように，z 軸の負の方向に磁束密度の大きさ B の
磁場を，xy 平面内の任意の方向に大きさ E の電場をかける。
このときの電場ベクトルを $(E_x,\ E_y,\ 0)$ とする。改めて粒子
Pを原点Oから x 軸の正の方向に速さ v_0 で入射し，このと
きの時刻を $t=0$ とする。

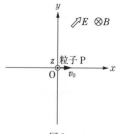

図2

時刻 t における粒子Pの速度を $(v_x,\ v_y,\ 0)$，加速度を
$(a_x,\ a_y,\ 0)$ とおくと，粒子Pの運動方程式の x 成分は
　(13)　，y 成分は　(14)　である。

　一定の速度 $(u_x,\ u_y,\ 0)$ で移動する観測者から見ると，粒
子Pは速度（　(15)　，　(16)　，0），加速度 $(a_x',\ a_y',\ 0)$ で等速円運動をした。このと
き，移動する観測者から見た粒子Pの運動には磁場の影響しか現れないので，その運
動方程式は，　(1)　と　(2)　の $v_x,\ v_y,\ a_x,\ a_y$ を　(15)　，　(16)　，$a_x',\ a_y'$ に置き
換えると得られる。粒子Pの加速度は，静止している観測者から見ても移動する観測
者から見ても同じであり，$a_x'=a_x,\ a_y'=a_y$ となるので，両者の運動方程式を比較す
ると，移動する観測者の速度の成分は $u_x=$　(17)　，$u_y=$　(18)　となる。

　ここで，粒子Pの入射する速さ v_0 を選ぶと，一定の速度（　(17)　，　(18)　，0）で移
動する観測者からは粒子Pが静止して見えた。このときの電場ベクトルの成分は，v_x，
v_y を用いずに表すと，$E_x=$　(19)　，$E_y=$　(20)　である。また，粒子Pの入射する速
さは $v_0=$　(21)　である。　　　　　　　　　　　　　　　　　　〈和歌山県立医科大〉

49 コイルの自己誘導起電力と回路の電流

　図1のように，コンデンサー，コイル，2つの抵抗 A，B，電池，4つのスイッチSか
らなる回路がある。はじめにスイッチ S_1，S_3，S_4 は開いており，S_2 は閉じていて，コン
デンサーには電荷が蓄えられていないものとする。コンデンサーの電気容量は 2.0 μF，
コイルの自己インダクタンスは 20 mH，抵抗 A，B の抵抗値はそれぞれ 10 Ω，40 Ω，電
池の起電力は 10 V として，以下の問いに答えよ。ただし，電池の内部抵抗，コイルの抵
抗は無視できるものとする。また，求める物理量は数値で表し，必ず単位を付けること。

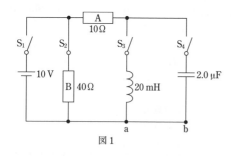

図1

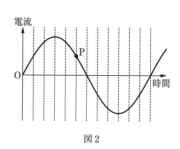

図2

　まず，S_4 を閉じた後，S_1 を閉じた。

問1　S_1 を閉じた瞬間に抵抗Aに流れる電流の大きさを求めよ。

問2　コンデンサーの極板間の電位差が 5.0 V となったときに抵抗Aに流れる電流の大
きさを求めよ。

問3 S_1 を閉じてから十分に時間が経ったとき，コンデンサーに蓄えられているエネルギーを求めよ。

次に，S_4 を開いた後，S_3 を閉じた。

問4 S_3 を閉じた瞬間に抵抗Aに流れる電流の大きさを求めよ。

問5 S_3 を閉じてからコイルに流れる電流は一定の割合で増大し，0.018 秒経ったときに，コイルの両端に生じた誘導起電力は 1.0 V であった。このとき抵抗Aに流れていた電流の大きさを求めよ。

S_3 を閉じて十分に時間が経った後，S_1 を開いた。

問6 S_1 を開いた瞬間，抵抗Bにかかる電圧の大きさを求めよ。

S_1 を開いて十分に時間が経った後，S_2 を開き，S_4 を閉じたところ，コイルとコンデンサー間に振動電流が流れた。

問7 振動電流の振動数を求めよ。ただし，有効数字 2 桁で答えよ。

問8 ある時刻を基準として，a→bの向きに流れる電流の時間変化は図 2 のようになった。このとき，コンデンサーのb側の極板に蓄えられている電荷量の時間変化を図 2 に対応するように図示せよ。ただし，コンデンサーのb側の極板に正の電荷がある場合を正の値とし，電荷量の値はグラフに記さなくてもよい。

問9 図 2 の点Pにおいて，コイルに流れている電流と，コイルに蓄えられているエネルギーを求めよ。

〈千葉大〉

50 コイルが作る磁場と相互インダクタンス

〔Ⅰ〕 図 1 に示すように，導線を半径 r_0 〔m〕の円形状に一様に密に N 回巻いた，長さ l〔m〕の円筒形コイルが真空中にある。なお，コイルの長さは，半径に比べ十分に長いものとする。真空の透磁率を μ_0〔N/A²〕として，以下の問いに答えよ。

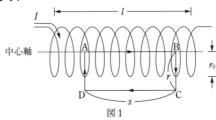

図1

問1 コイルに電流 I〔A〕を流した。このときのコイルの中心軸上における磁場の強さを H〔A/m〕，コイルの中心軸から距離 r〔m〕における磁場の強さを H_r〔A/m〕とする。ここで，磁気量 1 Wb の磁極を，長方形 ABCD の矢印の向きに沿って動かすことを考える。このとき，1 Wb の磁極が長方形 ABCD 上を 1 周する間に磁気力によってなされた仕事の値 W〔J〕は，この長方形を貫く全電流 J〔A〕に等しいことが知られている。すなわち $W = J$ となる。なお，図 1 に示すように，長方形 ABCD は，辺の長さが s〔m〕および r〔m〕であり，辺 AB はコイルの中心軸上にある。

以上のことから，まず，$r < r_0$，すなわち辺 CD がコイルの内側にある場合について考え，H_r と H の比 $\dfrac{H_r}{H}$ を求めよ。次に，$r > r_0$，すなわち辺 CD がコイルの外側にある場合について考え，H を l, s, r, N, I のうち必要なものを用いて表せ。

問2 このとき，巻き数 N のコイルを貫く全磁束 Φ〔Wb〕は，コイルの自己インダクタンス L〔H〕に比例して LI〔Wb〕となる。L を μ_0, r_0, l, N のうち必要なものを用いて表せ。なお，このコイルを貫く全磁束は，コイル 1 巻き分を貫く磁束の N 倍であることに注意せよ。

〔II〕 真空中にある2つの円形の1巻きコイルについて考える。図2に示すように，半径 a〔m〕のコイル1と，半径 b〔m〕のコイル2を，コイルの中心が一致するように同一平面上に置いた。ただし，コイルの抵抗は無視でき，a は b よりも十分に大きいものとする。

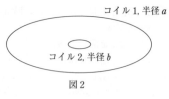

コイル1, 半径 a

コイル2, 半径 b

図2

問3 コイル1に電流 I〔A〕が流れているとき，コイル2を貫く磁束は I〔A〕に比例し，MI〔Wb〕となる。M〔H〕は相互インダクタンスである。M を μ_0, a, b のうち必要なものを用いて表せ。ただし，$a \gg b$ のため，コイル1によって発生する磁場は，コイル2の中で均一であると見なすことができる。

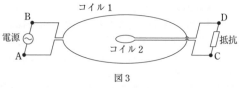

コイル1

電源

B

A

コイル2

D

抵抗

C

図3

問4 図3に示すように，振幅 V〔V〕，周波数 f〔Hz〕の正弦波の電圧を出力する電源をコイル1につないだ。コイル2には R〔Ω〕の抵抗を接続した。R は十分に大きく，コイル2の自己誘導とコイル2が作る磁場の影響は無視できるとする。また，コイル以外の回路が作る磁場も無視できるとする。コイル2の両端に発生する電圧の振幅 V_2〔V〕を，コイル1の自己インダクタンス L_1〔H〕，μ_0, a, b, R, V, f のうち必要なものを用いて表せ。また，端子Aを基準とした端子Bの電位に対する，端子Cを基準とした端子Dの電位の位相差 θ〔rad〕を求めよ。

〔III〕 図4に示すように，自己インダクタンス 0.1 H で，巻き線の抵抗値が 0.5 Ω のコイル，抵抗値が 15 Ω の抵抗，起電力 1.5 V の電池とスイッチからなる回路を作った。この回路において，時刻 t_1 にスイッチを入れてから，十分に時間が経過しコイルに流れる電流が一定の値となった後，時刻 t_2 にスイッチを切った。ただし，電池の内部抵抗は無視できるものとする。

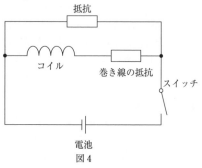

抵抗

コイル

巻き線の抵抗

スイッチ

電池

図4

問5 時刻 t ($t_1 \ll t \ll t_2$) において，コイルを流れる電流は一定値となっている。このときコイルに蓄えられる磁場のエネルギーを求めよ。

問6 時刻 t_2 にスイッチを切った直後における 15 Ω の抵抗の両端の電位差を求めよ。

〈東京工業大〉

51 2段階の原子核の自然崩壊

$^{222}_{86}\text{Rn}$ は，α 崩壊を2回行って $^{214}_{82}\text{Pb}$ になる。この崩壊系列図を右に示した。各元素の下に書いてある数字は半減期 (T) と，放出される α 粒子の運動エネルギー (E) である。

$^{222}_{86}\text{Rn}$ ———	$^{218}_{84}\text{Po}$ ———	$^{214}_{82}\text{Pb}$
T：3.8 日	3.1 分	
E：5.5 MeV	6.0 MeV	

なお，答えの中の数値は，有効桁数を2桁とせよ。また，$1\text{ MeV}=10^6\text{ eV}$，標準状態での 1 mol の気体の体積を $2.24\times10^{-2}\text{ m}^3$，アボガドロ数を 6.0×10^{23} 個，$\sqrt{2}=1.41$，$\pi=3.14$ とする。

問1 半減期が T である放射性原子核が，時刻 t において N 個ある。時刻 t と $t+\Delta t$ との間に崩壊する数 ΔN を N，Δt，T を用いて表せ。ただし，Δt は T に比べて微小であるとして，ΔN を Δt に比例する形で表せ。その際，x が微小であるときに成り立つ近似式 $1-2^{-x}\fallingdotseq0.69x$ を用いよ。

問2 容器の中にはじめ $^{222}_{86}\text{Rn}$ ガスだけが存在している場合，生成される $^{218}_{84}\text{Po}$ の数は時間とともに増えていく。一方，$^{218}_{84}\text{Po}$ が微小時間に崩壊する数は $^{218}_{84}\text{Po}$ の数に比例する。また，$^{222}_{86}\text{Rn}$ の半減期は $^{218}_{84}\text{Po}$ の半減期より十分に長い。したがってある程度時間が経った後，微小時間に $^{218}_{84}\text{Po}$ が生成される数と崩壊する数とが等しくなる。このとき，$^{222}_{86}\text{Rn}$ の数が 6.0×10^{14} 個であるとすると，$^{218}_{84}\text{Po}$ の数はいくらか。

問3 さらに，1.9日後の1時間の間に，この容器の中で放出される α 粒子の数はいくらか。

問4 1気圧，0℃ の Xe ガスで満たされた容器の中に，少量の $^{222}_{86}\text{Rn}$ ガスを入れた。α 粒子が，ガス中の Xe 原子と1回衝突するまでに走る平均の距離（平均自由行程）は，次のように考えると求まる。いま，α 粒子は点として考え，Xe 原子は半径 r の大きさで静止しているものとする。ここで，α 粒子の進む方向に半径 r の円柱を考え，その中に平均1個の Xe 原子が含まれるように円柱の長さ l をとる。α 粒子が l だけ進むと Xe 原子と1回衝突することになるから，平均自由行程は l ということになる。平均自由行程 l〔m〕を Xe 原子の半径 r〔m〕を用いて表せ。

問5 崩壊で放出される α 粒子は，Xe 原子を電離させることによってエネルギーを失っていく。簡単のため，α 粒子は1個の Xe 原子と衝突するたびにこれを電離して平均 55 eV のエネルギーを失うものとする。$^{222}_{86}\text{Rn}$ の崩壊で放出された α 粒子が，Xe 原子を電離できなくなるまでに 0.040 m 走るとすると，Xe 原子の半径 r〔m〕はいくらか。ただし，この電離作用によって，α 粒子の運動の方向は変化しないものとする。

〈東京工業大〉

52 コンプトン効果による波長変化

図1に示したように、グラファイト（炭素）に波長 λ の特性X線を入射し、散乱されたX線を単結晶に入射する。単結晶は、面間隔 d の原子面が表面に平行であり、紙面垂直方向を軸として自由に回転することができる。このような装置を用いることにより、X線回折の原理を利用してX線の波長を精密に調べることができる。なお、入射X線を、直接、単結晶の表面に対して角度 α で入射したところ、強い反射X線が検出器で観察された。このときの角度 α をブラッグ角と呼ぶ。以下の問いに答えよ。

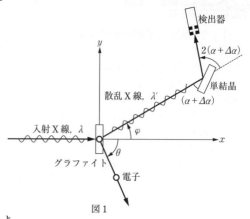

図1

問1 この実験で用いた入射X線の波長 λ を、d, α, n を用いて表せ。ただし、n は正の整数とする。なお、結果だけでなく、右の図を用いて（補助線を入れてもよい）導出せよ。

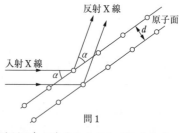

問1

入射X線の方向に対して角度 φ の方向に散乱されたX線を単結晶に入射したところ、入射角度 α と $\alpha+\Delta\alpha$ において、**問1**の $n=1$ に対応する強い反射X線が測定された。このことから、散乱X線の中には入射X線と波長がわずかに異なるX線（波長 λ'）が含まれることがわかった。この現象（コンプトン効果）について、入射X線とグラファイト内の静止した電子との弾性衝突として考えて、以下の問いに答えよ。ただし、図1に示したように、X線の入射方向を x 軸方向、入射方向と垂直な方向を y 軸方向とし、xy 平面内において入射X線の向きとはね飛ばされた電子の進む向きとの間の角度を θ、電子の質量を m、電子の衝突後の速さを v、光の速さを c、プランク定数を h とする。

問2 衝突する前後の x 軸方向と y 軸方向における運動量保存則を示す式を、λ, λ', φ, θ, m, v, h, c の中から必要なものを用いて表せ。

問3 衝突する前後におけるエネルギー保存則を示す式を、λ, λ', φ, θ, m, v, h, c の中から必要なものを用いて表せ。

問4 入射X線の波長と散乱X線の波長の差 $\Delta\lambda=\lambda'-\lambda$ が $\Delta\lambda=\dfrac{h}{2mc}\left(\dfrac{\lambda'}{\lambda}+\dfrac{\lambda}{\lambda'}-2\cos\varphi\right)$ で表されることを示せ。

問5 問4で示した式において、$\Delta\lambda\ll\lambda$ であるので $\dfrac{\lambda'}{\lambda}+\dfrac{\lambda}{\lambda'}\fallingdotseq 2$ の近似を用いることができる。この場合、コンプトン効果により入射X線が失うエネルギー ΔK とX線の散乱方向との関係を表すグラフとして正しいものを図2の(ア)～(ク)の中から記号で答えよ。考え方や計算の過程も記せ。なお、図2のグラフは、原点から曲線上の任意の点までのベクトルの大きさが ΔK を、そのベクトルの方向と x 軸の正方向とのなす角度がX線の散乱角 φ を表す。

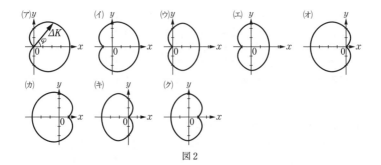

図2

問6 入射X線の波長が，コンプトン効果により λ から λ' へ変化したことに伴うブラッグ角の変化量 $\Delta\alpha$ を，m, h, c, d, φ, α を用いて示せ。なお，$\Delta\lambda \ll \lambda$ とし，$\Delta\alpha$ は非常に小さい値であるので，$\sin\Delta\alpha \fallingdotseq \Delta\alpha$，$\cos\Delta\alpha \fallingdotseq 1$ と近似せよ。　　　〈東北大〉

53 He イオンのエネルギー準位

光やX線などの波動に粒子性があるように，電子などの粒子には波動性がある。電子の波長 λ は，電子の質量を m，速さを v，プランク定数を h とすれば，$\lambda = \dfrac{h}{mv}$ と表される。原子や半導体内の電子の状態はこの波動性により理解できる。

問1 原子核のまわりを電子が円運動するという原子のモデルがラザフォードにより提案された。そして原子内の電子の定常状態はボーアが提案した量子条件によって説明された。このボーアの量子条件はド・ブロイの物質波の理論により解釈されている。すなわち電子の物質波が原子の円軌道上でなめらかにつながるために，その波長の整数 (n) 倍が円周に等しくなるとされている。ここでは，プラス1価のヘリウムイオン（1価のヘリウムイオンは陽子2個，中性子2個，電子1個からなる）の電子状態について考える。以下の問いに答えよ。

(1) n 番目の定常状態の軌道上をまわる電子の速さを v_n とし，軌道半径を r_n として，上に述べた解釈よりボーアの量子条件を示せ。

(2) クーロンの法則の定数を k_0，電気素量を e とすると，軌道半径 r_n の電子とヘリウム原子核の間のクーロン力の大きさはどのように表されるか。

(3) 円運動する電子に対する運動方程式を求めよ。またこれを用いて，n 番目の電子の軌道半径を求めよ。

(4) 電子の静電気力による位置エネルギーは，無限遠方を基準にとるとどのように表されるか。

(5) n 番目の定常状態のエネルギー E_n は，運動エネルギーと位置エネルギーの和として表される。このことより，E_n を k_0, m, e, h, n を用いて表せ。

問2 問1の設問では円軌道上を運動する電子について考えたが，ここでは2つの壁の間で一方向に運動する1個の電子の状態について考える。壁は間隔 L で向かいあって平行に置いてあるとする。電子はこの2つの壁の間で壁の面に垂直方向にのみ運動すると考える。この場合，電子波は両側の壁で反射して，壁の間で定常波を作り，壁の面では波は節となるとする。この電子のエネルギーについて以下の問いに答えよ。

(6) この場合，電子の波長を λ として，電子波の波長が満たす条件（量子条件）を求めよ。

(7) この壁の間の電子の質量を m として，電子のエネルギーはどのように表されるか。ただし壁の間で電子の位置エネルギーはゼロとする。

(8) 前問(7)で求めたエネルギーは整数に依存し，整数が1のとき一番エネルギーが小さい。そこで，エネルギーが整数2のときの状態から整数1のエネルギーの状態へ電子が移るときに放出される光の波長を求めよ。ただし，光の速さを c とする。

〈九州工業大〉

54 核反応の Q 値と反応後の運動エネルギー

陽子 p，中性子 n，α 粒子などの粒子が原子核に衝突して起こる原子核の変化を核反応といい，原子核 X に粒子 a が衝突して原子核 Y と粒子 b ができる核反応を
$X + a \longrightarrow Y + b + Q$ のように表す。

ここで X を標的核，a を入射粒子という。また Q は反応の Q 値と呼ばれる量で反応の前後の質量変化に相当するエネルギーで与えられる。すなわち，粒子 a および b の質量をそれぞれ m_a，m_b，原子核 X および Y の質量を m_X，m_Y とすれば
$Q = (m_X + m_a)c^2 - (m_Y + m_b)c^2$ である。ここで c は真空中の光の速さである。

$Q > 0$ の場合は発熱反応であって原子核 X に粒子 a が非常にゆっくり衝突しても核反応が起こる。

一方 $Q < 0$ の場合は吸熱反応であって，静止している標的核 X に対して，入射粒子 a の運動エネルギーによってエネルギーを補給しなければ核反応は起こらない。このために必要な入射粒子の運動エネルギーの最小値をこの反応のエネルギーしきい値という。

問1 次の発熱反応について考えよう。${}_3^6\mathrm{Li} + {}_0^1\mathrm{n} \longrightarrow {}_2^4\mathrm{He} + {}_1^3\mathrm{H} + Q$ ここで ${}_3^6\mathrm{Li}$，${}_0^1\mathrm{n}$，${}_2^4\mathrm{He}$ および ${}_1^3\mathrm{H}$ の原子核の質量はそれぞれ 6.0135 u，1.0087 u，4.0015 u，3.0155 u である。ただし 1 u（1原子質量単位）は，1.66×10^{-27} kg であり，1原子質量単位は 9.3×10^2 MeV（1 MeV = 10^6 eV）のエネルギーに相当する。

(1) この反応の Q 値は何 MeV か。

(2) 十分遅い ${}_0^1\mathrm{n}$ が静止している ${}_3^6\mathrm{Li}$ に衝突して核反応が起こるとき，Q はすべて原子核の運動エネルギーに変換し，さらに反応前後で運動量は保存するとして，${}_2^4\mathrm{He}$ と ${}_1^3\mathrm{H}$ の運動エネルギーの比を有効数字2桁で答えよ。

問2 核反応が吸熱反応である場合に，そのエネルギーしきい値について以下の順序で考察を行う。

まず，標的核 X は静止しているとし，入射粒子 a がちょうどエネルギーしきい値に等しい運動エネルギーを持って衝突するとしよう。このときの粒子 a の速さを v_a とする。

(3) 衝突直後，入射粒子 a が原子核 X と一体となり，$(m_a + m_X)$ の質量を持つ複合体を作ったとする。運動量保存の法則を使い，この複合体の速さを m_a，m_X および v_a を用いて表せ。

(4) 入射粒子の運動エネルギーから衝突後の複合体の運動エネルギーを差し引いたものを ΔK とし，この ΔK を m_a，m_X および v_a を用いて表せ。

(5) この ΔK が複合体に余分に蓄えられたエネルギーであると考えられる。そしてこの余分に蓄えられたエネルギーを持った複合体が，短時間後に原子核 Y と粒子 b になる。そのときの質量の不足分は ΔK でちょうど補われると考えることにしよう。すなわち，$-Q = \Delta K$ である。この反応のエネルギーしきい値を Q，m_a および m_X を用いて表せ。

〈広島大〉

〔大学入試　全レベル問題集　物理[物理基礎・物理]　④〕小菅俊夫

別冊　解答

大学入試
全レベル問題集
物　　理
[物理基礎・物理]

④　私大上位・
　　国公立大上位レベル

Obunsha

第1章　力　学

解説 **問1** (1) 力学的エネルギー保存の法則が成り立つ。小球Aの速さを v とすると,

$$\frac{1}{2}mv^2+mg\times0=\frac{1}{2}m\times0^2+mgl\sin\theta \quad \text{により},\quad v=\sqrt{2gl\sin\theta} \quad \cdots\cdots①$$

(2) 最下点 $\theta=\dfrac{1}{2}\pi$ に達したとき, 式①により小球Aの速さ v_0 は, $v_0=\sqrt{2gl}$ ……②

この瞬間のひもの張力の大きさを S_0 とすると, 円運動の運動方程式

$$m\frac{v_0{}^2}{l}=S_0+(-mg) \quad \text{により},\quad S_0=3mg$$

(3) 最下点 $\theta=\dfrac{1}{2}\pi$ を通過する瞬間, 円運動の向心加速度 a_0 は, 鉛直上向きを正と

して, $a_0=\dfrac{v_0{}^2}{l}=2g$ （鉛直方向・上向き）

> **注意** 向心加速度 $\dfrac{v_0{}^2}{l}$ は, ひもの張力も重力も考慮に入れた,「円運動に必然的
> な（円運動であれば必ずという）」加速度をいう。

問2 以下, 水平方向・右向き, 鉛直方向・下向きを, 速度・加速度の正の向きとする。

(4) 重心の加速度 A は, 質量 $2m$ の物体に, 重力 $2mg$ が働いていると考え,

$(2m)A=(2m)g$ これにより, $A=g$ （鉛直方向・下向き）

> **注意** 質量 m_1, m_2 の物体が異なる速度, 加速度を持って運動しているときであ
> っても, 運動方程式 $(m_1+m_2)\vec{A}=\vec{F}$ が成り立つ。$\vec{F}$ は外力の合力, 加速度 $\vec{A}$
> は2物体の「重心の加速度」をいう。

(5) 時刻 $t=0$ において各速度は, 小球Aは式②の

v_0, 小球Bは0, 2球の重心Gは $\dfrac{1}{2}v_0$ である。重

心Gに対する小球Aの相対速度 $v_A{}'$ は,

$$v_A{}'=v_0-\frac{1}{2}v_0=\frac{1}{2}v_0=\sqrt{\frac{1}{2}gl}$$

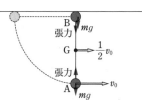

（水平方向・右向き）

小球Bの相対速度 $v_B{}'$ は,

$$v_B{}'=0-\frac{1}{2}v_0=-\frac{1}{2}v_0=-\sqrt{\frac{1}{2}gl} \quad \text{（水平方向・左向き）}$$

(6) 加速度 $A=g$ で落下している重心Gに対する小球A
の相対運動を考えると，各小球に右図の慣性力が働き，
重力 mg と慣性力 mA が打ち消しあう。このため，半
径 $\frac{1}{2}l$，速さ $\frac{1}{2}v_0$ の等速円運動となる。ひもの張力（大
きさS）が向心力となるので，円運動の運動方程式は，

$$m\frac{\left(\frac{1}{2}v_0\right)^2}{\frac{1}{2}l}=S \quad \text{により，} \quad S=\frac{1}{2}\cdot\frac{mv_0^2}{l}=mg$$

(7) 鉛直方向の運動方程式を考える。小球Aの加速度を a_A とすると，

$\qquad ma_A=-S+mg$ これにより，$a_A=0$ （向きはない）

小球Bについても同様に，小球Bの加速度を a_B とすると，$ma_B=+S+mg$

小球Bの加速度の大きさは，$a_B=2g$ （鉛直方向・下向き）

注意 2球A，Bに働く力は右図のようになる。時刻 $t=0$
の瞬間，小球Aは右向きに「投げ出される」のであるが，水
平投射とは異なる。水平投射では，鉛直下向きの加速度 g を
持ち，この小球Aの場合は加速度 0 である。

(8) 各小球の重心Gに対する等速円運
動の周期Tは，半径 $\frac{1}{2}l$，速さ $\frac{1}{2}v_0$
を考え，

$$T=\frac{2\pi\times\frac{1}{2}l}{\frac{1}{2}v_0}=\frac{2\pi l}{v_0}$$

小球A，Bの高さがはじめて等しく
なる時刻 t_1 は，周期Tの $\frac{1}{4}$ を考え，

$$t_1=\frac{1}{4}T=\frac{1}{4}\cdot\frac{2\pi l}{v_0}=\frac{\pi}{2}\sqrt{\frac{l}{2g}}$$

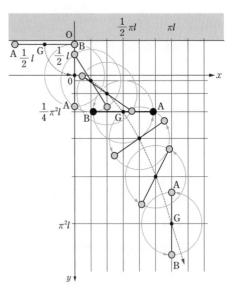

(9) 重心Gは水平方向・右向きに一定
の速さ $\frac{1}{2}v_0$ で進む。小球Aの水平
位置は，重心Gに対して，振幅 $\frac{1}{2}l$，

角振動数 $\omega=\sqrt{\frac{2g}{l}}$ の単振動をし，時刻 $t=0$ で 0 である。時刻 t における水平

位置 x_A は，

$$x_A = \frac{1}{2}v_0 t + \frac{1}{2}l\sin\omega t = \sqrt{\frac{1}{2}gl}\cdot t + \frac{1}{2}l\sin\left(\sqrt{\frac{2g}{l}}\,t\right)$$

研究 たとえば，時刻 $t=\dfrac{1}{3}T$

の瞬間，速度ベクトルの向き，加
速度ベクトルの向きは右図のよう
になる。こうした複雑な運動は
「相対運動」で考えるのが扱いや
すい。

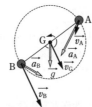

〔小球A，Bの速度ベクトル，
加速度ベクトル〕

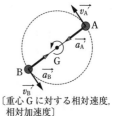

〔重心Gに対する相対速度，
相対加速度〕

また，相対運動の観点には「相
対変位」，「相対速度」，「相対加速度」がある。「Aに対するBの (変位)」「Aに対す
るBの (相対速度)」「Aに対するBの (相対加速度)」をいう場合，「Aは動かないも
のとしたときのBの」「Aが止まっているものとしたときのBの」運動をいう。

Point 図に慣性力を描いたのなら，「重心Gは動かない」，としていることにな
る。本問の2球は「風ぐるま」のように回転していることになる。

---

2 問1 (1) $\dfrac{(1+e)\alpha}{1+\alpha}w_0$　(2) $0\leqq e<\alpha$　(3) $\dfrac{\alpha-e}{1+\alpha}w_0$

(4) $\dfrac{1}{2}\cdot\dfrac{(1-e^2)\alpha}{1+\alpha}Mw_0^2$　**問2** (5) $Mu+mv=Mu_0$　(6) $\dfrac{x}{l}u+\dfrac{l-x}{l}v$

(7) $\dfrac{M}{M+m}l$　(8) $\dfrac{M}{M+m}u_0$　**問3** (9) $\dfrac{M}{M+m}u_0$　(10) $\dfrac{1}{2}\cdot\dfrac{mu_0^2}{(M+m)g}$

(11) $M>m$　(12) $\dfrac{M-m}{M+m}u_0$　(13) $\dfrac{2M}{M+m}u_0$

解説 問1 (1) 衝突後の小球A，小球Cの速度を右向きを正として u'，w' とすると，
運動量保存の法則，およびはね返り係数 e の式は次のようになる。

$$\alpha Mw_0+M\times0=\alpha Mw'+Mu',\qquad e=-\frac{u'-w'}{0-w_0}$$

上の2式を u'，w' についての連立方程式として解くと，

$$w'=\frac{\alpha-e}{1+\alpha}w_0\ \cdots\cdots①,\qquad u'=\frac{(1+e)\alpha}{1+\alpha}w_0\ \cdots\cdots②$$

衝突直後の小球Aの速さは $\dfrac{(1+e)\alpha}{1+\alpha}w_0$

(2) 衝突後，小球Cが右向きに運動する条件は，式①において，$\dfrac{\alpha-e}{1+\alpha}w_0>0$ と表せる。

はね返り係数 e の条件 $0\leqq e\leqq1$ も考慮して，$0\leqq e<\alpha$

(3) 上の条件を満たすとき，小球Cの速さ w は，$w=\dfrac{\alpha-e}{1+\alpha}w_0$

(4) 失われた全力学的エネルギー ΔE は，式①の w'，式②の u' を用いて，

$$\Delta E=\left\{\frac{1}{2}(\alpha M)w_0{}^2+\frac{1}{2}M\times 0^2\right\}-\left\{\frac{1}{2}(\alpha M)(w')^2+\frac{1}{2}M(u')^2\right\}$$

$$=\frac{1}{2}\cdot\frac{(1-e^2)\alpha}{1+\alpha}Mw_0{}^2$$

問2 (5) 小球 A，小物体Bが受ける力は，張力 T 以外の力がすべて鉛直方向を向いていることから，運動量保存の法則

$$Mu+mv=Mu_0+m\times 0\quad\cdots\cdots③$$

が成り立つことがわかる。

注意 小球Aの速度が鉛直方向成分を持つ場合でも，「水平成分 u については」上の式が成り立つ。

(6) 小物体Bに対する小球Aの相対速度の水平成分は $u-v$ である。この相対速度を小物体Bからの距離で比例配分し，小物体Bに対する，距離 x の点の相対速度の水平成分を V' とすると，

$$V'=\frac{x}{l}(u-v)$$

この相対速度の成分 V' を，地面に対する速度成分 $V=V'+v$ に書き換えると，

$$V=V'+v=\frac{x}{l}u+\frac{l-x}{l}v\quad\cdots\cdots④$$

(7) 式④において，式③を用いて u を消去すると，

$$V=\frac{x}{l}u_0+\frac{Ml-(M+m)x}{Ml}v\quad\cdots\cdots⑤$$

ここで，x を，$x=\dfrac{M}{M+m}l\quad\cdots\cdots⑥$　に選ぶと，v の値にかかわらず V が一定となる。

注意 式⑥の x は，小球 A，小物体Bの重心 $x=\dfrac{Ml+m\times 0}{M+m}$ を意味する。

研究 このように，小球 A，小物体Bは速くなったり，遅くなったり（場合によっては小球Aは左に戻る）という運動をするにもかかわ

らず，重心は一定の速度で右へ右へと進んでいく。

(8) ⑤，⑥の2式により，V が一定の値をとるとき，$V=\dfrac{M}{M+m}u_0$

問3 (9) 小球Aが右に振り切った瞬間，小物体Bに対する小球Aの相対速度 $u-v$ は，

$$u-v=0$$

この瞬間，両物体は水平方向・右向きの「同一速度」になる。このとき，小球Aの速度の水平成分を U とすると，式③により，

$$MU+mU=Mu_0\quad これにより，\quad U=\frac{M}{M+m}u_0\quad\cdots\cdots⑦$$

(10) 小球Aの跳ね上がる高さhは力学的エネルギー保存の法則

$$\left\{\left(\frac{1}{2}MU^2+Mgh\right)+\left(\frac{1}{2}mU^2+mg\times 0\right)\right\}$$
$$=\left\{\left(\frac{1}{2}Mu_0{}^2+Mg\times 0\right)+\left(\frac{1}{2}m\times 0^2+mg\times 0\right)\right\}$$

に式⑦のUを代入すると，$h=\dfrac{1}{2}\cdot\dfrac{mu_0{}^2}{(M+m)g}$

(11), (12), (13) 糸が鉛直になった瞬間の小球A，小物体Bの速度の水平成分をそれぞれu''，v''とすると，式③の運動量保存の法則

$$Mu''+mv''=Mu_0$$

小物体Bに対する，小球Aの相対速度は$-u_0$なので，

相対速度　$u''-v''=-u_0$　……⑧

の2式をu''，v''についての連立方程式として解くと，速度u''，v''は次のように得られる。

$$u''=\frac{M-m}{M+m}u_0\ \ \cdots\cdots⑨,\qquad v''=\frac{2M}{M+m}u_0$$

式⑨において，$u''>0$により，質量M，mについての条件は，$M>m$

注意 小球Aの相対運動は，小物体Bの下で左右に振り子運動をしていることになる。小球Aは小物体Bの真下を右にu_0で通過し，その後ふり戻ってきて$-u_0$で通過する，ということを式⑧で用いた。

このように，「相対運動」の根本は，「小物体Bから見た運動」，「小物体Bに乗って見る運動」ではあるが，「小物体Bは動いていないものとする」，「小物体Bは止まっているものとする」というものである。

Point 物体A，Bに働く外力，重力，抗力，支える力，……などが「全部鉛直方向」ならば，「水平方向に」運動量保存の法則が成り立つ。物体A，B間の相互力（内力）の向きはどの向きでもよい。

3 (1) $\dfrac{2}{5}g$　(2) $\dfrac{6}{5}mg$　(3) $\dfrac{71}{5}mg$　(4) $\dfrac{17}{50}g$　(5) $\dfrac{63}{25}mg$

解説 (1) 小球A，Bの加速度の大きさをa，張力の大きさをTとすると，小球A，Bの運動方程式はそれぞれ，

$$3ma=T,\qquad 2ma=-T+2mg$$

上の2式をa，Tについての連立方程式として解くと，$a=\dfrac{2}{5}g$，$T=\dfrac{6}{5}mg$

注意 加速度aは小球Bの「落下加速度」でもある。

(2) 滑車にかかる糸から，物体Cは水平方向・左向きの力Tを受け，右向きの力Fがそれとつりあっている。すなわち，$F=T=\dfrac{6}{5}mg$

(3) 抗力の大きさを右図のように N_A, N_D とする。糸
から受ける鉛直方向・下向きの力 T も考慮し，物体
Cの鉛直方向の力のつりあいの式は，

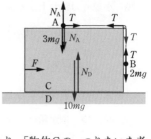

$$N_D - 10mg - N_A - T = 0$$

$T = \dfrac{6}{5}mg$, $N_A = 3mg$ を代入すると，

$$N_D = \frac{71}{5}mg$$

注意 重力 $3mg$, $2mg$ は「小球A，Bに」働く力であり，「物体Cの」つりあいを考
える上では関係しない。

(4) $A = \dfrac{1}{10}g$ とする。張力 T'，Aに働く慣性力 $3mA$ を考え，Cに対するAの加速度
の大きさを a' とすると，小球Aの水平方向の運動方程式は，

$$3ma' = T' - 3mA \quad \cdots\cdots ①$$

一方，張力 T'，重力 $2mg$ により小球Bの鉛直方向の運動方程式は，小球Bの落下加
速度が a' に等しいことから，

$$2ma' = -T' + 2mg \quad \cdots\cdots ②$$

①，②の2式を a', T' についての連立方程式として解き，$A = \dfrac{1}{10}g$ を代入すると，

$$a' = \frac{17}{50}g, \qquad T' = \frac{33}{25}mg$$

注意 慣性力の向きは，物体Cの加速度 A と逆向きである。また，小球Bに働く
慣性力 $2mA$ は水平方向のため，鉛直方向の運動方程式では考えない。

研究 右図のように，大きさ $3mA$, $2mA$ の慣性力
が働く「とする場合」，物体Cは「動かない，固定さ
れた台」と考えていることになる。そのかわり，加
速度 a' は，物体Cに対する「相対加速度 a'」である。

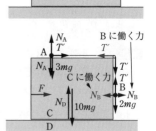

注意 小球Bの「落下」加速度は a' と同じ値であ
る。

(5) 滑車には水平方向・左向きの力 T' が，小球Bに
は物体Cの壁に押される抗力 N_B が働く。小球B，
物体Cの水平方向の運動方程式はそれぞれ，

$$2mA = N_B, \qquad 10mA = F - T' - N_B$$

上の2式から N_B を消去し，$A = \dfrac{1}{10}g$ を代入すると，

$$F = \frac{63}{25}mg \quad \left(なお，N_B = \frac{1}{5}mg\right)$$

Point 図の中に慣性力の矢印を，①描いて考えるか，②描かずに考えるか，が重
要。慣性力の矢印を描いたなら，「物体Cは動いていない」，「動かない物
体C（固定された物体C）」としていることになる。

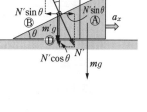

4 問1 (1) $a_x + A\cos\theta$ [m/s²] (2) $A\sin\theta$ [m/s²] (3) $N'\sin\theta$

(4) $-N'\sin\theta$ (5) $N'\cos\theta + (-m'g)$ (6) $\dfrac{m'\sin\theta\cos\theta}{m+m'\sin^2\theta}g$ [m/s²]

(7) $-\dfrac{(m+m')\sin\theta}{m+m'\sin^2\theta}g$ [m/s²] (8) $-\dfrac{mA}{\sin\theta}$ [N] 問2 (9) $-g\sin\theta$ [m/s²]

問3 (10) $\dfrac{\cos\theta}{\sin\theta}g$ [m/s²] (11) $-\dfrac{g}{\sin\theta}$ [m/s²] (12) $\sqrt{\dfrac{2x_0\sin\theta}{g\cos\theta}}$ [s]

(13) 解説参照 問4 (14) $v\cos\theta$ [m/s] (15) $-v\sin\theta$ [m/s]

解説 問1 (1), (2) 加速度 A [m/s²] は台から見た
物体の「相対加速度」である。相対加速度 A の x
軸方向成分，y 軸方向成分はそれぞれ，

$$A\cos\theta = a_x' - a_x, \qquad A\sin\theta = a_y' - 0$$

これにより，

$$a_x' = a_x + A\cos\theta \text{ [m/s²]} \quad\cdots\cdots①$$
$$a_y' = A\sin\theta \text{ [m/s²]}$$

注意 式⑥で明らかになるように，$A<0$ である。

(3) 物体に働く垂直抗力 N' の反作用が台に働く。台の x 方向の運動方程式は，

$$ma_x = N'\sin\theta \quad\cdots\cdots②$$

注意 右辺は，上図の矢印Ⓐをいう。台はこの力で右向きに押されている。

(4), (5) 物体には垂直抗力 N' および重力 $m'g$ が働いている。静止した観測者から見
た物体の x 方向，y 方向の運動方程式は，

$$m'a_x' = -N'\sin\theta \quad\cdots\cdots③, \qquad m'a_y' = N'\cos\theta + (-m'g) \quad\cdots\cdots④$$

注意 式③の右辺は，上図の矢印Ⓑをいう。この問題では静止した観測者から見
たときを考えているので，慣性力 ma_x は考えなくてよい。また，式④の右辺は，
上図の矢印Ⓒ，Ⓓをいう。

(6), (7) ①〜④の各式により a_x', a_y', N' を消去すると，

$$a_x = \frac{m'\sin\theta\cos\theta}{m+m'\sin^2\theta}g \text{ [m/s²]} \quad\cdots\cdots⑤$$

$$A = -\frac{(m+m')\sin\theta}{m+m'\sin^2\theta}g \text{ [m/s²]} \quad\cdots\cdots⑥$$

注意 その他の値は次のように得られる。

$$a_x' = -\frac{m\sin\theta\cos\theta}{m+m'\sin^2\theta}g \text{ [m/s²]}, \qquad a_y' = -\frac{(m+m')\sin^2\theta}{m+m'\sin^2\theta}g \text{ [m/s²]}$$

$$N' = \frac{mm'\cos\theta}{m+m'\sin^2\theta}g \text{ [N]} \quad\cdots\cdots⑦$$

(8) 台についての鉛直方向の力のつりあいの式は，$N + (-N'\cos\theta) + (-mg) = 0$

式⑦の N' を用いると，$N = \dfrac{m(m+m')}{m+m'\sin^2\theta}g = -\dfrac{mA}{\sin\theta}$ [N]

問2 (9) 式⑥の加速度 A によれば，1 に比べて $\dfrac{m'}{m}$ が無視できるほど小さい場合，

$$A = -\frac{\left(1+\dfrac{m'}{m}\right)\sin\theta}{1+\dfrac{m'}{m}\sin^2\theta}\,g \quad\rightarrow\quad -g\sin\theta\,[\mathrm{m/s^2}]$$

注意 この値は，傾き θ の固定斜面上を運動する場合の値に等しい。

問3 (10)，(11) 式⑤，⑥によれば，1 に比べて $\dfrac{m}{m'}$ が無視できるほど小さい場合，

$$a_x = \frac{\sin\theta\cos\theta}{\dfrac{m}{m'}+\sin^2\theta}\,g \quad\rightarrow\quad \frac{\cos\theta}{\sin\theta}g\,[\mathrm{m/s^2}] \quad\cdots\cdots⑧$$

$$A = -\frac{\left(\dfrac{m}{m'}+1\right)\sin\theta}{\dfrac{m}{m'}+\sin^2\theta}\,g \quad\rightarrow\quad -\frac{g}{\sin\theta}\,[\mathrm{m/s^2}] \quad\cdots\cdots⑨$$

注意 式①，⑧，⑨によれば，$a_x'=0$ となり，物体は鉛直線に沿って落下し，台が右に抜けていく。

(12) 物体は式⑨の加速度 A で斜面に沿って距離 $\dfrac{x_0}{\cos\theta}$ だけ移動する。等加速度運動の式

$$-\frac{x_0}{\cos\theta}=0\times T+\frac{1}{2}AT^2 \quad\text{により，}\quad T=\sqrt{\frac{2x_0\sin\theta}{g\cos\theta}}\,[\mathrm{s}]$$

注意 相対加速度 A で考える場合，台は動かない「固定斜面」と見なせる。

(13) 物体は $x=x_0$ の直線上を鉛直方向に下降し，x-t グラフ上で水平な直線で表される。一方，台の運動は式⑧の加速度 a_x の等加速度運動となり，x-t グラフ上では放物線で表される。時刻 $t=T$ で X と X' は一致する。グラフは右図のようになる。

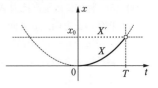

問4 (14) 式⑤，⑥において $m=m'$ とした場合，

$$A = -\frac{2\sin\theta}{1+\sin^2\theta}g, \qquad a_x = \frac{\sin\theta\cos\theta}{1+\sin^2\theta}g$$

物体がもとの高さに戻るまでの時間 t は，台上での台に対する相対運動について，

$$-v=+v+At$$

により得られる。この時間 t を用い，台の速度の x 方向の成分は次のようになる。

$$V_x=0+a_x=v\cos\theta\,[\mathrm{m/s}]$$

研究 このとき，静止した観測者から見たときの，物体の速度の x 方向の成分を $V_x'\,[\mathrm{m/s}]$ とすると，運動量保存の法則

$$m\times 0+m'v\cos\theta=mV_x+m'V_x' \quad (\text{ただし，}m=m')\quad\text{より，}\quad V_x'=0$$

(15) 物体の鉛直方向の運動は加速度 a_y' の等加速度運動である。物体は速度の y 方向の成分 $v\sin\theta$ で上昇をはじめ，$V_y'=v\sin\theta+a_y't=-v\sin\theta\,[\mathrm{m/s}]$ でもとの高さに戻る。

運動の軌跡は右図のように
なり，もとの高さに戻る
瞬間，物体の速度は「鉛直
方向・下向き」となる。こ
の曲線は，軸の傾いた放物
線である。

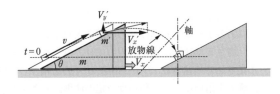

研究 台と物体の速度の x 方向の成分 V_x, V_x' は，「2物体の衝突」についての運動量保存の法則，はね返り係数 e の式

$$m \times 0 + m'v\cos\theta = mV_x + m'V_x', \qquad e = 1 = -\frac{V_x' - V_x}{v\cos\theta - 0}$$

から得られる速度，

$$V_x' = \frac{m'-m}{m'+m}v\cos\theta, \qquad V_x = \frac{2m'}{m'+m}v\cos\theta$$

と同一である（ただし，$m = m'$）。

Point 慣性力の矢印を，①描いて考えるのか，②描かずに考えるのか。慣性力を描いたら，「台は動いていない，固定斜面」としていることになる。

---

5 **問1** 水平：$m(z_0\tan\alpha)\omega^2 = N\cos\alpha$，鉛直：$0 = N\sin\alpha - mg$，
$\omega = \dfrac{1}{\tan\alpha}\sqrt{\dfrac{g}{z_0}}$, $N = \dfrac{mg}{\sin\alpha}$ **問2** (1) $\dfrac{1}{2}uz_1\tan\alpha$

(2) $\sqrt{gz_1} \leqq u \leqq z_2\sqrt{\dfrac{2g}{z_1+z_2}}$ (3) $\dfrac{uz_1}{z_2\sqrt{u^2 - 2g(z_2 - z_1)}}$

(4) $z_1\cos^2\alpha + z_2\sin^2\alpha + \dfrac{(u\cos a)^2}{2g}\left(1 - \dfrac{z_1^2}{z_2^2}\right)$

解説 **問1** 半径 r で円運動する質点の運動方程式
$mr\omega^2 = N\cos\alpha$ に図形的関係 $r = z_0\tan\alpha$ を代入すると，
  　$m(z_0\tan\alpha)\omega^2 = N\cos\alpha$ ……①
鉛直方向の運動方程式は，力はつりあいの状態にあるので，
  　$m \cdot 0 = N\sin\alpha + (-mg)$ ……②

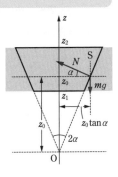

①，②の2式により，ω，N は，
  　$\omega = \dfrac{1}{\tan\alpha}\sqrt{\dfrac{g}{z_0}}$, $N = \dfrac{mg}{\sin\alpha}$

問2 (1) 面積速度 L を，z 軸から距離 $r_1 = z_1\tan\alpha$ の点Qで
考えると，
  　$L = \dfrac{1}{2}ur_1\sin 90° = \dfrac{1}{2}uz_1\tan\alpha$

(2) 曲面Sが z_2 よりも十分上方まで続いていると仮定する。点Qを初速度 u で出発した質点の速度ベクトルが水平面内の成分のみを持つ位置 z が，範囲

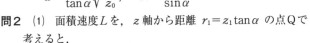

$$z_1 \leqq z \leqq z_2$$

にあるような，初速度uの範囲を求める。

高さzで速度が水平面内の成分のみを持つとき，高さz_1，z，高さz_1での速さu，高さzでの速さv，および高さz_1でのz軸からの距離r_1，高さzでのz軸からの距離rを用いると，面積速度一定の法則，および力学的エネルギー保存の法則より，

$$\frac{1}{2}ur_1\sin 90° = \frac{1}{2}vr\sin 90° \quad \cdots\cdots ③$$

$$\frac{1}{2}mu^2 + mgz_1 = \frac{1}{2}mv^2 + mgz \quad \cdots\cdots ④$$

図形的関係 $r_1 = z_1\tan\alpha$，$r = z\tan\alpha$ を用いて③，④の2式からr_1，r，vを消去すると，zについての3次方程式 $2gz^3 - (2gz_1 + u^2)z^2 + u^2z_1^2 = 0$ が得られる。

この方程式は $(z - z_1)$ という因子で因数分解できることから，

$$(z - z_1)(2gz^2 - u^2z - u^2z_1) = 0 \quad \cdots\cdots ⑤$$

上の方程式の3個の解は，$z = z_1$，$z = \dfrac{u^2 \pm u\sqrt{u^2 + 8gz_1}}{4g}$

$z > 0$ より，$z = \dfrac{u^2 + u\sqrt{u^2 + 8gz_1}}{4g}$

このzが $z_1 \leqq z \leqq z_2$ を満たすためのuの条件は，

$$\sqrt{gz_1} \leqq u \leqq z_2\sqrt{\frac{2g}{z_1 + z_2}}$$

(3) 点Rにおける速度ベクトルの水平面内の成分をV_{xy}とすると，面積速度一定の法則より，

$$\frac{1}{2}ur_1\sin 90° = \frac{1}{2}V_{xy}r_2\sin 90°$$

一方，点Rにおける質点の速さをVとすると，力学的エネルギー保存の法則より，

$$\frac{1}{2}mu^2 + mgz_1 = \frac{1}{2}mV^2 + mgz_2$$

図形的関係 $r_1 = z_1\tan\alpha$，$r_2 = z_2\tan\alpha$ を用いてr_1，r_2を消去すると，V_{xy}，Vは，

$$V_{xy} = \frac{z_1}{z_2}u, \quad V = \sqrt{u^2 - 2g(z_2 - z_1)} \quad \cdots\cdots ⑥$$

これにより，$\cos\theta = \dfrac{V_{xy}}{V} = \dfrac{uz_1}{z_2\sqrt{u^2 - 2g(z_2 - z_1)}}$

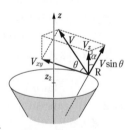

(4) 点Rから飛び出す瞬間の速度の鉛直方向成分 V_z は $V_z = V\sin\theta\cos\alpha$ である。鉛直方向の等加速度運動の式により，到達する最も高い点のz_2からの高さhは，

$$0^2 - (V\sin\theta\cos\alpha)^2 = 2(-g)h$$

式⑥のVを用いると，到達する最も高い点のz座標 z' は，

$$z' = z_2 + h$$

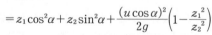

$$= z_1\cos^2\alpha + z_2\sin^2\alpha + \frac{(u\cos\alpha)^2}{2g}\left(1 - \frac{z_1^2}{z_2^2}\right)$$

研究 xy 平面内に投影されたこの質点の軌跡は，楕円ではない。

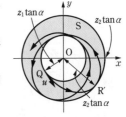

(1) 垂直抗力を z 軸上方から見下ろすと（xy 面内に投影すると），つねに z 軸を向いている。このことにより，「面積速度一定の法則」が成り立つ。こうした一点を向く力を「中心力」という。

(2) 垂直抗力はつねに円錐曲面 S に垂直である。このことにより，力学的エネルギー保存の法則が成り立つ。

一方，式⑤で u が特別な場合を考える。

① 初速度を $u=\sqrt{gz_1}$ とした場合，式⑤は $(z-z_1)^2(2z+z_1)=0$ のように変形される。

② 初速度を $u=z_2\sqrt{\dfrac{2g}{z_1+z_2}}$ とした場合，式⑤は

$$(z-z_1)(z-z_2)\left(z+\frac{z_1z_2}{z_1+z_2}\right)=0$$

のように変形される。

有効な解は，①の場合は z_1 のみ，②の場合は z_1，z_2 の 2 個に限られ，z_1，z_2 以外に速度ベクトルが水平成分のみを持つような高さは「ない」。①の場合は質点は高さ z_1 で等速円運動をする。また，②の場合，この初速度 u で曲面 S を上昇する際，必ず z_2 まで上昇し「途中で」引き返すことはない。軌跡は上方から見ると「花びら」型となり，特別な初速度 u の設定をしない限り，ちょうど出発点 Q に戻ることはない。

地球の公転運動では，曲線軌道を描き，1 年後に地球が太陽系内の「完全にもとの空間位置」に戻るのは，万有引力が厳密に $\dfrac{1}{r^2}$ 型の力であるという「偶然による」。

また，式③，④は z，v についての連立方程式であるが，質点を点 Q で打ち出した瞬間を意味する $z \to z_1$（$r \to r_1$），$v \to u$ を代入すると，「式としてはそのまま成立する」。したがって，z_1，u は連立方程式の 1 組の解であり，このことから，次のように因数分解できることが明らかとなる。

$$(z-z_1)(2gz^2-u^2z-u^2z_1)=0$$

高次の方程式のこうした解法は物理的考察の観点から有用である。

Point 運動量保存の法則や力学的エネルギー保存の法則の式に，はじめや終わりの状態の物理量を代入すると，式が成り立つ。したがって，方程式として解く場合，それらの物理量が解となる。

問1 $\left(\dfrac{R}{R+h}\right)^2 g$　　問2 $-\dfrac{m_1gR^2}{R+h}$

問3 エネルギーの差：$m_1g\dfrac{Rh}{R+h}$，極限値：m_1gh

問4 $\sqrt{\dfrac{2GMh}{R(R+h)}}\left(\text{あるいは，}\sqrt{\dfrac{2gRh}{R+h}}\right)$　　問5 $\sqrt{\dfrac{2GM}{R}}$ （あるいは，$\sqrt{2gR}$）

問6 $K=\dfrac{1}{2}\cdot\dfrac{GMm_2}{R+h}$, $E=-\dfrac{1}{2}\cdot\dfrac{GMm_2}{R+h}$　　問7 $v_3=\dfrac{m_2}{m_1-m_2}\sqrt{\dfrac{GM}{R+h}}$,

$m_2=(2-\sqrt{2})m_1$　　問8 距離：$7(R+h)$, $\varDelta E=\dfrac{3}{8}\cdot\dfrac{GMm_2}{R+h}$　　問9 解説参照

問10 点Q．東向き．理由は解説参照

解説 問1 　質量 m の物体に働く重力の大きさを，点Aと地表Sとで表すと，

$$mg'=\dfrac{GMm}{(R+h)^2}, \qquad mg=\dfrac{GMm}{R^2} \quad\cdots\cdots①$$

これら2式により，G を消去すると，$g'=\left(\dfrac{R}{R+h}\right)^2 g$

問2 　点Aにおける質量 m_1 の物体の万有引力による位置エネルギー $U(R+h)$ は，

$$U(R+h)=-\dfrac{GMm_1}{R+h}=-\dfrac{m_1gR^2}{R+h} \quad\cdots\cdots②$$

注意 式①の関係を用いて，G を消去した。

問3 　式②の位置エネルギーについて，$R+h$, R での差を求めると，

$$U(R)=-\dfrac{GMm_1}{R}=-m_1gR \text{ より，}$$

$$U(R+h)-U(R)=\left(-m_1g\dfrac{R^2}{R+h}\right)-(-m_1gR)=m_1g\dfrac{Rh}{R+h}$$

さらに1に比べて $\dfrac{h}{R}$ が十分小さいとすると，$m_1g\dfrac{h}{1+\dfrac{h}{R}}$　→　m_1gh

問4 　力学的エネルギー保存の法則より，

$$\dfrac{1}{2}m_1v_0{}^2+\left(-\dfrac{GMm_1}{R}\right)=\dfrac{1}{2}m_1\times0^2+\left(-\dfrac{GMm_1}{R+h}\right)$$

$$v_0=\sqrt{\dfrac{2GMh}{R(R+h)}} \quad\left(\text{あるいは，}v_0=\sqrt{\dfrac{2gRh}{R+h}}\right) \quad\cdots\cdots③$$

問5 　式③において，$h\to\infty$ の極限値を考えると，無限遠に達するための速さの最小値 v_1 は，

$$v_1=\sqrt{\dfrac{2GMh}{R(R+h)}}=\sqrt{\dfrac{2GM}{R\left(1+\dfrac{R}{h}\right)}}\ \rightarrow\ \sqrt{\dfrac{2GM}{R}} \quad(\text{あるいは，}\sqrt{2gR})$$

問6 　半径 $R+h$ で等速円運動する小物体2の速さ v_2 は，円運動の運動方程式

$$m_2\dfrac{v_2{}^2}{R+h}=\dfrac{GMm_2}{(R+h)^2} \text{ により，}v_2=\sqrt{\dfrac{GM}{R+h}} \quad\cdots\cdots④$$

運動エネルギー K は，$K=\dfrac{1}{2}m_2v_2{}^2=\dfrac{1}{2}\cdot\dfrac{GMm_2}{R+h}$　……⑤

力学的エネルギー E は，式②の位置エネルギー $U(R+h)$ で $m_1\to m_2$ とした式も用いて，

$$E=K+\left(-\dfrac{GMm_2}{R+h}\right)=-\dfrac{1}{2}\cdot\dfrac{GMm_2}{R+h}$$

問7　小物体2，3へ分裂する前後について，次の運動量保存の法則の式が成り立つ。

$$m_1\times0=m_2v_2+(m_1-m_2)(-v_3)$$

式④の v_2 を用いると，$v_3=\dfrac{m_2}{m_1-m_2}v_2=\dfrac{m_2}{m_1-m_2}\sqrt{\dfrac{GM}{R+h}}$

距離 $r\to\infty$ で速さ $u\to0$ となるための m_2 の最小値 $m_2{}'$ は，エネルギー保存の法則より，次の式を満たす。

$$\dfrac{1}{2}(m_1-m_2{}')v_3{}^2+\left\{-\dfrac{G(m_1-m_2{}')M}{R+h}\right\}=\dfrac{1}{2}(m_1-m_2{}')u^2+\left\{-\dfrac{G(m_1-m_2{}')M}{r}\right\}\to0$$

これにより，$m_2{}'=(2-\sqrt{2}\,)m_1$　（$m_2{}'>m_1$ となる解は除外した）

注意　速さ v_3 を無限遠へ向かう速さの最小値 $\sqrt{\dfrac{2GM}{R+h}}$ とした場合，小物体3は線分 OA を軸とする宇宙的規模の「放物線軌道」を描いて無限遠へ飛び去る。

問8　OB 間の距離を r_B とすると，ケプラーの第3法則により，楕円の半長軸の長さ $\dfrac{r_B+(R+h)}{2}$ と円の半径 $R+h$，および，周期 $8T$ と T の間に次の関係が成り立つ。

$$\dfrac{(8T)^2}{\left\{\dfrac{r_B+(R+h)}{2}\right\}^3}=\dfrac{T^2}{(R+h)^3}\quad\text{これにより，}\ r_B=7(R+h)$$

楕円軌道上の点 A，B での速さをそれぞれ v_{2A}，v_{2B} とすると，上の r_B を用いた次の力学的エネルギー保存の法則，および，面積速度一定の法則の式が成り立つ。

$$\dfrac{1}{2}m_2(v_{2A})^2+\left\{-\dfrac{GMm_2}{R+h}\right\}=\dfrac{1}{2}m_2(v_{2B})^2+\left\{-\dfrac{GMm_2}{7(R+h)}\right\}$$

$$\dfrac{1}{2}v_{2A}(R+h)\sin90°=\dfrac{1}{2}v_{2B}\{7(R+h)\}\sin90°$$

これら2式により，$v_{2A}=\sqrt{\dfrac{7}{4}\cdot\dfrac{GM}{R+h}}$，$v_{2B}=\sqrt{\dfrac{1}{28}\cdot\dfrac{GM}{R+h}}$

加えられたエネルギー $\varDelta E$ は運動エネルギーの変化のみを考慮すればよい。式⑤の運動エネルギー K と加速直後の運動エネルギー K' との差は，

$$\varDelta E=K'-K=\dfrac{1}{2}m_2(v_{2A})^2-\dfrac{1}{2}\cdot\dfrac{GMm_2}{R+h}$$
$$=\dfrac{3}{8}\cdot\dfrac{GMm_2}{R+h}$$

問9　自転にともなう遠心力と万有引力との合力が重力である。遠心力の大きさは点Pでは $m(R\cos\theta)\omega^2$，点Qでは $mR\omega^2$，向きは自転軸に垂直である（右図）。

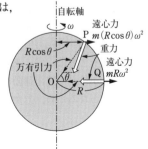

問10 打ち上げ場所に適するのは「点Q」。点Qでは地球の自転の速さを初速度の一部として最大限に利用でき、また、遠心力の影響により重力が点Pより小さい。自転速度との合成速度が最大になる打ち上げの向きは「東向き」。

> **注意** 第1宇宙速度 $v_1 = 7.9\,\text{km/s}$，第2宇宙速度 $v_2 = 11.2\,\text{km/s}$ に対し，地球の自転速度は赤道上で $0.47\,\text{km/s}$，公転速度は $30\,\text{km/s}$ である。遠心力の大きさは重力 mg に対して，赤道上で $0.0035 \times mg$ 程度と計算される。

Point 天体規模の物体の運動では，

$$\frac{1}{2}mv_A{}^2 + \left(-\frac{GMm}{r_A}\right) = \frac{1}{2}mv_B{}^2 + \left(-\frac{GMm}{r_B}\right)$$

$$\frac{1}{2}v_A r_A \sin\theta_A = \frac{1}{2}v_B r_B \sin\theta_B$$

の2式はしばしば登場する（θ_A，θ_B は焦点Oと物体の位置 A，B を結んだベクトル $\overrightarrow{OA}$，$\overrightarrow{OB}$ と速度ベクトルとのなす角）。

---

7 **問1** $\dfrac{kd}{mg}$ **問2** (1) 遠心力：$mx_0\omega^2$，ばねから受ける力：$-k(x_0 - d)$

(2) d，理由は解説参照 (3) $\sqrt{\dfrac{k(R-d)}{mR}}$ **問3** (4) $\sqrt{\dfrac{k(d+r)}{mr}}$

(5) $\dfrac{kd}{r}\Delta x$ (6) (ア) **問4** $\sqrt{\dfrac{k(d+|x_1|)-\mu mg}{m|x_1|}} \leqq \omega \leqq \sqrt{\dfrac{k(d+|x_1|)+\mu mg}{m|x_1|}}$

問5 $v_0 = \sqrt{\dfrac{3kd^2}{m} - 2\mu' g d}$，$x' = d + \sqrt{4d^2 - \dfrac{2\mu' mgd}{k}}$

解説 **問1** $x = d$ がばねの自然の長さの位置である。摩擦力が働く範囲でばねの弾性力が最も小さい点Oの付近であっても，ばねの弾性力が最大摩擦力 μmg より大きいことから，

$$\mu mg < kd \quad \text{すなわち，} \quad \mu < \frac{kd}{mg}$$

上の式は静止摩擦係数 μ が $\mu_0 = \dfrac{kd}{mg}$ より小さいことを示している。

問2 (1) 小球が半径 x_0 の等速円運動をするとき，遠心力の大きさ F_1 は，
$$F_1 = mx_0\omega^2 \quad \cdots\cdots ①$$
ばねから受ける力 F_2 は，
$$F_2 = -k(x_0 - d) \quad \cdots\cdots ②$$

(2) 遠心力とばねの力が同じ向きとなる場合，角速度 ω をどのように選んでも力がつりあうことはない。その範囲は $0 < x \leqq d$，問題文にいう s とは，$s = d$ のことである。小球が等速円運動しない理由は，「遠心力も，ばねから受ける力も x 軸方向正の向きとなるため，力がつりあうことはない」（39字）からである。

14

(3) 式①，②の力のつりあい，

$$mx_0\omega^2+\{-k(x_0-d)\}=0$$

により，$\omega=\sqrt{\dfrac{k}{m}\left(1-\dfrac{d}{x_0}\right)}$

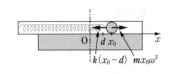

上の x_0 の関数において，範囲 $d<x_0<R$ における ω の上限 ω_1 は $x_0=R$ のとき，

$$\omega_1=\sqrt{\dfrac{k(R-d)}{mR}}$$

問3 (4) 再び，遠心力とばねの力のつりあい

$$mr\omega_2{}^2-k(d+r)=0$$

により，$\omega_2=\sqrt{\dfrac{k(d+r)}{mr}}$ ……③

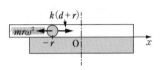

(5) 遠心力とばねの力の合力 F を考える。式③の ω_2 を代入すると，

$$F=-m(r-\Delta x)\omega_2{}^2+k(d+r-\Delta x)=\dfrac{kd}{r}\Delta x \quad\cdots\cdots④$$

注意 $\Delta x>0$ の場合，遠心力は減少し，ばねの力も減少する。

(6) 式④の F の符号は，$\Delta x>0$ の場合，$F=\dfrac{kd}{r}\Delta x>0$

したがって，力のつりあいを失い，小球は x 軸方向「正の向きに移動する」。⇒(ア)

問4 最大摩擦力の向きによって，角速度 ω の値に次の2種の限界値 $\omega_{\max}$，$\omega_{\min}$ が存在する。遠心力は x 軸方向負の向きを向くことから，

$$-m|x_1|\omega_{\max}{}^2+k(d+|x_1|)+\mu mg=0$$
$$-m|x_1|\omega_{\min}{}^2+k(d+|x_1|)-\mu mg=0$$

力がつりあい，等速円運動が維持できる角速度 ω の範囲は，$\omega_{\min}\leqq\omega\leqq\omega_{\max}$，すなわち，

$$\sqrt{\dfrac{k(d+|x_1|)-\mu mg}{m|x_1|}}\leqq\omega\leqq\sqrt{\dfrac{k(d+|x_1|)+\mu mg}{m|x_1|}}$$

問5 点Oでの速さ v_0 は，動摩擦力がする仕事を考慮したエネルギーの原理の式

$$\left\{\dfrac{1}{2}mv_0{}^2+\dfrac{1}{2}kd^2\right\}-\left\{\dfrac{1}{2}m\times0^2+\dfrac{1}{2}k(2d)^2\right\}=\mu' mgd\cos180°$$

により，$v_0=\sqrt{\dfrac{3kd^2}{m}-2\mu' gd}$

動摩擦力は $x<0$ の範囲でのみ働くことから，点Pから最も離れた位置 x' について，同様の式を立てると，

$$\left\{\dfrac{1}{2}m\times0^2+\dfrac{1}{2}k(x'-d)^2\right\}-\left\{\dfrac{1}{2}m\times0^2+\dfrac{1}{2}k(2d)^2\right\}=\mu' mgd\cos180°$$

により，$x'=d+\sqrt{4d^2-\dfrac{2\mu' mgd}{k}}$

ここで，$x'<d$ となる解（単振動のもう一方の端点）は除外した。

[8] 問1 (1) $l\omega$ (2) $l\omega^2$ (3) 点Oに向かう向き (4) $ml\omega^2$

(5) 解説参照 **問2** (6) 解説参照 (7) $\omega\varDelta t$ (8) $\dfrac{\varDelta \vec{V}}{\varDelta t}$

(9) $(v+\varDelta v)\sin\omega\varDelta t+(r+\varDelta r)\omega\cos\omega\varDelta t$ (10) $r\omega$ (11) $\omega v\varDelta t+\omega\varDelta r$

(12) $2\omega v$ (13) $2m\omega v$ **問3** 解説参照

解説 問1 (1) 半径 l，角速度 ω の円運動では，速度の大きさ v は，$v=l\omega$

(2) 等速円運動の場合，加速度の大きさ a_0 は，$a_0=l\omega^2$ ……①

(3) 等速円運動の加速度の向きは，いつでも円の中心方向，「点Oに向かう向き」。

(4) Aが式①で表される加速度を観測するとき，大きさ ma_0 の力（実態は張力）が円の中心向きに働いている。そうでなければ円運動できない。

一方，Bは張力と逆の向きに遠心力が働いているからこそ力がつりあい，静止していると考える。観測する遠心力の大きさ F は，

$$F=ma_0=ml\omega^2$$

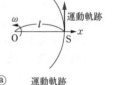

(5) 切り離されると円軌道の接線方向に離れていく（右図）。

問2 (6) Bが観測する場合，円管は「回転していない」。棒を離れた小球は，円管に沿って進み，円管を離れると右図のような軌跡を描く。

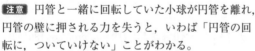

〔Bから見た場合〕

研究 棒の先端を離れても小球には遠心力が働き，回転軸からの距離 r の増大とともに遠心力 $mr\omega^2$ は大きくなり，ぐんぐん中心から遠ざかっていく（円管から離れると後述のコリオリ力の影響でOから離れる速さの増大は抑えられる）。遠心力は回転台，回転円管のような回転しているものに物体が「載っているのか」，「離れて飛んでいるのか」に関係なく働く力である。向きは「回転軸に対して」半径方向，外向き。

注意 円管と一緒に回転していた小球が円管を離れ，円管の壁に押される力を失うと，いわば「円管の回転に，ついていけない」ことがわかる。

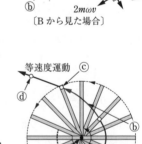

〔Aから見た場合〕

(7) 微小時間 $\varDelta t$ の間の回転角 θ は，$\theta=\omega\varDelta t$

(8) 加速度の定義により，$\vec{a}=\dfrac{\varDelta \vec{V}}{\varDelta t}$

(9) OQ方向の速度成分 $v+\varDelta v$，および，回転運動による速さ $(r+\varDelta r)\omega$ のそれぞれの線分 OP に直交する方向成分の和 v_2 を考える。

$$v_2 = (v + \varDelta v)\sin(\omega\varDelta t) + (r + \varDelta r)\omega\cos(\omega\varDelta t)$$

(10) 円管の回転運動による速度と同じであるから，v_1 とすると，$v_1 = r\omega$

(11) 線分 OP に直交する方向の速度成分の微小時間 $\varDelta t$ での変化 $\varDelta u$ は，

$$\varDelta u = v_2 - v_1 = (v + \varDelta v)\sin(\omega\varDelta t) + (r + \varDelta r)\omega\cos(\omega\varDelta t) - r\omega$$
$$\fallingdotseq \omega v\varDelta t + \omega\varDelta r \quad \cdots\cdots ③$$

ここで，近似式 $\sin(\omega\varDelta t) \fallingdotseq \omega\varDelta t$, $\cos(\omega\varDelta t) \fallingdotseq 1$ を用い，また，積 $\varDelta v\varDelta t$ を微小量として省略した。

(12) 線分 OP に直交する加速度の周方向成分 a は，式③により，

$$a = \frac{\varDelta u}{\varDelta t} = \omega v + \omega\frac{\varDelta r}{\varDelta t} = 2\omega v \quad \cdots\cdots ④$$

(13) 式④の加速度 a を生じさせる力 F_1 は，運動方程式により，$F_1 = ma = 2m\omega v$

注意 小球は円管の壁から力 F_1 を受け（**問2**(6)の図），これによって角速度 ω の運動を続けている。力 F_1 の実態は円管の壁から受ける「垂直抗力」である。

問3 図は**問2**(6)参照。ちなみに，B から見た場合，小球は，円管に沿う速度に直交する方向に，大きさ $2m\omega v$ の周方向，回転と逆向きの力 F_2 の慣性力を受ける。

研究 小球の運動をAが観測する場合，Bが観測する場合，それぞれ**問2**(6)の図のようになる。上・下の図中，ⓐ，ⓑ，ⓒ，ⓓはそれぞれが対応している。

Aが観測する場合，小球は円管の壁から力 F_1（垂直抗力）を受け，円管の回転についていくことができる。Bが観測する場合，「回転していない」円管に沿って小球は直線運動をする。直線運動をするならば，力 F_1 とつりあうような逆向きの力 F_2 が想定されなければならない。これが「Bが観測する運動の向きを曲げる慣性力」で，「コリオリ Coriolis の力」と呼ばれる。壁から力 F_1 を受けている限り，円管に沿った直線運動をするが，円管の外に出ると F_1 がないため軌道は曲線となる。

「コリオリの力」$2m\omega v$ の速度 v はBが観測する速度 v をいう。「Bが観測するとき，動いている物体，速度 v を持つ物体」に限って働く慣性力で，向きは v に垂直な方向である。

Point 遠心力は回転している観測者（B）から見て物体につねに働く力である。
コリオリの力はBから見て運動している物体にのみ働く力である。

---

9 問1 $\dfrac{\mu d}{l}Mg$　　問2 $d\cos\left(\sqrt{\dfrac{\mu g}{l}}\,t\right)$　　問3 $d\sqrt{\dfrac{\mu g}{l}}$　　問4 $\dfrac{d^2}{2l}$

問5　止まったままの状態となる

解説 問1　左ローラーの接点のまわりのモーメントのつりあいの式は，右ローラーの抗力の大きさを N_R とすると，

$$N_R \times 2l + \{-Mg \times (l + d)\} = 0 \quad \cdots\cdots ①$$

これにより，$N_R = \dfrac{l + d}{2l}Mg$

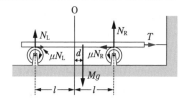

同様に，左ローラーの抗力の大きさを N_L とすると，右ローラーの接点のまわりのモーメントのつりあいの式は，

$$-N_L \times 2l + Mg \times (l-d) = 0 \quad \text{により，} \quad N_L = \frac{l-d}{2l} Mg$$

張力，および動摩擦力による水平方向の力のつりあいの式は，

$$T + (-\mu N_R) + \mu N_L = 0$$

N_R，N_L を代入すると，$T = \frac{\mu d}{l} Mg$

問2 板の重心の座標が x になった瞬間について，式①と同様なモーメントのつりあいの式

$$N_R(x) \times 2l + \{-Mg(l+x)\} = 0$$
$$-N_L(x) \times 2l + Mg(l-x) = 0$$

を考えると，抗力の大きさ $N_R(x)$，$N_L(x)$ はそれぞれ

$$N_R(x) = \frac{l+x}{2l} Mg, \quad N_L(x) = \frac{l-x}{2l} Mg \quad \cdots\cdots②$$

加速度を a とすると，板の水平方向の運動方程式は，$Ma = -\mu N_R(x) + \mu N_L(x)$

式②の $N_R(x)$，$N_L(x)$ を代入すると，$Ma = -\frac{\mu Mg}{l} x$

この式は板が左右に角振動数 $\omega = \sqrt{\dfrac{\mu g}{l}}$ で単振動することを示す。

重心の変位 $x(t)$ は，$x(0) = d$ より，$x(t) = d\cos\omega t = d\cos\left(\sqrt{\dfrac{\mu g}{l}}\, t\right) \quad \cdots\cdots③$

> **研究** 左右のローラーから受ける摩擦力の大きさを x の関数として表すと，本問のようにローラーの回転が高速の場合，右図のようになる。

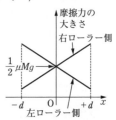

問3 重心が振動の中心 $x=0$ を右から左に向かって通過する瞬間の速さ v_0 は，式③での，振幅 d，角振動数 ω の単振動における速さの最大値を考え，

$$v_0 = d\omega = d\sqrt{\frac{\mu g}{l}} \quad \cdots\cdots④$$

> **研究** 式④の速さ v_0 を用いると，単振動する板の速度 $v(t)$ は次のように表せる。
>
> $$v(t) = -v_0 \sin\omega t = -d\sqrt{\frac{\mu g}{l}} \sin\left(\sqrt{\frac{\mu g}{l}}\, t\right)$$

問4 ローラーの回転を止めた後も，板には動摩擦力が働く。加速度を a' とすると，板の運動方程式は，

$$Ma' = +\mu N_R(x) + \mu N_L(x)$$

式②の $N_R(x)$，$N_L(x)$ を代入すると，$Ma' = \mu Mg \quad \cdots\cdots⑤$

板は等加速度で減速し，止まるまでの距離 Δd は，

$$0^2 - v_0{}^2 = 2a'(-\varDelta d)$$

式④の v_0, 式⑤の a' を代入すると, $\varDelta d = \dfrac{d^2}{2l}$

研究 重心の運動について x-t グラフは右図
のようになる。時刻 t_0 でローラーの回転を停
止すると，その後グラフは放物線となり，$x = -\dfrac{d^2}{2l}$ で板は止まる。

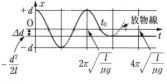

問5 板の重心の座標が $x = -d$ になった瞬間，板は振動範囲の左端にあり，速度は一
瞬0である。このため，この瞬間にローラーの回転を停止すると，板は「止まったま
まの状態となる」。

注意 重心の運動について x-t グラフは右図
のようになる。時刻 t_1 でローラーの回転を停
止すると，止まっている板は $x = -d$ から動
き出すことがない。

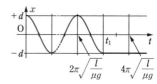

Point 滑っているならば，「摩擦力は動摩擦力」。物体が「動いているか」ではな
く，「滑っているのなら」。動摩擦力の大きさといえば μN「これ以外の
式はない」。

---

10 **問1** (1) $\dfrac{\mu_0 mg}{k}$ (2) $-kx + \mu mg$ (3) $\dfrac{\mu mg}{k}$ (4) $-x_0 + \dfrac{2\mu mg}{k}$

(5) $\dfrac{1}{2}kx_1{}^2 - \dfrac{1}{2}kx_0{}^2$ (6) $-\mu mg(x_0 - x_1)$ **問2** $x_0 - \dfrac{4\mu mg}{k}$

問3 $\dfrac{(2n\mu + \mu_0)mg}{k}$ **問4** $n\pi\sqrt{\dfrac{m}{k}}$ **問5** 解説参照

問6 $2n\left(x_0 - \dfrac{n\mu mg}{k}\right)$

解説 **問1** (1) ばねの力 kx_0 が最大摩擦力の大きさ $\mu_0 mg$ を超えるような x_0 でなけ
ればならないため，

$$kx_0 > \mu_0 mg \quad \text{すなわち，} \ x_0 > \frac{\mu_0 mg}{k}$$

(2) ばねの力と動摩擦力（右向き）の2力を考え，運動方程式は，

$$ma = -kx + \mu mg \quad \cdots\cdots①$$

注意 ばねは物体Aを左向きに引きはじめるが，$x = 0$ を超えると右向きに押す。
そこでは $x < 0$ となるため，同一の式 $-kx$ が「右向き」を表す。

(3) 式①において「$a = 0$ になる瞬間」に振動の中央点を通過している。その座標は，

$$x = \frac{\mu mg}{k}$$

(4) $x = \dfrac{\mu mg}{k}$ を中央として，左右対称な点まで進む。中点の式 $\dfrac{x_1 + x_0}{2} = \dfrac{\mu mg}{k}$ に

19

より,

$$x_1 = -x_0 + \frac{2\mu mg}{k}$$

(5) 力学的エネルギーの変化 ΔE は,

$$\Delta E = \left(\frac{1}{2}m \times 0^2 + \frac{1}{2}kx_1{}^2\right) - \left(\frac{1}{2}m \times 0^2 + \frac{1}{2}kx_0{}^2\right) = \frac{1}{2}kx_1{}^2 - \frac{1}{2}kx_0{}^2 \quad \cdots\cdots ②$$

(6) 式②の力学的エネルギーの変化は, 動摩擦力が物体にする仕事 W によって生じるので,

$$W = \mu mg(x_0 - x_1)\cos 180° = -\mu mg(x_0 - x_1)$$

注意 「仕事 $Fs\cos\theta$ の s は絶対値 (距離) で扱う」ため, 引き算 $x_0 - x_1$ はこの順となる。

問2 式②と同様な力学的エネルギーの増減の式

$$\frac{1}{2}kx_2{}^2 - \frac{1}{2}kx_1{}^2 = \mu mg(x_2 - x_1)\cos 180° \quad \cdots\cdots ③$$

を x_2 の 2 次方程式として解くと, $x_2 \neq x_1$ より, $x_2 = x_0 - \dfrac{4\mu mg}{k}$

注意 式③の左辺には因数分解 $\dfrac{1}{2}k(x_2 + x_1)(x_2 - x_1)$ が利用できる。

問3 x_{n-1} から x_n に移動するとき, 振動の中心は,

$$\frac{x_n + x_{n-1}}{2} = (-1)^{n+1}\frac{\mu mg}{k} \quad \text{これを解いて,} \quad x_n = (-1)^n\left(x_0 - \frac{2n\mu mg}{k}\right)$$

$n =$ 偶数の場合,

$$x_{n-1} = -x_0 + \frac{2(n-1)\mu mg}{k}, \qquad x_n = x_0 - \frac{2n\mu mg}{k}$$

x_{n-1}, x_n についての条件「x_{n-1} では動き出す, x_n では動き出さない」を式で表すと,

$$x_{n-1} < -\frac{\mu_0 mg}{k}, \qquad -\frac{\mu_0 mg}{k} \leqq x_n \leqq +\frac{\mu_0 mg}{k}$$

上の条件式を, 出発点の座標 x_0 の範囲に書き直して共通部分をとると,

$$\frac{\{2(n-1)\mu + \mu_0\}mg}{k} < x_0 \leqq \frac{(2n\mu + \mu_0)mg}{k}$$

よって, 求める関数 $Y(n)$ は, $Y(n) = \dfrac{(2n\mu + \mu_0)mg}{k}$

$n =$ 奇数 については, 表式の異なる x_{n-1}, x_n となるが, 同一の結果が得られる。

注意 ここで, 摩擦係数の性質 $\mu_0 > \mu$ を用いて次の不等式の確認をしている。

$$\frac{(2n\mu - \mu_0)mg}{k} < \frac{\{2(n-1)\mu + \mu_0\}mg}{k}$$

研究 物体Aは, 静止摩擦係数 μ_0 で決まる範囲 $-\dfrac{\mu_0 mg}{k} \leqq x \leqq +\dfrac{\mu_0 mg}{k}$ を「通過することはできるが, ひとたび停止すると, 再び動き出すことができない」。

問4 物体Aの単振動の周期 $T = 2\pi\sqrt{\dfrac{m}{k}}$ の $\dfrac{1}{2}$ の n 倍なので, $t_n = n\pi\sqrt{\dfrac{m}{k}}$

注意 t_1 の n 倍である。

問5 次のような運動となる。

(a) 振動の各片道経路の運動時間はどれも同一の t_1 である。

(b) 振動の各片道経路は，中央点を $+\dfrac{\mu mg}{k}$，$-\dfrac{\mu mg}{k}$ とかえて減衰。

(c) $x=x_3$ ではじめて停止すると，以後物体は動き出すことなく，グラフは水平。よって，右図となる。

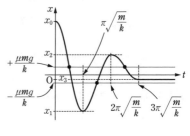

問6 動摩擦力による力学的エネルギーの減少を次のように表すことができる。ここで，$s_n=|x_n-x_{n-1}|$ である。

$$\frac{1}{2}kx_1{}^2-\frac{1}{2}kx_0{}^2=\mu mg s_1 \cos 180°$$

$$\frac{1}{2}kx_2{}^2-\frac{1}{2}kx_1{}^2=\mu mg s_2 \cos 180°$$

……

$$\frac{1}{2}kx_n{}^2-\frac{1}{2}kx_{n-1}{}^2=\mu mg s_n \cos 180°$$

これらの式の左辺どうし，右辺どうしの和を求め，総移動距離を L で表すと，

$$\frac{1}{2}kx_n{}^2-\frac{1}{2}kx_0{}^2=\mu mg(s_1+s_2+\cdots\cdots+s_n)\cos 180°=\mu mgL\cos 180°$$

これにより，$L=\dfrac{k(x_0{}^2-x_n{}^2)}{2\mu mg}=2n\left(x_0-\dfrac{n\mu mg}{k}\right)$

注意 右図は，$x_0=11$ cm，$\dfrac{\mu mg}{k}=2$ cm，

$\dfrac{\mu_0 mg}{k}=2.5$ cm の例である。

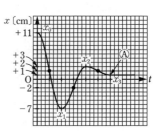

(d) 折り返し点は $(+11)\to(-7)\to(+3)\to(+1)$〔cm〕となる。

(e) 点Ⓐにあるように，振動のたびに，「座標原点 $(x=0)$ を超えて進む」，とは断定できないことがわかる。

Point 仕事 $W=Fs\cos\theta$ での角 θ は，$\vec{F}$ と $\vec{s}$ の間の角。したがって，動摩擦力では右に滑っても $\theta=180°$，左に滑っても $\theta=180°$ になる。

11 (1) $\dfrac{mg}{l-l_0}$ (2) $\sqrt{\dfrac{mu^2}{k}+h^2}$ (3) $ma=-kx$ (4) $2\pi\sqrt{\dfrac{m}{k}}$

(5) kX (6) $\dfrac{\mu_0 mg}{k}$ (7) V (8) $\dfrac{1}{2}mV^2+\dfrac{1}{2}kX_\mathrm{A}^2$ (9) μmg

(10) $\mu mg(X_\mathrm{B}-X_\mathrm{A})$ (11) $\dfrac{\mu mg}{k}+\sqrt{\left(\dfrac{\mu mg}{k}\right)^2+X_\mathrm{A}^2-\dfrac{2\mu mg}{k}X_\mathrm{A}+\dfrac{mV^2}{k}}$

(12) $ma=-kX+\mu mg$ (13) $-X_\mathrm{B}+\dfrac{2\mu mg}{k}$

解説 (1) フックの法則 $mg=k(l-l_0)$ により，$k=\dfrac{mg}{l-l_0}$ 〔N/m〕

(2) 振幅をAとすると力学的エネルギー保存の法則は次のようになる。

$$\dfrac{1}{2}mu^2+mg(A-h)+\dfrac{1}{2}k\left(\dfrac{mg}{k}+h\right)^2$$
$$=\dfrac{1}{2}m\times 0^2+mg\times 0+\dfrac{1}{2}k\left(\dfrac{mg}{k}+A\right)^2 \quad\cdots\cdots①$$

上の式より振幅Aは，$A=\sqrt{\dfrac{mu^2}{k}+h^2}$〔m〕

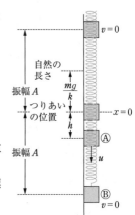

注意 式①は，右図の Ⓐ＝Ⓑ を表す。重力による位置エネルギー mgh は，座標軸の向きは関係しない。「基準点$(h=0)$より高い場合を $h>0$」と扱う。座標軸がどちらを向いていようと，「上は上，下は下」。また，式①は次のように簡略に表記することもできる。

$$\dfrac{1}{2}mu^2+\dfrac{1}{2}kh^2=\dfrac{1}{2}m\times 0^2+\dfrac{1}{2}kA^2$$

$\dfrac{1}{2}kh^2$，$\dfrac{1}{2}kA^2$ は「基準点$(x=0)$を変更したばねの位置エネルギー」というより，重力と弾性力の「合力の位置エネルギー」と呼ぶべきもの。

(3) つりあいの位置から下向きに変位xの位置におもりがあるとき，ばねの伸びは $x+\dfrac{mg}{k}$，運動方程式は，

$$ma=-k\left(x+\dfrac{mg}{k}\right)+mg \quad \text{すなわち，} ma=-kx \quad\cdots\cdots②$$

注意 上の式の $-kx$ は「基準点$(x=0)$を変更したばねの弾性力」というより，「重力と弾性力の合力」を意味し，表記上ばねの弾性力「のようにみえる」のである。

(4) 式②の運動方程式により，振動の周期 T は，$T=2\pi\sqrt{\dfrac{m}{k}}$〔s〕

(5) 力のつりあいを考えると，$F=kX$〔N〕
注意 静止摩擦力の大きさが kX と表せる。

(6) 静止摩擦力 kX（右向き）は，物体が右に引かれるにしたがい次第に大きくなる。し

22

かし $\mu_0 mg$ を超えることはない。これが「最大摩擦力」である。このときの座標 X_A は，$kX_\mathrm{A}=\mu_0 mg$ により，

$$X_\mathrm{A}=\frac{\mu_0 mg}{k}\ \mathrm{[m]}$$

(7) $X=X_\mathrm{A}$ まではおもりはベルトに載って等速度 $V\,\mathrm{[m/s]}$ で右向きに移動している。

(8) おもりの運動エネルギーとばねの弾性エネルギーの和を考え，

$$E=\frac{1}{2}mV^2+\frac{1}{2}kX_\mathrm{A}{}^2\ \mathrm{[J]}$$

(9) $X=X_\mathrm{A}$ を超えるとおもりはベルト上を滑り出すが，なおしばらくベルトを追いかけるように右向きに進む。このとき，動摩擦力（右向き）の大きさは，$\mu mg\,\mathrm{[N]}$

　注意 滑っている状態では，摩擦力はすべて動摩擦力。

(10) おもりが動摩擦力から受ける仕事を $W=Fs\cos\theta$ と表すとき，移動距離 s は $s=X_\mathrm{B}-X_\mathrm{A}$ となる。角 θ は，おもりの移動方向「右向き」，動摩擦力の向き「右向き」の2つの向きの間の角 $\theta=0°$ である。よって，

$$W=\mu mg(X_\mathrm{B}-X_\mathrm{A})\cos 0°=\mu mg(X_\mathrm{B}-X_\mathrm{A})\ \mathrm{[J]}$$

(11) 力学的エネルギー保存の法則の式

$$\left(\frac{1}{2}m\times 0^2+\frac{1}{2}kX_\mathrm{B}{}^2\right)-\left(\frac{1}{2}mV^2+\frac{1}{2}kX_\mathrm{A}{}^2\right)=\mu mg(X_\mathrm{B}-X_\mathrm{A})$$

を X_B についての2次方程式として解き，$X_\mathrm{B}>X_\mathrm{A}=\dfrac{\mu_0 mg}{k}>\dfrac{\mu mg}{k}$ から，$\dfrac{\mu mg}{k}$ より小さい解は除外すると，

$$X_\mathrm{B}=\frac{\mu mg}{k}+\sqrt{\left(\frac{\mu mg}{k}\right)^2+X_\mathrm{A}{}^2-\frac{2\mu mg}{k}X_\mathrm{A}+\frac{mV^2}{k}}\ \mathrm{[m]}$$

　注意 問題文にしたがって，次のように考えてもよい。

$$\left(\frac{1}{2}mV^2+\frac{1}{2}kX_\mathrm{A}{}^2\right)+\mu mg(X_\mathrm{B}-X_\mathrm{A})=\frac{1}{2}kX_\mathrm{B}{}^2$$

(12) おもりが左向きに X_B，X_C へ進むとき，動摩擦力の向きは「右向き」なので，運動方程式は，$ma=-kX+\mu mg$　……③

(13) 式③の運動方程式を $ma=-k\left(X-\dfrac{\mu mg}{k}\right)=-kX'$ と書き換えると，おもりが X_B，X_C へ進むとき，$X=\dfrac{\mu mg}{k}$ を中心とする左右対称な単振動となることがわかる。すなわち，

$$\frac{X_\mathrm{B}+X_\mathrm{C}}{2}=\frac{\mu mg}{k}\quad これにより\quad X_\mathrm{C}=-X_\mathrm{B}+\frac{2\mu mg}{k}\ \mathrm{[m]}$$

　研究 エネルギーの観点からは次のようになる。

$$\left(\frac{1}{2}m\times 0^2+\frac{1}{2}kX_\mathrm{C}{}^2\right)-\left(\frac{1}{2}m\times 0^2+\frac{1}{2}kX_\mathrm{B}{}^2\right)=\mu mg(X_\mathrm{B}-X_\mathrm{C})\cos 180°$$

上式右辺の距離 $X_\mathrm{B}-X_\mathrm{C}$ は，符号 $X_\mathrm{B}-X_\mathrm{C}>0$ となるような「引き算の順」とする。座標軸が右向きの場合，「距離」といえば，「右側の座標 X_B から左側の座標 X_C を引く」順，と考えると扱いやすい。

また，おもりの運動は右図のようになる。

① 静止摩擦力右向き，速さ V〔m/s〕の
等速運動

② 動摩擦力右向き，単振動の一部

③ 動摩擦力右向き，単振動の片道経路

④ 動摩擦力右向き，単振動の一部

⑤ $X=0$ までは静止摩擦力左向き，速さ V〔m/s〕の等速運動

Point 摩擦力は物体が「滑っているなら」動摩擦力，大きさは μN。滑りのない
場合の静止摩擦力は向きも大きさも「他の力の状況次第」。

Point $ma=-kx+mg$ を $ma=-kx'$ と表記することができ，$-kx'$ は弾性
力と重力の「合力」。

$\dfrac{1}{2}mv^2+mgh+\dfrac{1}{2}kx^2$ を $\dfrac{1}{2}mv^2+\dfrac{1}{2}k(x')^2$ と表記することができ，

$\dfrac{1}{2}k(x')^2$ は弾性力と重力の「合力の位置エネルギー」。

---

12 問1 (1) $2l+A+B$ (2) $-(L-l)-A\cos\left(\sqrt{\dfrac{k}{m}}t\right)$

(3) $L-l+B\cos\left(\sqrt{\dfrac{k}{m}}t\right)$ (4) $\dfrac{1}{2}k(A^2+B^2)$ **問2** (5) $\dfrac{\pi}{2}\sqrt{\dfrac{m}{k}}$

(6) $-B\sin\left(\sqrt{\dfrac{k}{m}}t'\right)$ (7) $A\sin\left(\sqrt{\dfrac{k}{m}}t'\right)$ (8) 解説参照

問3 (9) $\dfrac{A-B}{2}\sin\left(\sqrt{\dfrac{k}{m}}t'\right)$ (10) $\dfrac{1}{2}k(A+B)^2$

解説 問1 (1) 質点Aが最も右に変位し，質点Bが最も左に変位した瞬間にも2質点
が接触することがない距離 $2L$ とは，$2L>(l+A)+(l+B)=2l+A+B$

(2) 質点Aの運動は，角振動数 $\omega=\sqrt{\dfrac{k}{m}}$，振幅 A，振動の中心を座標 $-(L-l)$ とす
る単振動となる。位置 x_A を時刻 t の関数で表すと，

$$x_A=-(L-l)-A\cos\left(\sqrt{\dfrac{k}{m}}t\right)$$

(3) 同様に，質点Bの運動は，角振動数 $\omega=\sqrt{\dfrac{k}{m}}$，振幅 B，振動の中心を座標
$+(L-l)$ とする単振動となる。位置 x_B を時刻 t の関数で表すと，

$$x_B=+(L-l)+B\cos\left(\sqrt{\dfrac{k}{m}}t\right)$$

(4) 2質点の力学的エネルギーの和 E は，2質点が変位の大きさが最大の位置で静止
する瞬間の弾性エネルギーの和として，

$$E=\frac{1}{2}kA^2+\frac{1}{2}kB^2=\frac{1}{2}k(A^2+B^2)$$

問2 (5)　2本のばねがはじめて自然長の長さに戻る瞬間，質点A，Bが衝突する。衝突するまでの時間 T は振動周期の $\frac{1}{4}$ に相当し，

$$T=\frac{1}{4}\times 2\pi\sqrt{\frac{m}{k}}=\frac{\pi}{2}\sqrt{\frac{m}{k}}$$

(6), (7)　質量が等しい2質点が一直線上で完全弾性衝突するとき，衝突の前後で「速度の交換」が生じる。このため，質点Aの運動は振幅Bの，質点Bの運動は振幅Aの単振動となり，位置 x_A，x_B を時刻 t' の関数で表すと，

$$x_A=-B\sin\left(\sqrt{\frac{k}{m}}t'\right)$$

$$x_B=A\sin\left(\sqrt{\frac{k}{m}}t'\right)$$

(8)　右図。

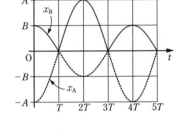

問3 (9)　衝突直前の質点A，Bの速度 v_A，v_B は，

$$\frac{1}{2}mv_A^2+\frac{1}{2}k\times 0^2=\frac{1}{2}m\times 0^2+\frac{1}{2}kA^2$$

$$\frac{1}{2}mv_B^2+\frac{1}{2}k\times 0^2=\frac{1}{2}m\times 0^2+\frac{1}{2}kB^2$$

よって，

$$v_A=A\omega=A\sqrt{\frac{k}{m}},\qquad v_B=-B\omega=-B\sqrt{\frac{k}{m}}\quad\cdots\cdots①$$

衝突直後の2質点の速度 V は，次の運動量保存の法則により求まる。

$$mv_A+mv_B=2mV\quad\cdots\cdots②$$

式①の v_A，v_B を用いると，$V=\dfrac{A-B}{2}\sqrt{\dfrac{k}{m}}$　（ただし，$A>B$）

単振動する2質点の振幅 d は，力学的エネルギー保存の法則

$$\frac{1}{2}(2m)V^2=\frac{1}{2}kd^2+\frac{1}{2}kd^2 \text{ により，} d>0 \text{ から，} d=V\sqrt{\frac{m}{k}}=\frac{A-B}{2}$$

質点A，Bは角振動数 $\sqrt{\dfrac{k}{m}}$，振幅 $d=\dfrac{A-B}{2}$ の単振動をする。質点A，Bの位置 x_A，x_B を時刻 t' の関数で表すと，衝突直後に $A-B>0$ のときは右に，$A-B<0$ のときは左に運動するので，

$$x_A=x_B=\frac{A-B}{2}\sin\left(\sqrt{\frac{k}{m}}t'\right)\quad\text{（ただし，}A>B\text{）}$$

(10)　衝突の際に失われる力学的エネルギー ΔE は，弾性エネルギーの最大値で比較し，

$$\Delta E=\left(\frac{1}{2}kA^2+\frac{1}{2}kB^2\right)-\left(\frac{1}{2}kd^2+\frac{1}{2}kd^2\right)=\frac{1}{4}k(A+B)^2$$

研究　式②にあるように，完全非弾性衝突によって2質点は同じ速度 V を持つことになるが，2質点は「接合する」，「合体する」とは限らない。たとえば，質量 m，

$2m$ の 2 質点が完全非弾性衝突すると，一瞬同一速度となるが，その後それぞれは異なる角振動数 $\sqrt{\dfrac{k}{m}}$，$\sqrt{\dfrac{k}{2m}}$ で振動を始める。この問題では衝突後，質点 A，B が同じ振幅，角振動数で，「足並みをそろえて振動する」と解釈することもできる。

Point 単振動する物体の変位 y の式は，初期位相が 0 の場合，次の 4 式で表される。

$$y=\pm A\sin\omega t,\qquad y=\pm A\cos\omega t$$

「$+\sin$，$-\sin$，$+\cos$，$-\cos$」の 4 関数のどれか，である。

---

13 問1 (1) mg　　問2 (2) mg　(3) $\dfrac{mg}{k}$　(4) mg　(5) $2mg$

問3 $\dfrac{1}{2}mv^2-mgx+\dfrac{1}{2}kx^2=0$，$x_{\max}=\dfrac{2mg}{k}$，$v_{\max}=g\sqrt{\dfrac{m}{k}}$　　問4 (6) 0

(7) mg　(8) $\dfrac{mg}{k}$　問5 $\dfrac{3mg}{k}$　問6 $g\sqrt{\dfrac{21m}{k}}$

解説 問1 (1) 板Aが水平面から受ける垂直抗力の大きさ

$N_{A0}=mg$〔N〕　（上向き）

問2 (2) ばねが板Bから受ける力の大きさ

$R_B=mg$〔N〕　（下向き）

(3) ばねの自然の長さからの縮み d〔m〕は，板Bに働く力のつりあいの式

$kd=mg$　により，$d=\dfrac{mg}{k}$〔m〕

(4) 板Aがばねから受ける力 R_A は kd〔N〕に等しい。この値は，

$R_A=kd=mg$〔N〕

注意 右図，$mg(1)$，$N_A(2)$ などと記した(1)，(2)は mg を大きさ(1)としたときの，各力の大きさである。

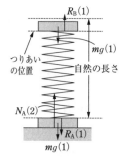

(5) 板Aが水平面から受ける垂直抗力 N_A は，板Aに働く力のつりあいの式

$N_A-R_A-mg=0$　により，$N_A=2mg$〔N〕　（上向き）

問3 板Bについて次の力学的エネルギー保存の法則の式が成り立つ。位置エネルギーの基準点をばねが自然の長さとなる板Bの位置とすると，

$$\frac{1}{2}mv^2+mg(-x)+\frac{1}{2}kx^2=\frac{1}{2}m\times 0^2+mg\times 0+\frac{1}{2}k\times 0^2$$

これにより，x と v の関係式は，

$$\frac{1}{2}mv^2-mgx+\frac{1}{2}kx^2=0\quad\cdots\cdots\text{①}$$

注意 式①は次のように表すこともできる。

$$\frac{\left(x-\dfrac{mg}{k}\right)^2}{\left(\dfrac{mg}{k}\right)^2}+\frac{v^2}{\left(g\sqrt{\dfrac{m}{k}}\right)^2}=1$$

これは，v–x グラフ上で楕円を表す（右図）。

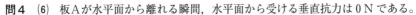

式①により，$v=0$ のとき，x は最大値，$x_{\max}=\dfrac{2mg}{k}$〔m〕

をとる。また，

$$\frac{1}{2}mv^2=-\frac{1}{2}k\left(x-\frac{mg}{k}\right)^2+\frac{m^2g^2}{2k}\quad\left(0\leqq x\leqq\frac{2mg}{k}\right)$$

より，$x=\dfrac{mg}{k}$ のとき，v は最大値，$v_{\max}=g\sqrt{\dfrac{m}{k}}$〔m/s〕をとる。

問4　(6)　板Aが水平面から離れる瞬間，水平面から受ける垂直抗力は 0 N である。

(7)　板Aに働く力のつりあいを考えると，ばねから受ける力 R_A' は，垂直抗力を 0 とし，

$R_A'+(-mg)=0$　すなわち，$R_A'=mg$〔N〕（上向き）

(8)　右図Ⓐの位置をいう。ばねは上端・下端を大きさ mg の力で引き伸ばされており，ばねの伸び d' は，

$mg=kd'$　により　$d'=\dfrac{mg}{k}$〔m〕

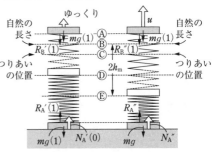

問5　ばねの伸びが x'〔m〕のとき，板Aが床から受ける垂直抗力 N_A' は，

$N_A'+kx'+(-mg)=0$

N_A' がはじめて 0 となる位置Ⓐでは，

ばねの伸び x' は，$x'=\dfrac{mg}{k}$

このとき，板Bの位置Ⓐは，自然の長さの位置Ⓑより $\dfrac{mg}{k}$ だけ高く，つりあいの位置Ⓒより $\dfrac{2mg}{k}$ だけ高い。単振動の対称性から，手を放す板Bの位置は，位置Ⓒより $\dfrac{2mg}{k}$ だけ低く，位置Ⓑより，$h_m=\dfrac{3mg}{k}$〔m〕だけ低い位置Ⓓである。

注意 板Bは手を添えてゆっくりと上昇しているか，勢いをもって上昇しているかという運動状態は板Aのつりあいには関係しない。ばねのその瞬間の「伸び」x' だけが必要である。

問6　板Aが水平面を離れる瞬間，板Bの位置はばねの自然の長さの位置より $\dfrac{mg}{k}$ だけ高い位置Ⓐである。求める板Bの速さ u〔m/s〕について次の力学的エネルギー保存の法則の式が成り立つ。

$$\frac{1}{2}mu^2 + mgd + \frac{1}{2}kd^2 = \frac{1}{2}m \times 0^2 + mg(-2h_m) + \frac{1}{2}k(2h_m)^2 \quad \cdots\cdots ②$$

(3)の d，**問5**の h_m を代入すると，$u = g\sqrt{\dfrac{21m}{k}}$〔m/s〕

注意 式②は次のように簡略に表記することができる。

$$\frac{1}{2}mu^2 + \frac{1}{2}k(2d)^2 = \frac{1}{2}m \times 0^2 + \frac{1}{2}k(2h_m - d)^2$$

$\dfrac{1}{2}k(2d)^2$，$\dfrac{1}{2}k(2h_m - d)^2$ は「弾性力と重力の合力の位置エネルギー」であり，変位の基準点は「つりあいの位置ⓒ」である。

Point ばねによる物体の鉛直運動では，次のどれも重要である。
座標軸は，鉛直方向・①上向きなのか，②下向きなのか。
kx の変位 x の原点は，③自然の長さの位置なのか，④つりあいの位置なのか。
$\dfrac{1}{2}kx^2$ は，⑤弾性エネルギーなのか，⑥弾性力と重力の合力の位置エネルギーなのか。

---

14 問1 (1) $l - v\sqrt{\dfrac{2m}{k}}$ (2) $\pi\sqrt{\dfrac{m}{2k}}$ (3) 解説参照

問2 (4)(5) 解説参照

解説 問1 (1) 壁に衝突した直後の速度は，右のおもりは左向き v，左のおもりは右向き v のまま，となる。このため，重心は静止し，両側のおもりが重心に向かって近づいていく。

右のおもりについて，ばね定数 $2k$ に相当するばね右半分による運動を考えると，ばねの縮みの最大値 d_{max} は，

$$\frac{1}{2}mv^2 + \frac{1}{2}(2k) \times 0^2 = \frac{1}{2}m \times 0^2 + \frac{1}{2}(2k)d_{max}^2 \quad \text{すなわち} \quad d_{max} = v\sqrt{\frac{m}{2k}}$$

これにより，最も縮んだとき，ばねの長さ L_{min} は，

$$L_{min} = l - 2d_{max} = l - v\sqrt{\frac{2m}{k}}$$

注意 ばね定数 k のばねに対して，長さ半分のばねのばね定数は $2k$，2 本接続した長さ 2 倍のばねのばね定数は $\dfrac{1}{2}k$ となる。

(2) 右のおもりの運動は，質量 m の物体のばね定数 $2k$ のばねによる単振動と考えられる。最初の衝突から，次に衝突するまでの時間 $\varDelta t$ は，単振動の周期の $\dfrac{1}{2}$，すなわち，

$$\varDelta t = \frac{1}{2} \times 2\pi\sqrt{\frac{m}{2k}} = \pi\sqrt{\frac{m}{2k}}$$

28

(3) 右図。次のような運動となる。

① 1回目の衝突前，2つのおもりは間隔 l を保って速さ v の等速運動をする。

② 2度の衝突の間の時間，重心は静止する。この重心を中心に2つのおもりの運動は左右対称である。

③ 2度の衝突の中央時刻を中心として，時間上，反転対称である。

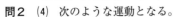

問2 (4) 次のような運動となる。

① 1回目の衝突前，2つのおもり，およびその重心は加速度 g の自由落下運動をする。グラフは上に凸の放物線。

② 1回目の衝突により，重心は一瞬静止し，その後再び加速度 g の自由落下運動を開始する。

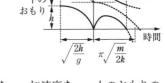

③ ばねに沿って x 軸を鉛直下向きが正となるようにとり，床を原点とする。下のおもりの座標を x，加速度を a，上のおもりの座標を x'，加速度を a' とすると，1回目の衝突の後の運動方程式は，

下のおもり：$ma = mg - k(x - x' - l)$

上のおもり：$ma' = mg + k(x - x' - l)$

よって，重心の加速度 a_G は，$a_\mathrm{G} = \dfrac{a + a'}{2} = g$

重心から見た下のおもりの加速度 A は，$A = a - a_\mathrm{G} = -\dfrac{k}{m}(x - x' - l)$

重心から見た下のおもりの座標 X は，$X = x - \dfrac{x + x'}{2} = \dfrac{x - x'}{2}$

よって，$A = -\dfrac{2k}{m}\left(X - \dfrac{l}{2}\right)$ となり，下のおもりは重心から $\dfrac{l}{2}$ だけ下の位置を中心に角振動数 $\sqrt{\dfrac{m}{2k}}$ で単振動する。上のおもりについても同様である。

重心から見る2つのおもりの鉛直方向の運動は，**問1**の2つのおもりの水平方向の運動と同一である。

④ 重心から見る床の運動は，加速度 g で上昇。このため，2度の衝突の時間間隔は**問1**の $\varDelta t = \pi\sqrt{\dfrac{m}{2k}}$ より短い。

これにより，上図のとおり。

(5) 2回目の衝突後，重心の高さが，はじめの重心の高さまで戻ることが「ある」。

2回目の衝突後，2つのおもりは重心を中心とした振動をする。この振動のエネルギーはいわば物体の「内部運動のエネルギー」を意味し，その分，重心のエネルギーは減少し，はじめの高さに戻ることができない。

ところが，右図の例のような，時間上，完全な反転対称の運動の場合，重心ははじめの高さに戻る。この場合，下のおもりが床に衝突する瞬間，図中Ⓐのように上のおもりはちょうど静止していなければならない。

注意 上のおもりが空中に静止する（上に向かって折り返す）瞬間，下のおもりが床をたたく。3回目の衝突後，重心に対する「振動」は残らない。

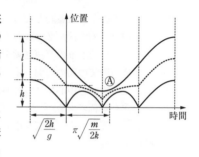

Point 「重心に対する相対運動」を考えると，1回目の衝突後のおもりの運動は2つの場合で同じである。しかし，重心の運動は両者で異なる。

---

15 (1) $\dfrac{m-eM}{m+M}$　(2) $\dfrac{(1+e)m}{m+M}$　(3) (e^2-1)　(4) $V\cos\theta$　(5) 0

(6) $-V\sin\theta$　(7) $(e^2-1)(V\cos\theta)^2$

解説 (1), (2) 2球の衝突の前後について運動量保存の法則，および，はね返り係数 e を与える式は，

$$mV+M\times0=mV_A+MV_B \quad \cdots\cdots①, \qquad e=-\dfrac{V_B-V_A}{0-V} \quad \cdots\cdots②$$

①，②の2式を V_A，V_B についての連立方程式として解くと，

$$V_A=\dfrac{m-eM}{m+M}\times V, \qquad V_B=\dfrac{(1+e)m}{m+M}\times V \quad \cdots\cdots③$$

(3) 力学的エネルギーの差 ΔW は，運動エネルギーの変化を考え，

$$\Delta W=\left(\dfrac{1}{2}mV_A{}^2+\dfrac{1}{2}MV_B{}^2\right)-\left(\dfrac{1}{2}mV^2+\dfrac{1}{2}M\times0^2\right)$$

$$=\dfrac{mM}{2(m+M)}\times(e^2-1)\times V^2 \quad \cdots\cdots④$$

ここで，式③の V_A，V_B を代入した。

(4) 球Aは速度成分 $V\cos\theta$ で衝突すると考え，X軸方向の運動量保存の法則の式は次のようになる。

$$m(V\cos\theta)+M\times0=mV_{AX}+MV_{BX} \quad \cdots\cdots⑤$$

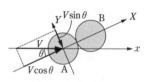

はね返り係数 e を与える式は，

$$e=-\dfrac{V_{BX}-V_{AX}}{0-(V\cos\theta)} \quad \cdots\cdots⑥$$

⑤，⑥の2式により，

$$V_{AX}=\dfrac{m-eM}{m+M}\times V\cos\theta \quad \cdots\cdots⑦$$

$$V_{BX}=\dfrac{(1+e)m}{m+M}\times V\cos\theta \quad \cdots\cdots⑧$$

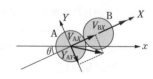

研究 水平面上の衝突では，座標軸の向きをどのように選んでも，各成分について運動量保存の法則が成り立つ。ところが，はね返り係数 e を与える式は，衝突面に垂直な速度成分（X軸方向成分）を用いて，$e=-\dfrac{V_{BX}-V_{AX}}{0-(V\cos\theta)}$ としなければならない。

(5) 衝突の瞬間，球Bが受ける力積はY軸方向成分を持たず，球BはY軸方向には動き出さないので，$V_{BY}=0$ ……⑨

(6) 衝突後の球Aの速度のX軸方向成分 V_{AX} は，式⑦により，

$$V_{AX}=\frac{m-eM}{m+M}\times V\cos\theta \quad\cdots\cdots⑩$$

一方，Y軸方向成分は衝突の前後で変化せず，$V_{AY}=-V\sin\theta$ ……⑪

(7) 衝突の前後について，力学的エネルギーの変化 ΔW は，

$$\Delta W=\left\{\frac{1}{2}m(V_{AX}{}^2+V_{AY}{}^2)+\frac{1}{2}M(V_{BX}{}^2+V_{BY}{}^2)\right\}-\left(\frac{1}{2}mV^2+\frac{1}{2}M\times0^2\right)$$

$$=\frac{mM}{2(m+M)}\times(e^2-1)(V\cos\theta)^2 \quad\cdots\cdots⑫$$

ここで，式⑧，⑨，⑩，⑪の各値を代入した。

研究 この2球の斜衝突は，X軸方向については入射速度 $V\cos\theta$ の一直線上の衝突と同じく，Y軸方向には何も起こらないことから，式⑫の結果は式④において，V を $V\cos\theta$ に置き換えたものに等しい。

また，2球の質量が $m=M$，しかも完全弾性衝突 $e=1$ の場合，式③の2式により，

$$V_A=0, \qquad V_B=V$$

と，いわば「速度が交換された」ような結果となる。

一方，斜衝突の場合，式⑦，⑧の2式によれば，

$$V_{AX}=0, \qquad V_{BX}=V\cos\theta$$

Point 斜衝突の場合，衝突位置の球面に対する接線方向とそれと直交する方向に分けて，運動量保存の法則の式を立てる。はね返り係数の式は，接線方向に直交する方向について式を立てる。球面がなめらかな場合，接線方向の速度は変化しない。

16 問1 $\vec{v_C}=\dfrac{m_1}{m_1+m_2}\vec{v},\ \vec{V_1}=\dfrac{m_2}{m_1+m_2}\vec{v},\ \vec{V_2}=-\dfrac{m_1}{m_1+m_2}\vec{v}$

問2 解説参照　　問3 解説参照

問4 $E'=\dfrac{2A}{(1+A)^2}(1-\cos\varphi)E,\ E_{max}{}'=\dfrac{4A}{(1+A)^2}E$

解説 問1 実験室系において物体1，物体2の位置が微小時間 Δt にそれぞれ

$$\vec{r_1}\to\vec{r_1}+\Delta\vec{r_1}, \qquad \vec{r_2}\to\vec{r_2}+\Delta\vec{r_2}$$

と変化したとする。このとき，2物体の重心の位置の変化 $\Delta\vec{r_C}$ は，

$$\vec{\Delta r_\text{C}} = \frac{m_1(\vec{r_1} + \vec{\Delta r_1}) + m_2(\vec{r_2} + \vec{\Delta r_2})}{m_1 + m_2} - \frac{m_1\vec{r_1} + m_2\vec{r_2}}{m_1 + m_2} = \frac{m_1\vec{\Delta r_1} + m_2\vec{\Delta r_2}}{m_1 + m_2}$$

両辺を Δt で割り，$\dfrac{\vec{\Delta r_\text{C}}}{\Delta t} = \vec{v_\text{C}}$，$\dfrac{\vec{\Delta r_1}}{\Delta t} = \vec{v}$，$\dfrac{\vec{\Delta r_2}}{\Delta t} = \vec{0}$ を用いると，

$$\vec{v_\text{C}} = \frac{m_1\vec{v} + m_2 \times \vec{0}}{m_1 + m_2} = \frac{m_1}{m_1 + m_2}\vec{v} \quad \cdots\cdots①$$

重心系における各物体の速度 $\vec{V_1}$，$\vec{V_2}$ とは，「重心に対する相対速度」をいい，

$$\vec{V_1} = \vec{v} - \vec{v_\text{C}} = \frac{m_2}{m_1 + m_2}\vec{v}, \quad \vec{V_2} = \vec{0} - \vec{v_\text{C}} = -\frac{m_1}{m_1 + m_2}\vec{v} \quad \cdots\cdots②$$

問2　重心系における衝突後の速さを V_1'，V_2' とすると
運動量保存の法則から，$m_1 V_1 + m_2(-V_2) = 0 \quad \cdots\cdots③$
より，

$$m_1 V_1' + m_2(-V_2') = 0 \quad \cdots\cdots④$$

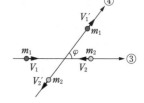

③，④の 2 式を満たす解を $V_1' = kV_1$，$V_2' = kV_2$（k は正
の定数）と表せる。ところが，力学的エネルギー保存の
法則の式

$$\frac{1}{2}m_1 V_1^2 + \frac{1}{2}m_2 V_2^2 = \frac{1}{2}m_1(V_1')^2 + \frac{1}{2}m_2(V_2')^2$$

を考えると，V_1'，V_2' の解は $k=1$ 以外にはあり得ないことがわかる。

注意 完全弾性衝突では，衝突の際に 2 物体間でエネルギー（運動エネルギー）
の受け渡しも，運動量の大きさの変化もないことがわかる。あくまでも「重心系
では」の話であるが。

問3　物体 2 の，衝突後の実験室系での速度 $\vec{v_2'}$ と「重
心に対する相対速度」$\vec{V_2'}$ の関係 $\vec{V_2'} = \vec{v_2'} - \vec{v_\text{C}}$ は右
図のようになる。ここで，$\tan\theta$ を図形的に求めると，

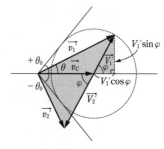

$$\tan\theta = \frac{V_1'\sin\varphi}{v_\text{C} + V_1'\cos\varphi} \quad \cdots\cdots⑤$$

式①，②を速さに書き換え，

$$v_\text{C} = \frac{m_1}{m_1 + m_2}v, \quad V_1' = V_1 = \frac{m_2}{m_1 + m_2}v$$

を式⑤に代入すると，

$$\tan\theta = \frac{m_2\sin\varphi}{m_1 + m_2\cos\varphi} = \frac{\dfrac{m_2}{m_1}\sin\varphi}{1 + \dfrac{m_2}{m_1}\cos\varphi} = \frac{A\sin\varphi}{1 + A\cos\varphi} \quad \left(\text{ただし，} A = \frac{m_2}{m_1}\right)$$

問4　実験室系での速さを v，v_2' などで表すと，$E = \dfrac{1}{2}m_1 v^2$，$E' = \dfrac{1}{2}m_2(v_2')^2$

余弦定理 $(v_2')^2 = (V_2')^2 + v_\text{C}^2 - 2V_2'v_\text{C}\cos\varphi$ を用い，さらに式①，②により V_2'，v_C を
v を用いて表すと，

$$E' = \frac{1}{2}m_2\{(V_2')^2 + v_c^2 - 2V_2'v_c\cos\varphi\} = \frac{m_1{}^2 m_2}{(m_1+m_2)^2}v^2(1-\cos\varphi)$$

$$= \frac{2A}{(1+A)^2}(1-\cos\varphi)E$$

E' の最大値 $E'_{\max}$ は，$\varphi = \pi\,[\mathrm{rad}]\;(\cos\varphi = -1)$ のとき，$E'_{\max} = \dfrac{4A}{(1+A)^2}E$

研究 重心系での角度 φ は，半径 V_1' の円上，$-\pi \leq \varphi \leq +\pi$ のどの向きも向くことができる。ところが，$m_1 > m_2$ の場合，実験室系での角度 θ は上図の $-\theta_0 \leq \theta \leq +\theta_0$ という範囲に限定される。

Point 重心系ではエネルギーの受け渡しはできないのに，実験室系では可能となる。また，重心系では，衝突後どの向きに向かうにしても $\overrightarrow{V_1'}$ も $\overrightarrow{v_c}$ も大きさが変わることがない。しかし，実験室系の速度 $\overrightarrow{V_1'} + \overrightarrow{v_c}$ は様々な大きさを持つ。

---

[17] 問1 $t_1 = \dfrac{2V_0\sin\beta}{g\cos\alpha}$，$X_1 = \dfrac{2V_0{}^2\sin\beta\cos(\alpha+\beta)}{g\cos^2\alpha}$

問2 $u_1 = \dfrac{V_0(\cos\alpha\cos\beta - 2\sin\alpha\sin\beta)}{\cos\alpha}$，$v_1 = V_0\sin\beta$

問3 $t_2 = \dfrac{2V_0\sin\beta}{g\cos\alpha}$，$X_2 = \dfrac{4V_0{}^2\sin\beta(\cos\alpha\cos\beta - 2\sin\alpha\sin\beta)}{g\cos^2\alpha}$

問4 $\tan\alpha\tan\beta = \dfrac{1}{2}$，$u_1 = 0$

解説 重力加速度ベクトルは鉛直方向・下向き，大きさ g である。x 軸，y 軸方向成分は，

$$a_x = -g\sin\alpha,\quad a_y = -g\cos\alpha$$

初速度の x 軸，y 軸方向成分は，

$$u_0 = V_0\cos\beta,\quad v_0 = V_0\sin\beta \quad\cdots\cdots①$$

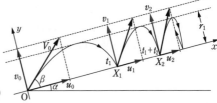

問1 y 軸方向の運動は加速度 a_y の等加速度運動である。最初に斜面上に落下する瞬間，

$$0 = v_0 t_1 + \frac{1}{2}a_y t_1{}^2 \quad\cdots\cdots②$$

これにより，時間 t_1 は，$t_1 \neq 0$ より，

$$t_1 = -\frac{2v_0}{a_y} = \frac{2V_0\sin\beta}{g\cos\alpha} \quad\cdots\cdots③$$

注意 「斜面上に落下」とは，変位の y 軸方向成分が $y=0$ となることをいう。

落下地点の x 座標 X_1 は，等加速度運動の変位 x の式に，式③の t_1 を代入し，

$$X_1 = u_0 t_1 + \frac{1}{2}a_x t_1{}^2 = \frac{2V_0{}^2\sin\beta\cos(\alpha+\beta)}{g\cos^2\alpha}$$

問2　最初の落下地点に衝突する直前の速度のx軸方向成分u_0'，y軸方向成分v_0'は，

$$u_0' = u_0 + a_x t_1 = \frac{V_0(\cos\alpha\cos\beta - 2\sin\alpha\sin\beta)}{\cos\alpha}, \qquad v_0' = v_0 + a_y t_1 = -V_0\sin\beta$$

斜面で物体は完全弾性衝突をするので，衝突の直前・直後で速度のx軸方向成分は変化しない。衝突直後の速度成分u_1は，

$$u_1 = u_0' = \frac{V_0(\cos\alpha\cos\beta - 2\sin\alpha\sin\beta)}{\cos\alpha} \quad \cdots\cdots ④$$

y軸方向成分については，斜面との完全弾性衝突をはね返り係数$e=1$で考え，

$$e = 1 = -\frac{v_1}{v_0'} \quad \text{これにより，} \quad v_1 = -v_0' = V_0\sin\beta \quad \cdots\cdots ⑤$$

注意　式⑤の値は式①のv_0と同一である。

問3　はね返ってから次に斜面上に落下するまでの時間をt_2とすると，式②と同様，

$$0 = v_1 t_2 + \frac{1}{2}a_y t_2^2 \quad \text{これにより，} \quad t_2 = t_1 = \frac{2V_0\sin\beta}{g\cos\alpha} \quad \cdots\cdots ⑥$$

落下地点のx座標X_2は，x軸方向には連続した等加速度運動で考えることができ，

$$X_2 = u_0(2t_1) + \frac{1}{2}a_x(2t_1)^2 = \frac{4V_0^2\sin\beta(\cos\alpha\cos\beta - 2\sin\alpha\sin\beta)}{g\cos^2\alpha} \quad \cdots\cdots ⑦$$

注意　式⑥によれば，第n回目の衝突の「時刻t_n'」は，式③のt_1により，$t_n' = nt_1$となり，衝突時刻は等間隔となる。衝突点のx座標X_nは，

$$X_n = u_0(nt_1) + \frac{1}{2}a_x(nt_1)^2 \quad \text{ただし，衝突点が「等間隔の位置」ということではない。}$$

問4　第2回目の落下で，ちょうど原点Oに戻る場合，式⑦において，

$$X_2 = 0 \quad \text{すなわち，} \quad \tan\alpha\tan\beta = \frac{1}{2} \quad \cdots\cdots ⑧$$

第2回目の落下で原点Oに戻る軌道とは，衝突点X_1で斜面に「垂直に」衝突し，「垂直に」はね返って同一の放物線をたどって戻る軌道をいう。第1回目の衝突直前・直後，速度のx成分は，$u_0' = 0$，$u_1 = 0$でなければならない。

注意　式④において，式⑧を用いると，$u_1 = 0$が得られる。

一例として，$\tan\alpha = \dfrac{1}{2}$，$\tan\beta = 1$

（$\alpha \fallingdotseq 27°$，$\beta = 45°$）の場合を右図に示した。

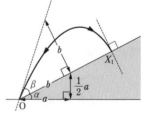

研究　斜面からの最大距離r_1はy軸方向の等加速度運動の式

$$0^2 - v_0^2 = 2a_y r_1 \quad \text{により，} \quad r_1 = -\frac{v_0^2}{2a_y} = \frac{V_0^2\sin^2\beta}{2g\cos\alpha}$$

衝突を繰り返しても，衝突直後，速度のy軸方向成分は必ず式⑤の値$V_0\sin\beta$であるため，第n回目（$n \geqq 1$），第$n+1$回目の衝突後，……，の斜面からの最大距離r_n，r_{n+1}，……，はすべてr_1と同一の値となる。物体ははじめの図のように斜面から距離r_1の「帯状の領域内」を運動することになる。

Point 放物運動する物体の，運動の式は，$\vec{s} = \vec{v_0}t + \dfrac{1}{2}\vec{g}t^2$ が元来の式であり，

これを鉛直方向成分で表すと，$y = v_{0y}t + \dfrac{1}{2}(-g)t^2$

角 θ 傾いた垂直方向成分では，$y = (v_0\sin\theta)t + \dfrac{1}{2}(-g\cos\theta)t^2$

このように，ベクトル式を，成分を並べた式に書き換えて使用している。

---

18 問1 $v_{1x} = v_0\cos\alpha$, $v_{1y} = ev_0\sin\alpha$, $v_{2x} = v_0\cos\alpha$, $v_{2y} = e^2v_0\sin\alpha$

問2 $v_{nx} = v_0\cos\alpha$, $v_{ny} = e^nv_0\sin\alpha$　　問3 $\dfrac{2e^{n-1}v_0\sin\alpha}{g}$

問4 $\dfrac{2v_0{}^2\sin\alpha\cos\alpha}{g} \cdot \dfrac{1-e^n}{1-e}$　　問5 $\dfrac{2v_0{}^2\sin\alpha\cos\alpha}{g} \cdot \dfrac{1}{1-e}$

問6 $\dfrac{1}{2}m\{(v_{(n-1)y})^2 - (v_{ny})^2\}$　　問7 $\dfrac{1}{2}m(v_0\sin\alpha)^2$

解説 問1　なめらかな水平面との衝突では，小物体の水平方向の速度成分は変化しないので，

$$v_{1x} = v_0\cos\alpha, \qquad v_{2x} = v_0\cos\alpha \quad \cdots\cdots①$$

最初の衝突直前・直後の速度の y 軸方向成分について，はね返り係数 e により，

$$e = -\frac{v_{1y}}{-v_0\sin\alpha} \quad これにより，v_{1y} = ev_0\sin\alpha$$

同様に，2回目の衝突直後の速度の y 軸方向成分は，

$$e = -\frac{v_{2y}}{-v_{1y}} \quad \cdots\cdots② \quad により，v_{2y} = ev_{1y} = e^2v_0\sin\alpha$$

問2　x 軸方向成分については，式①と同様に，$v_{nx} = v_0\cos\alpha$

y 軸方向成分については，式②と同様のはね返り係数の式

$$e = -\frac{v_{1y}}{-v_0\sin\alpha}, \quad e = -\frac{v_{2y}}{-v_{1y}}, \quad e = -\frac{v_{3y}}{-v_{2y}}, \quad \cdots\cdots, \quad e = -\frac{v_{ny}}{-v_{(n-1)y}}$$

の各式の積を求め，$e^n = \dfrac{v_{1y}}{v_0\sin\alpha} \cdot \dfrac{v_{2y}}{v_{1y}} \cdot \dfrac{v_{3y}}{v_{2y}} \cdots\cdots \dfrac{v_{ny}}{v_{(n-1)y}} = \dfrac{v_{ny}}{v_0\sin\alpha}$

これにより，$v_{ny} = e^nv_0\sin\alpha$　$\cdots\cdots③$

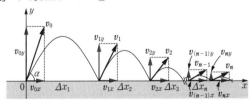

問3　第 $n-1$ 回目の衝突から第 n 回目までの時間 Δt_n は，等加速度運動の速度の式

$$-v_{(n-1)y} = v_{(n-1)y} + (-g)\Delta t_n \quad により，\Delta t_n = \frac{2v_{(n-1)y}}{g} = \frac{2e^{n-1}v_0\sin\alpha}{g}$$

問4 小物体の x 座標が x_n になるまでの時間 t_n は,

$$t_n = \Delta t_1 + \Delta t_2 + \cdots\cdots + \Delta t_n = \sum_{k=1}^{n} \Delta t_k = \frac{2v_0 \sin\alpha}{g} \sum_{k=1}^{n} e^{k-1} = \frac{2v_0 \sin\alpha}{g} \cdot \frac{1-e^n}{1-e}$$

$$\cdots\cdots ④$$

衝突を繰り返しても水平方向には $v_0\cos\alpha$ の等速度運動を続けることから,

$$x_n = v_0\cos\alpha \times t_n = \frac{2v_0{}^2\sin\alpha\cos\alpha}{g} \cdot \frac{1-e^n}{1-e}$$

注意 以後, $2\sin\alpha\cos\alpha = \sin 2\alpha$ を用いて表記することもできる。

問5 式④の所要時間 t_n において, $n \to \infty$ としたとき, 極限値は,

$$\lim_{n\to\infty} t_n = \frac{2v_0 \sin\alpha}{g} \cdot \frac{1}{1-e}$$

以後小物体はバウンドせず, 水平面を速さ $v_0\cos\alpha$ で滑っていく。滑り出す位置 x_f は,

$$x_\mathrm{f} = v_0\cos\alpha \times \frac{2v_0\sin\alpha}{g} \cdot \frac{1}{1-e} = \frac{2v_0{}^2\sin\alpha\cos\alpha}{g} \cdot \frac{1}{1-e}$$

問6 第 n 回目の衝突直前・直後の速度成分 $v_{(n-1)x}$, $-v_{(n-1)y}$, および v_{nx}, v_{ny} により, この衝突で失うエネルギー q_n は, 運動エネルギーの減少を考え,

$$q_n = \left[\frac{1}{2}m\{(v_{(n-1)x})^2 + (-v_{(n-1)y})^2\}\right] - \left[\frac{1}{2}m\{(v_{nx})^2 + (v_{ny})^2\}\right]$$

$$= \frac{1}{2}m\{(v_{(n-1)y})^2 - (v_{ny})^2\} \quad \cdots\cdots ⑤$$

問7 繰り返される衝突により, 速度の y 軸方向成分の大きさが減少していく。一方, 水平方向成分は変わらないことから, 多数回の衝突によって失われるエネルギー Q_f は,

$$Q_\mathrm{f} = \frac{1}{2}m(v_0\sin\alpha)^2$$

研究 式⑤に式③から得られる $v_{(n-1)y}$, v_{ny} を代入すると,

$$q_n = \frac{1}{2}mv_0{}^2\sin^2\alpha(e^{2(n-1)} - e^{2n})$$

$$Q_n = \sum_{k=1}^{n} q_k = \frac{1}{2}mv_0{}^2\sin^2\alpha\{(1-e^2) + (e^2-e^4) + \cdots\cdots + (e^{2(n-1)} - e^{2n})\}$$

$$= \frac{1}{2}mv_0{}^2\sin^2\alpha(1-e^{2n})$$

これにより, $Q_\mathrm{f} = \lim_{n\to\infty} Q_n = \lim_{n\to\infty}\left\{\frac{1}{2}mv_0{}^2\sin^2\alpha(1-e^{2n})\right\} = \frac{1}{2}m(v_0\sin\alpha)^2$

Point 物体とのはね返り係数が e の床・壁に物体が衝突すると, 床・壁に垂直な方向の速度の大きさは e 倍となる。床・壁に水平な方向の速度は, 床・壁がなめらかな場合, 変化しない。床・壁がなめらかでない場合, 摩擦力の作用を受けて減速していく。

第2章 熱

> **19** 問1 (1) $nR(T_1-T_0)$ (2) $nC_p(T_1-T_0)$ (3) $n(C_p-R)(T_1-T_0)$
>
> (4) $\dfrac{C_p}{C_p-R}$ 問2 (5) $\dfrac{mp_0}{RT_2}$ (6) $\dfrac{T_2}{T_0}n$ (7) $T_2=\dfrac{mn+M}{m_0n}T_0$
>
> 問3 (8) $\dfrac{nRT_3}{p_0}\left(\dfrac{p_0}{p_3}\right)^{\frac{1}{\gamma}}$ (9) $\left(\dfrac{p_0}{p_3}\right)^{\frac{1}{\gamma}-1}T_3$ (10) (ア)
>
> (11) $-n(C_p-R)\left\{\left(\dfrac{p_0}{p_3}\right)^{\frac{1}{\gamma}-1}-1\right\}T_3$ 問4 解説参照 問5 (12) (ウ)
>
> 問6 解説参照

解説 問1 (1) 外気圧 p_0 に等しい圧力における定圧変化である。体積変化を $V_0 \to V_1$，温度変化を $T_0 \to T_1$ とすると，次の状態方程式が成立する。

$$p_0V_0=nRT_0, \qquad p_0V_1=nRT_1$$

内部の気体がした仕事 W_1 は，$W_1=p_0(V_1-V_0)=nR(T_1-T_0)$ ……①

(2) 定圧モル比熱 C_p を用いると，気体に与えられた熱量 Q は，

$$Q=nC_p(T_1-T_0) \quad ……②$$

(3) 熱力学の第1法則により，内部エネルギーの変化 ΔU は，①，②の2式を用いて，

$$\Delta U=Q-W_1=nC_p(T_1-T_0)-nR(T_1-T_0)=n(C_p-R)(T_1-T_0) \quad ……③$$

(4) 式③の中の (C_p-R) は定積モル比熱 C_V を表す。比熱比 γ は，$\gamma=\dfrac{C_p}{C_V}=\dfrac{C_p}{C_p-R}$

問2 (5) 風船内の質量 w の気体に対し，風船の体積を V_2 とすると，状態方程式は，

$$p_0V_2=nRT_2=\frac{w}{m}RT_2 \quad ……④ \quad これにより，密度 \rho_2 は，\rho_2=\frac{w}{V_2}=\frac{mp_0}{RT_2}$$
$$……⑤$$

(6) 体積 V_2，物質量 n' の外側の空気を考えると，状態方程式は，

$$p_0V_2=n'RT_0 \quad 式④と \frac{w}{m}=n より，n'=\frac{T_2}{T_0}n$$

(7) 浮き上がるときの風船内の温度 T_2 と体積 V_2 は次のシャルルの法則を満たす。

$$\frac{V_2}{T_2}=\frac{V_0}{T_0} \quad ……⑥$$

床での空気の密度 ρ は，式⑥を用いて，$\rho=\dfrac{n'm_0}{V_2}=\dfrac{nm_0}{V_0}=\dfrac{m_0p_0}{RT_0} \quad ……⑦$

浮力によるつりあいの式は，重力加速度の大きさ g を用いると，$\rho V_2g=\rho_2V_2g+Mg$

上の式に式④の V_2 を代入し，⑤，⑦の各式を用いると，$T_2=\dfrac{mn+M}{m_0n}T_0$

問3 (8) 風船の体積変化を $V_3 \to V_4$ とすると，断熱変化の式

$$p_3V_4{}^{\gamma}=p_0V_3{}^{\gamma} \quad （ただし，p_0V_3=nRT_3）$$

により，$V_4=\left(\dfrac{p_0}{p_3}\right)^{\frac{1}{\gamma}}V_3=\dfrac{nRT_3}{p_0}\left(\dfrac{p_0}{p_3}\right)^{\frac{1}{\gamma}}$

(9) ボイル・シャルルの法則，$\dfrac{p_3 V_4}{T_4} = \dfrac{p_0 V_3}{T_3}$ を用いると，$T_4 = \dfrac{p_3 V_4}{p_0 V_3} T_3 = \left(\dfrac{p_0}{p_3}\right)^{\frac{1}{\gamma}-1} T_3$

(10) $p_0 > p_3$，すなわち，風船は断熱的に膨張し，温度が下がる。よって，$T_3 > T_4$ （⇒(ア)）

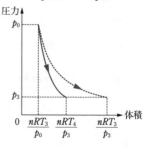

(11) この断熱変化に熱力学の第1法則を適用すると，

$$0 = n(C_p - R)(T_4 - T_3) + W_{\mathrm{II}} \quad \text{これにより，}$$

$$W_{\mathrm{II}} = -n(C_p - R)\left\{\left(\dfrac{p_0}{p_3}\right)^{\frac{1}{\gamma}-1} - 1\right\} T_3$$

注意 $C_p - R = \dfrac{C_p}{\gamma}$ とも表せる。

問4 右上図。

問5 (12) 気体がする仕事は右上図の曲線より下の部分の面積で表される。**問6**の結果を先取りすると，断熱変化と等温変化の温度変化の違いにより，

$$W_{\mathrm{II}} < W_{\mathrm{III}} \quad （⇒(ウ)）$$

問6 右上図。

研究 以上の状態変化は右図のようになる。赤文字は，問題文中にある状態量。

また，状態方程式

$pV = \dfrac{w}{m} RT$ および，

密度 $\rho = \dfrac{w}{V}$ の2式により V を消去すると，同種の気体では，

$$\dfrac{p}{\rho T} = \dfrac{R}{m} = 一定$$

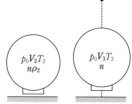

さらに，気体が同種でなくても，$\dfrac{mp}{\rho T} = R = 一定$

が成り立ち，上図の(A)，(B)では，外部は空気，内部は理想気体と気体の種類は異なっていても，

$$\dfrac{m_0 p_0}{\rho T_0} = \dfrac{m p_0}{\rho_0 T_0}$$

という関係が成り立つ。

Point 風船（気球）が浮かぶとき，
        （浮力）=（重力）
となる。重力には気体に働く重力だけでなく，ヒーターなどに働く重力も含まれることに注意する。

20 問1　(1) $\dfrac{p_0V_0}{nR}$　　(2) $\dfrac{9}{2}p_0V_0$　　(3) $\dfrac{3}{2}p_0V_0$　　(4) $6p_0V_0$　　(5) 0

(6) $-5p_0V_0$　　問2　(7) $-\dfrac{p_0}{V_0}V_1+4p_0$　　(8) $p_1-\dfrac{p_0}{V_0}\varDelta V$　　(9) $\left(6-3\dfrac{V_1}{V_0}\right)$

(10) $\left(4-\dfrac{V_1}{V_0}\right)$　　(11) $\left(10-4\dfrac{V_1}{V_0}\right)$　　(12) $\dfrac{5}{2}V_0$　　(13) $\dfrac{1}{2}p_0V_0$　　(14) $\dfrac{2}{13}$

問3　(15) $-\dfrac{T_0}{V_0{}^2}(V^2-4V_0V)$　　(16) $\dfrac{T_0}{V_0}V$

解説 問1　(1)　状態Aの温度 T_A〔K〕は，気体の状態方程式により，$T_A=\dfrac{p_0V_0}{nR}$〔K〕

(2)　状態Bの温度 $T_B=\dfrac{2p_0\times2V_0}{nR}$ を用いると，内部エネルギーの変化 $\varDelta U_{AB}$〔J〕は，

$$\varDelta U_{AB}=\dfrac{3}{2}nR(T_B-T_A)=\dfrac{9}{2}p_0V_0\text{〔J〕}$$

(3)　気体がピストンにした仕事 W_{AB}〔J〕は，V-p 平面上の台形の面積で表されるので，

$$W_{AB}=\dfrac{(p_0+2p_0)(2V_0-V_0)}{2}=\dfrac{3}{2}p_0V_0\text{〔J〕}$$

(4)　熱力学の第1法則により，この間に気体が得る熱量 Q_{AB}〔J〕は，

$$Q_{AB}=\varDelta U_{AB}+W_{AB}=\dfrac{9}{2}p_0V_0+\dfrac{3}{2}p_0V_0=6p_0V_0\text{〔J〕}$$

(5)　同様に，状態変化B→Cについては，状態Bの温度 $T_B=\dfrac{4p_0V_0}{nR}=4T_A$〔K〕より，

$$Q_{BC}=\varDelta U_{BC}+W_{BC}=-\dfrac{3}{2}p_0V_0+\dfrac{3}{2}p_0V_0=0\text{〔J〕}$$

(6)　同様に，状態変化C→Aについては，状態Cの温度 $T_C=\dfrac{3p_0V_0}{nR}=3T_A$〔K〕より，

$$Q_{CA}=\varDelta U_{CA}+W_{CA}=-3p_0V_0+(-2p_0V_0)=-5p_0V_0\text{〔J〕}$$

問2　(7)　状態変化B→Cにおける，V-p 平面上の直線は次のように表せる。

$$p=-\dfrac{p_0}{V_0}V+4p_0\quad\cdots\cdots①$$

これにより，体積 V_1 における圧力 p_1〔Pa〕は，

$$p_1=-\dfrac{p_0}{V_0}V_1+4p_0\text{〔Pa〕}\quad\cdots\cdots②$$

(8)　式②と同様に，状態Eの圧力 p_E〔Pa〕は，

$$p_E=-\dfrac{p_0}{V_0}(V_1+\varDelta V)+4p_0=p_1-\dfrac{p_0}{V_0}\varDelta V\text{〔Pa〕}$$

(9)　状態D，Eでの状態方程式は，温度を T_D〔K〕，T_E〔K〕として，

$$p_1V_1=nRT_D,\quad\left(p_1-\dfrac{p_0}{V_0}\varDelta V\right)(V_1+\varDelta V)=nRT_E$$

内部エネルギーの変化 $\varDelta U_{DE}$〔J〕は，温度 T_D，T_E を用い，$(\varDelta V)^2$ の項を無視すると，

$$\Delta U_{DE} = \frac{3}{2}nR(T_E - T_D) \fallingdotseq \frac{3}{2}\left(p_1 - \frac{p_0 V_1}{V_0}\right)\Delta V = p_0 \Delta V \times \left(6 - 3\frac{V_1}{V_0}\right) \ (J) \quad \cdots\cdots ③$$

ここで，式②の p_1 を代入した。

注意 式③によれば，状態変化 B→C（$V_1 > 2V_0$）ではどの微小変化 $V_1 \to V_1 + \Delta V$ に対しても $\Delta U_{DE} < 0$ であり，温度は単調に下がっていく。

(10) この過程で気体がピストンにした仕事 W_{DE} 〔J〕は，V-p 平面上の台形の面積を近似的に長方形の面積として扱い，式②の p_1 を代入すると，

$$W_{DE} \fallingdotseq p_1 \Delta V = p_0 \Delta V \times \left(4 - \frac{V_1}{V_0}\right) \ (J)$$

注意 この近似的扱いでは，微小三角形の面積 $\frac{1}{2} \cdot \frac{p_0}{V_0}(\Delta V)^2$ が省略されている。

(11) 状態変化 D→E で気体が得る熱量 Q_{DE} 〔J〕は，

$$Q_{DE} = \Delta U_{DE} + W_{DE} = p_0 \Delta V \times \left(10 - 4\frac{V_1}{V_0}\right) \ (J)$$

(12) $Q_{DE} = 0$ となる体積 V_1^* は，$V_1^* = \frac{5}{2}V_0$ 〔m³〕

(13) 式①により体積 V_1^* での圧力は $\frac{3}{2}p_0$，温度 T_1^* 〔K〕はボイル・シャルルの法則

$$\frac{\frac{3}{2}p_0 \times \frac{5}{2}V_0}{T_1^*} = \frac{p_0 V_0}{T_A} \quad \text{により，} \quad T_1^* = \frac{15}{4}T_A$$

体積変化 $2V_0 \to V_1^*$ の過程で，内部エネルギーの変化 ΔU^*〔J〕は，

$$\Delta U^* = \frac{3}{2}nR(T_1^* - 4T_A) = -\frac{3}{8}p_0 V_0$$

一方，気体がした仕事 W^*〔J〕は，V-p 平面上の台形の面積により，

$$W^* = \frac{\left(2p_0 + \frac{3}{2}p_0\right)\left(\frac{5}{2}V_0 - 2V_0\right)}{2} = \frac{7}{8}p_0 V_0$$

この過程で気体が得る熱量 Q^*〔J〕は熱力学の第1法則により，

$$Q^* = \Delta U^* + W^* = \left(-\frac{3}{8}p_0 V_0\right) + \frac{7}{8}p_0 V = \frac{1}{2}p_0 V_0 \ (J)$$

(14) 熱力学的サイクル A→B→C→A における熱効率 $\overset{\text{イータ}}{\eta}$ は，

$$\eta = \frac{W_{AB} + W_{BC} + W_{CA}}{Q_{AB} + Q^*} = \frac{p_0 V_0}{6p_0 V_0 + \frac{1}{2}p_0 V_0} = \frac{2}{13}$$

注意 熱効率は，「吸収した熱量」に対する仕事の比をいうため，計算上，$V_1^* \to 3V_0$ の過程において「放出された熱量」を求める必要はない。

問3 (15) 状態変化 B→C における温度 T と体積 V の関係は，次のボイル・シャルルの法則において，式①を用いて圧力 p を消去すると，

$$\frac{pV}{T} = \frac{p_0 V_0}{T_0} \quad \text{すなわち，} \quad T = -\frac{T_0}{V_0^2}(V^2 - 4V_0 V)$$

注意 上の V についての2次関数によれば，状態変化 B→C の過程で，最も温度

が高いのは，体積 $V=2V_0$ のときであることが確かめられる。

⒃ 同様に，ボイル・シャルルの法則

$$\frac{p_0V}{T}=\frac{p_0V_0}{T_0}$$

によれば，状態変化C→Aにおける温度 T と
体積 V の関係式は，

$$T=\frac{T_0}{V_0}V$$

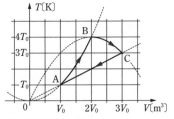

注意 状態変化C→Aは定圧変化である。温度 T と体積 V は比例する。

研究 状態変化A→B→C→Aにおいて温度 T と体積 V の関係は上図のようになる。

Point p-V グラフ上のどの2つの状態間についても，ボイル・シャルルの法則
$\dfrac{p_1V_1}{T_1}=\dfrac{p_2V_2}{T_2}$ が成り立つ。ただし，「一定量の気体」の状態変化でなければならない。

---

21 問1　$T_A=2T_B$　　問2　$\dfrac{3}{2}V_0$　　問3　$\dfrac{3}{2}T_B$　　問4　$\dfrac{3}{2}T_B$

問5　$\dfrac{1}{2}C_VT_B$　　問6　$\left(\dfrac{V_0^2}{V^5}\right)^{\frac{1}{3}}RT_2$　　問7　$\dfrac{3}{1+\alpha^2}V_0$

問8　(ア)，理由は解説参照

解説 問1　はじめの系A，系Bの圧力を p_0 とする。状態方程式
$$p_0\times2V_0=RT_A,\qquad p_0V_0=RT_B$$
の2式により，$T_A=2T_B$

問2　系A，系Bの圧力，温度が等しい状態では体積の比は物質量の比に等しく，
$$(3V_0-V_1):V_1=1\,(\text{mol}):1\,(\text{mol})\quad これにより，V_1=\frac{3}{2}V_0$$

問3　過程Ⅰで内部エネルギーの合計は変化しない。このことを温度を用いて表すと，
$$C_VT_A+C_VT_B=C_VT_1+C_VT_1\quad\cdots\cdots①$$
これにより，$T_1=\dfrac{T_A+T_B}{2}=\dfrac{3}{2}T_B$

注意 熱力学の第1法則 $Q=\Delta U+W$ を系A，系B全体について考えると，
$$0=\Delta U+0$$

問4　式①と同様な内部エネルギーの式を考えると，最終温度 T_2 は T_1 と同一となり，
$$T_2=T_1=\frac{3}{2}T_B$$

問5　ピストンを固定している場合，系Aから系Bに移動した熱量 Q は内部エネルギーの変化で考えることができる。系Bの内部エネルギーの変化を ΔU_B とすると，

$$Q = \Delta U_B = C_V(T_2 - T_B) = \frac{1}{2}C_V T_B$$

注意 系Aについては，$\Delta U_A = C_V(T_2 - 2T_B) = -\frac{1}{2}C_V T_B$

問6 ピストンを動かす前の系Bの圧力 p_{2B} は，状態方程式，および，断熱変化の式

$$p_{2B}V_0 = RT_2, \qquad p_3 V_3^{\frac{5}{3}} = p_{2B} V_0^{\frac{5}{3}}$$

の関係を満たす。上の2式により p_{2B} を消去すると，圧力 p_3 は，

$$p_3 = \left(\frac{V_0}{V_3}\right)^{\frac{5}{3}} p_{2B} = \left(\frac{V_0^2}{V_3^5}\right)^{\frac{1}{3}} RT_2 \quad \cdots\cdots ②$$

注意 **研究** の図の断熱変化Ⓑである。

問7 同様に，ピストンを動かす前の系Aの圧力を p_{2A} とすると，系Aについての状態方程式，および，断熱変化の式

$$p_{2A} \times 2V_0 = RT_2, \qquad p_3(3V_0 - V_3)^{\frac{5}{3}} = p_{2A}(2V_0)^{\frac{5}{3}}$$

の2式により，p_{2A} を消去すると，$p_3 = \left\{\dfrac{(2V_0)^2}{(3V_0 - V_3)^5}\right\}^{\frac{1}{3}} RT_2 \quad \cdots\cdots ③$

式②，③より，

$$V_3 = \frac{3}{1 + 2^{\frac{2}{5}}} V_0 = \frac{3}{1 + \alpha^2} V_0$$

注意 **研究** の図の断熱変化Ⓐである。

問8 〔Ⅰの場合〕，系A，系Bの内部エネルギーの合計は終始保存される。〔Ⅱの場合〕，系全体としてピストンと棒を通して外部に正の仕事をし，その分内部エネルギーの和は減少する（温度が低くなる）。(ア) $(T_1 > T_4)$ が正しい。

研究 〔Ⅰ〕，〔Ⅱ〕の過程を p-V グラフで表すと右図のようになる。圧力，温度が等しい「最終状態」での系A，系Bの体積比は，物質量の比 1〔mol〕：1〔mol〕に等しく，どちらの過程でも「最終状態」は同一の体積比 $\frac{3}{2}V_0 : \frac{3}{2}V_0$ となる（図中①，Ⅱ）。しかし，この2個の状態は温度が異なる。

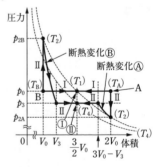

Point ピストンの移動による断熱変化では，
$$p_1 V_1^{\gamma} = p_2 V_2^{\gamma}, \qquad T_1 V_1^{\gamma-1} = T_2 V_2^{\gamma-1}$$
$$\left(\gamma \text{ は比熱比，単原子分子気体では } \gamma = \frac{5}{3}\right)$$

「同時に」，ボイル・シャルルの法則 $\dfrac{p_1 V_1}{T_1} = \dfrac{p_2 V_2}{T_2}$ が成り立つ。

42

22 問1 $\dfrac{1}{2}\cdot\dfrac{nRT}{V}$　　問2 T　　問3 圧力：$\dfrac{1}{2^\gamma}\cdot\dfrac{nRT}{V}$，温度：$\dfrac{1}{2^{\gamma-1}}T$

問4 $U=\dfrac{3}{2}nRT$，$W=\dfrac{3}{5}nRT$，温度：$\dfrac{7}{5}T$，$\Delta V=\dfrac{3}{5}V$

解説 問1　はじめの状態の状態方程式は，はじめの状態の圧力を p_0 とすると，

$$p_0V=nRT\quad\cdots\cdots①$$

等温に保ったままでの体積変化 $V\to 2V$ において，変化後の圧力 p_1 はボイルの法則

$$p_1(2V)=p_0V\quad\text{により，}\quad p_1=\dfrac{1}{2}p_0=\dfrac{1}{2}\cdot\dfrac{nRT}{V}$$

注意 状態変化は **研究** の図の Ⓐ である。

問2　「自由膨張」と呼ばれる断熱膨張である。この場合，体積変化 $V\to 2V$ の前後で温度は T のまま変化しない。

注意 終わりの状態は **研究** の図の Ⓑ である。

問3　断熱変化の式

$$\text{(圧力)}\times\text{(体積)}^\gamma=\text{一定，}\quad\text{(温度)}\times\text{(体積)}^{\gamma-1}=\text{一定}$$

の関係によれば，体積変化 $V\to 2V$ において，変化後の圧力を p_3，温度を T_3 とすると，

$$p_3(2V)^\gamma=p_0V^\gamma,\quad T_3(2V)^{\gamma-1}=TV^{\gamma-1}$$

これにより，$p_3=\dfrac{1}{2^\gamma}p_0=\dfrac{1}{2^\gamma}\cdot\dfrac{nRT}{V}$，$T_3=\dfrac{1}{2^{\gamma-1}}T$

注意 $\dfrac{1}{2^\gamma}=\dfrac{1}{2^{\frac{5}{3}}}\fallingdotseq0.315$，$\dfrac{1}{2^{\gamma-1}}=\dfrac{1}{2^{\frac{2}{3}}}\fallingdotseq0.630$ で，状態変化は **研究** の図の Ⓒ である。

問4　温度 T のはじめの状態での内部エネルギー U は，$U=\dfrac{3}{2}nRT$

終わりの状態の温度を T_4 とすると，次の熱力学の第1法則の式が成り立つ。

$$0=\dfrac{3}{2}nR(T_4-T)+(-p_0\Delta V)=\dfrac{3}{2}nR(T_4-T)+\left(-\dfrac{nRT}{V}\Delta V\right)\quad\cdots\cdots②$$

終わりの状態での状態方程式は，$p_0\{(V-\Delta V)+V\}=nRT_4\quad\cdots\cdots③$

②，③の2式を T_4，ΔV の連立方程式として解くと，$T_4=\dfrac{7}{5}T$，$\Delta V=\dfrac{3}{5}V$

D_A が気体を押す仕事によって与えるエネルギー W は，圧力 p_0 の定圧変化を考え，

$$W=p_0\Delta V=\dfrac{nRT}{V}\Delta V=\dfrac{3}{5}nRT$$

注意 終わりの状態は **研究** の図の Ⓓ に相当する。

研究 断熱変化 $Q=0$ には2種類がある。**問2**，**問3** の断熱変化はこの2種類に相当する。

① ピストンを押しながら気体が膨張，収縮する場合で，次の関係が成り立つ。

$$p_1V_1^\gamma=p_2V_2^\gamma,\quad T_1V_1^{\gamma-1}=T_2V_2^{\gamma-1}\quad(\text{γ は比熱比})$$

② 真空へ気体が膨張する場合で，熱力学の第1法則
$Q = \Delta U + W$ は，

$$0 = \Delta U + 0$$

となり，温度は変化しない。

一方，各状態変化，終わりの状態は右図のようになる。こうした場合，終わりの状態⑧，⑩に向かう状態変化の経路を図示することはできず，「面積が仕事を表す」こともできない。

この状態変化の違いは「可逆変化」かどうかということが関係している。

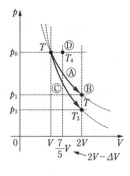

Point 真空へ，気体が膨張・拡散する断熱変化（自由膨張）では熱力学の第1法則 $Q = \Delta U + W$ は，
$$0 = \Delta U + 0$$
「自由膨張」はあっても「自由収縮」はない。これが「不可逆変化」。

---

23 **問1** (1) $\dfrac{RT_0}{mg}$〔m〕 　**問2** (2) $(m+M)a = (m+M)g - PS$

(3) 0 m/s^2 　(4) $P_1 = \dfrac{(m+M)g}{S}$

(5) $\dfrac{1}{2}(m+M)v_1{}^2 + (m+M)gL_1 + \dfrac{3}{2}RT_1 = (m+M)gL_0 + \dfrac{3}{2}RT_0$

(6) $(m+M)gL_2 + \dfrac{3}{2}RT_2 = (m+M)gL_0 + \dfrac{3}{2}RT_0$

問3 (7) $L_3 < L_1$，理由は解説参照

解説 **問1** (1) 圧力 $\dfrac{mg}{S}$，体積

$L_0 S$ の気体の状態方程式

$$\dfrac{mg}{S}(L_0 S) = RT_0$$

により，$L_0 = \dfrac{RT_0}{mg}$〔m〕

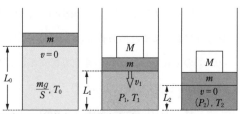

問2 (2) 気体の圧力 P による上向きの力 PS を考え，運動方程式は，

$$(m+M)a = (m+M)g + (-PS) \quad \cdots\cdots ①$$

(3) 速度が極大値をとるときには，加速度の大きさは $a_1 = 0 \text{ m/s}^2$ である。

(4) 式①によれば，$a = 0 \text{ m/s}^2$ のときの圧力 P_1 と質量 M の関係は，

$$P_1 = \dfrac{(m+M)g}{S} \quad \cdots\cdots ②$$

(5) 気体の内部エネルギーを含めたエネルギー保存の法則は次のようになる。

$$\frac{1}{2}(m+M)v_1{}^2+(m+M)gL_1+\frac{3}{2}RT_1=\frac{1}{2}(m+M)\times0^2+(m+M)gL_0+\frac{3}{2}RT_0$$

$$\cdots\cdots\text{③}$$

(6) ピストンが最下点で折り返す瞬間を考える。式③と同様に,

$$\frac{1}{2}(m+M)\times0^2+(m+M)gL_2+\frac{3}{2}RT_2=\frac{1}{2}(m+M)\times0^2+(m+M)gL_0+\frac{3}{2}RT_0$$

$$(m+M)gL_2+\frac{3}{2}RT_2=(m+M)gL_0+\frac{3}{2}RT_0 \quad\cdots\cdots\text{④}$$

注意 気体の圧力の最大値を P_2〔N/m²〕とすると,式④と断熱変化の関係式,および,ボイル・シャルルの法則

$$T_2(L_2S)^{\gamma-1}=T_0(L_0S)^{\gamma-1}, \qquad \frac{P_2(L_2S)}{T_2}=\frac{\dfrac{mg}{S}(L_0S)}{T_0}$$

により,L_2,T_2,P_2 が求まる。また,式④は,内部エネルギーと位置エネルギーの変換式でも表せる。

$$\frac{3}{2}R(T_2-T_0)=(m+M)g(L_0-L_2)$$

問3 (7) 式②によれば,ピストンとおもりの速さが最大となる瞬間,等温変化,断熱変化の違いに関係なく,圧力は同一の値 P_1 である。断熱変化に比べ,等温変化では緩やかな圧力変化を示すため,体積は右図のように異なり,

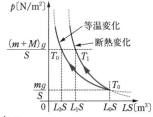

$$L_3S<L_1S \quad \text{すなわち,}\quad L_3<L_1$$

注意 ボイルの法則 $P_1(L_3S)=\dfrac{mg}{S}(L_0S)$ が成り立つ。

研究 式③を熱力学の第1法則として表す場合,断熱変化の次のような表現となる。

$$Q=0=\frac{3}{2}R(T_1-T_0)+\left\{-(m+M)g(L_0-L_1)+\frac{1}{2}(m+M)v_1{}^2\right\}$$

右辺の第2項は,「気体が受ける仕事は,重力によるものであり,重力による位置エネルギーの一部はピストンの運動エネルギーに割かれる」ことを意味している。

また,ここでは問われていないが,式②,および断熱変化の関係式 $\left(\gamma=\dfrac{5}{3}\ \text{は比熱比}\right)$,あるいは,ボイル・シャルルの法則

$$P_1(L_1S)^{\gamma}=\frac{mg}{S}(L_0S)^{\gamma}, \qquad \frac{P_1(L_1S)}{T_1}=\frac{\dfrac{mg}{S}(L_0S)}{T_0}$$

により,L_1,T_1 が得られ,これにより,式③の速さ v_1 が求まる。

Point ピストンの移動による気体の状態変化では,容器外部の状態について,
①外部が真空(大気圧が0)であるのか,
②大気圧 p_0 を考慮するのか,……この判読は重要。

24 〔Ⅰ〕 **問1** (1) $\dfrac{v_x'+u}{v_x-u}$　　(2) v_x-2nu　　**問2** (3) $2nmuv_x$

(4) $\dfrac{v_x\varDelta t}{2L}$　　(5) $\dfrac{muv_x{}^2\varDelta t}{L}$　　**問3** (6) $\dfrac{2Nu\varDelta t}{L}$　　**問4** (7) $-\dfrac{2}{3}\cdot\dfrac{T}{V}\varDelta V$

〔Ⅱ〕 **問5** 解説参照　　**問6** (8) 5.0　　(9) 50

解説 〔Ⅰ〕 **問1** (1) 衝突前後の気体分子の速度成分の大きさ v_x, v_x' を用いると，はね返り係数（反発係数）e は，

$$e=-\dfrac{(-v_x')-u}{v_x-u}=\dfrac{v_x'+u}{v_x-u}$$

> **注意** 完全弾性衝突 ($e=1$) の場合，$e=\dfrac{v_x'+u}{v_x-u}=1$

これにより，$v_x'=v_x-2u$，1回の衝突で速さは $2u$ 減少する。

(2) ピストン面との1回の衝突により x 軸方向の速さは $2u$ だけ減少することから，衝突を n 回繰り返した後の速さ $v_x{}^{(n)}$ は，

$$v_x{}^{(n)}=v_x-2nu\,[\mathrm{m/s}]$$

> **注意** $v_x'=v_x-2u$
> $v_x''=v_x'-2u$
> ……
> $v_x{}^{(n)}=v_x{}^{(n-1)}-2u$

の各辺の和により，

$$v_x{}^{(n)}=v_x-2nu$$

問2 (3) 運動エネルギーの減少 $\varDelta k_n$ は，速度の x 軸方向成分の変化のみを考え，

$$\varDelta k_n=\dfrac{1}{2}mv_x{}^2-\dfrac{1}{2}m\{v_x{}^{(n)}\}^2=\dfrac{1}{2}m(4nuv_x-4n^2u^2)\fallingdotseq 2nmuv_x\,[\mathrm{J}]\quad\cdots\cdots①$$

(4) 時間 $\varDelta t$ の間に，距離 $2L$ を速さ v_x で n 回往復すると考え，

$$n\times 2L=v_x\varDelta t\quad これにより，n=\dfrac{v_x\varDelta t}{2L}\quad\cdots\cdots②$$

(5) 式①の運動エネルギーの減少 $\varDelta k_n$ に式②の n を代入すると，$\varDelta k_n=\dfrac{muv_x{}^2\varDelta t}{L}\,[\mathrm{J}]$

問3 (6) 気体分子 N 個の運動エネルギーの減少 $\varDelta K$ は，速度成分の2乗 $v_x{}^2$ を平均値 $\overline{v_x{}^2}$ に置き換えた $\overline{\varDelta k_n}$ で考えると，

$$\varDelta K=N\times\overline{\varDelta k_n}=\dfrac{2Nu\varDelta t}{L}\times\dfrac{1}{2}m\overline{v_x{}^2}\,[\mathrm{J}]\quad\cdots\cdots③$$

> **注意** 気体分子の運動エネルギーの減少量 $\varDelta k_n$ は個々に異なるが，平均値 $\overline{\varDelta k_n}$ を用いると，$\varDelta K=N\times\overline{\varDelta k_n}$ と書ける。

問4 (7) 1個の分子の運動エネルギーの平均値 $\overline{k_n}$ は，

$$\overline{k_n}=\dfrac{1}{2}m\overline{v_x{}^2}+\dfrac{1}{2}m\overline{v_y{}^2}+\dfrac{1}{2}m\overline{v_z{}^2}=\dfrac{3}{2}kT$$

式③により，

$$\Delta K = N \times \left(\frac{3}{2}k\Delta T\right) = -\frac{Nm\overline{v_x^2}\Delta t}{L} \quad \cdots\cdots ④$$

ここで，

$$V = LS, \quad \Delta V = Su\Delta t, \quad \frac{1}{2}m\overline{v_x^2} = \frac{1}{2}kT$$

の各式を用いて式④から L, $u\Delta t$, $\overline{v_x^2}$ を消去すると，温度変化 ΔT は，

$$\Delta T = -\frac{2}{3} \cdot \frac{T}{V}\Delta V \text{〔K〕} \quad \cdots\cdots ⑤$$

〔Ⅱ〕 **問5** はじめの状態の圧力 p を用いると，熱力学第 1 法則の式は近似的に，

$$0 = \Delta U + p\Delta V \quad (\text{ただし，} pV = n_0RT) \quad \cdots\cdots ⑥$$

温度変化 ΔT を用いた内部エネルギーの変化，

$$\Delta U = C_V\Delta T = \left(\frac{3}{2}n_0R\right)\Delta T$$

および圧力 p を用いると，式⑥の熱力学第 1 法則の式は，

$$0 = \left(\frac{3}{2}n_0R\right)\Delta T + \frac{n_0RT}{V}\Delta V$$

これにより，温度変化 ΔT は，

$$\Delta T = -\frac{2}{3} \cdot \frac{T}{V}\Delta V \quad \cdots\cdots ⑦$$

注意 この問題では，C_V は「定積モル比熱」ではなく，「定積比熱」である。

研究 式⑥においては，「断熱変化であるにも関わらず，圧力が一定」という近似的な扱いをしている。式⑦は $\dfrac{\Delta V}{V} \ll 1$ という微小体積変化に限って成り立つ式である。

また，式⑦は，比熱比 γ を用いた断熱変化の関係式からも次のようにして得られる。

$$(T+\Delta T)(V+\Delta V)^{\gamma-1} = TV^{\gamma-1} = 一定 \quad \cdots\cdots ⑧$$

ここで，$\dfrac{\Delta T}{T}$, $\dfrac{\Delta V}{V}$ を 1 に対して微小量であるとして左辺の近似計算を行うと，

$$(T+\Delta T)(V+\Delta V)^{\gamma-1} = TV^{\gamma-1}\left(1+\frac{\Delta T}{T}\right)\left(1+\frac{\Delta V}{V}\right)^{\gamma-1}$$

$$\fallingdotseq TV^{\gamma-1}\left(1+\frac{\Delta T}{T}\right)\left(1+(\gamma-1)\frac{\Delta V}{V}\right) \fallingdotseq TV^{\gamma-1}\left(1+\frac{\Delta T}{T}+(\gamma-1)\frac{\Delta V}{V}\right)$$

上の式によって式⑧の左辺を置き換えて変形すると，$\Delta T = -(\gamma-1)\dfrac{T}{V}\Delta V$

このように，式⑤，⑦の係数 $\dfrac{2}{3}$ とは，$\gamma-1$ のことである。

注意 単原子分子の理想気体では「比熱比」$\gamma = \dfrac{5}{3}$ である。

問6 (8) 式⑤，あるいは式⑦に数値を代入すると，

$$\Delta T = -\frac{2}{3} \cdot \frac{300}{2.00\times10^{-2}} \times (2.05-2.00)\times10^{-2} = -5.0\,\text{K}$$

気体の温度は 5.0 K 下がる。

(9) 内部エネルギーの変化の式 $\Delta U = \dfrac{3}{2} n_0 R \Delta T$ に，はじめの状態についての状態方程式 $pV = n_0 R T$ を考えると，

$$\Delta U = \frac{3}{2} \cdot \frac{pV\Delta T}{T} = \frac{3}{2} \cdot \frac{(1.00 \times 10^5) \times (2.00 \times 10^{-2}) \times (-5.0)}{300} = -50 \text{ J}$$

内部エネルギーの減少量は 50 J である。

注意 気体がした仕事 W からも求まる。熱力学の第 1 法則によれば，
$$0 = \Delta U + W$$

すなわち，$\Delta U = -W = -(1.00 \times 10^5) \times \{(2.05 - 2.00) \times 10^{-2}\} = -50 \text{ J}$

Point 気体の内部エネルギーの変化量 ΔU は，

$\Delta U = $（平均の速度での 1 個の分子の衝突 1 回での運動エネルギー変化）
$\qquad\qquad \times$（衝突回数）$\times$（分子個数）

となる（同様にして，圧力 p も個々の分子の壁との衝突を考えることで求められる）。この値は，熱力学の第 1 法則や状態方程式から求めたものと一致する。

第3章 波　動

25 (1) $A_1 + A_2\cos\theta - A_3$　　(2) $A_2\sin\theta$　　(3) $\dfrac{c}{n_{\text{I}}}$　　(4) $\dfrac{c}{n_{\text{II}}}$

(5) $A_1 n_{\text{I}} - A_2 n_{\text{I}}\cos\theta - A_3 n_{\text{II}}$　　(6) π　　(7) $\dfrac{n_{\text{I}} - n_{\text{II}}}{n_{\text{I}} + n_{\text{II}}} A_1$　　(8) $\dfrac{2n_{\text{I}}}{n_{\text{I}} + n_{\text{II}}} A_1$

(9) $-\dfrac{n_{\text{I}} - n_{\text{II}}}{n_{\text{I}} + n_{\text{II}}} A_1$

解説 (1), (2) $x=0$ の場合, $y_1 = A_1\sin\omega t$, $y_2 = A_2\sin(\omega t + \theta)$, $y_3 = A_3\sin\omega t$ と表せる。三角関数の等式

$$\sin(\omega t + \theta) = \sin\omega t\cos\theta + \cos\omega t\sin\theta$$

を用いると, 変位についての条件 $y_1 + y_2 = y_3$ は,

$$A_1\sin\omega t + A_2(\sin\omega t\cos\theta + \cos\omega t\sin\theta) = A_3\sin\omega t$$

$\sin\omega t$, $\cos\omega t$ の項をまとめると,

$$(A_1 + A_2\cos\theta - A_3)\sin\omega t + (A_2\sin\theta)\cos\omega t = 0 \quad\cdots\cdots①$$

注意 正弦波の式

$$y_1 = A_1\sin\omega\left(t - \frac{x}{v_{\text{I}}}\right), \qquad y_2 = A_2\sin\left\{\omega\left(t + \frac{x}{v_{\text{I}}}\right) + \theta\right\}$$

において, $\left(\quad\right)$ 内の符号が波の進む向きを決める。

　　　　　 $-$ ならば, 座標軸正の向き,　　$+$ ならば, 座標軸負の向き

(3), (4) 媒質 I, II 中の光速度はそれぞれ $v_{\text{I}} = \dfrac{c}{n_{\text{I}}}$, $v_{\text{II}} = \dfrac{c}{n_{\text{II}}}$　$\cdots\cdots②$

(5) $x=0$ の場合, 変位の変化率 (傾き) についての条件は,

$$-A_1\frac{\omega}{v_{\text{I}}}\cos\omega t + A_2\frac{\omega}{v_{\text{I}}}\cos(\omega t + \theta) = -A_3\frac{\omega}{v_{\text{II}}}\cos\omega t$$

と表せる。三角関数の等式

$$\cos(\omega t + \theta) = \cos\omega t\cos\theta - \sin\omega t\sin\theta$$

を用い, $\sin\omega t$, $\cos\omega t$ の項をまとめ, 式②を用いて v_{I}, v_{II} を消去すると

$$(A_2 n_{\text{I}}\sin\theta)\sin\omega t + (A_1 n_{\text{I}} - A_2 n_{\text{I}}\cos\theta - A_3 n_{\text{II}})\cos\omega t = 0 \quad\cdots\cdots③$$

注意 式①, ③は $x=0$ としているため扱いやすいが, 境界面の位置が $x=d$ のように指定されているならば, かなりの計算量になる。

(6) $\sin\omega t$, $\cos\omega t$ がどんな値をとる瞬間にも, 式①, 式③が成り立つためには, 関数 $\sin\omega t$, $\cos\omega t$ の係数が 0 でなければならない。$A_2\sin\theta = 0$ (ただし, $0 \le \theta < 2\pi$) を考えると,

$$\theta = 0 \ \text{または} \ \theta = \pi$$

(7), (8) 式①, ③より,

$$A_1 + A_2\cos\theta - A_3 = 0 \quad\cdots\cdots④, \qquad A_1 n_{\text{I}} - A_2 n_{\text{I}}\cos\theta - A_3 n_{\text{II}} = 0 \quad\cdots\cdots⑤$$

$\cos\theta = +1$ の場合に上の2式を A_2, A_3 についての連立方程式として解くと,

$$A_2 = \frac{n_{\text{I}} - n_{\text{II}}}{n_{\text{I}} + n_{\text{II}}} A_1 \quad \cdots\cdots ⑥, \qquad A_3 = \frac{2n_{\text{I}}}{n_{\text{I}} + n_{\text{II}}} A_1$$

注意 式⑥において，$n_{\text{I}} = n_{\text{II}}$ ならば $A_2 = 0$ となる。「媒質に変化のないところで反射波は生じない」ことを示している。

(9) $\cos\theta = -1$ の場合，再び式④，⑤を A_2，A_3 についての連立方程式として解くと，

$$A_2 = -\frac{n_{\text{I}} - n_{\text{II}}}{n_{\text{I}} + n_{\text{II}}} A_1 \quad \cdots\cdots ⑦, \qquad A_3 = \frac{2n_{\text{I}}}{n_{\text{I}} + n_{\text{II}}} A_1 \quad \cdots\cdots ⑧$$

⑥，⑦の2式は，次のように選ぶことができる。

$n_{\text{I}} > n_{\text{II}}$ の場合に $A_2 > 0$ となるのは，式⑥ $(\theta = 0)$

$n_{\text{I}} < n_{\text{II}}$ の場合に $A_2 > 0$ となるのは，式⑦ $(\theta = \pi)$

注意 式⑦，⑧において $n_{\text{II}} \to \infty$ とすると，$A_2 = A_1$，$A_3 = 0$ となる。これが「完全な固定端反射」である。また，$\left(\dfrac{A_2}{A_1}\right)^2$ は「反射率」に相当する。

研究 このように，「固定端」，「自由端」の違いは，単に波の伝わる速さが境界面のこちら側に対して「向こう側の方が大きいか，小さいか」だけで決まるもの，といえる。$n_{\text{I}} = n$，

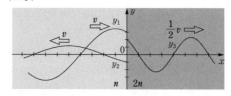

$n_{\text{II}} = 2n$ と仮定した場合，$A_2 = \dfrac{1}{3} A_1$，$A_3 = \dfrac{2}{3} A_1$ となり，ある瞬間の境界面付近の変位 y_1，y_2，y_3 は上図のような関係になる。

問題文中の $\dfrac{\Delta y_1}{\Delta x}$ はそのまま微分記号 $\dfrac{dy_1}{dx}$ と考えてよい。たとえば，

$y_1 = A_1 \sin\omega\left(t - \dfrac{x}{v_{\text{I}}}\right)$ を x で微分した式は，

$$\frac{dy_1}{dx} = -A_1 \frac{\omega}{v_{\text{I}}} \cos\omega\left(t - \frac{x}{v_{\text{I}}}\right)$$

一方，$y_1 = A_1 \sin\omega\left(t - \dfrac{x}{v_{\text{I}}}\right)$ を t で微分した式は，

$$\frac{dy_1}{dt} = \omega A_1 \cos\omega\left(t - \frac{x}{v_{\text{I}}}\right)$$

2変数関数（変数 t，x）の場合，微分係数 $\dfrac{dy_1}{dx}$，$\dfrac{dy_1}{dt}$ は慎重な区別が必要である。

Point

媒質中での光速度は $v_{\text{I}} = \dfrac{c}{n_{\text{I}}}$ のように，$\dfrac{1}{n_{\text{I}}}$ 倍に遅くなる。このように，「絶対屈折率」は，こうした「各媒質が持つ性質の1つ」と解釈してよい。

波が n_{I} の媒質から n_{II} の媒質に入射する場合，$n_{\text{I}} > n_{\text{II}}$ のとき，反射波の位相はずれず，$n_{\text{I}} < n_{\text{II}}$ のとき，反射波の位相は π ずれる。

26 問1　解説参照　　問2　(1) (ア) $\dfrac{2\pi}{T}$　　(イ) $2\pi f$　　(2) (ウ) $\dfrac{2\pi}{\lambda}$

(3) (エ) $\dfrac{\omega}{k}$　　問3　(オ) $y_1(x,\ t)+y_2(x,\ t)$　　(カ) $\dfrac{\omega_1-\omega_2}{2}$　　(キ) $\dfrac{k_1-k_2}{2}$

問4　解説参照　　問5　(ク) $\dfrac{\omega_1-\omega_2}{k_1-k_2}$　　問6　(4) うなりとして聞こえる

(5) $v=340\ \mathrm{m/s}$,　$v_m=340\ \mathrm{m/s}$,　$v=v_m$

解説 問1　角振動数 ω と周期 T の関係，および波長 λ と波数 k の関係によれば，

それぞれ $\dfrac{2\pi}{\omega}=T$, $\dfrac{2\pi}{k}=\lambda$ を意味している。グラフは下図。

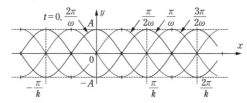

問2　(1) (ア) $\omega=\dfrac{2\pi}{T}$　　(イ) $\omega=2\pi f$

(2) (ウ) $k=\dfrac{2\pi}{\lambda}$

> **注意** 波数 k とは距離 2π〔m〕に含まれる波の個数をいう。

(3) (エ) 波の進行速度（位相速度）とは，時刻 t，位置 x での位相が同一の値を保ったまま，時刻 $t+\Delta t$ には位置 $x+\Delta x$ に移動する速さをいう。すなわち，

$$\omega t-kx=\omega(t+\Delta t)-k(x+\Delta x)\quad\cdots\cdots① \quad これにより，\quad v=\dfrac{\Delta x}{\Delta t}=\dfrac{\omega}{k}\quad\cdots\cdots②$$

問3　(オ) 波の重ねあわせの原理より，$y(x,\ t)=y_1(x,\ t)+y_2(x,\ t)$

(カ), (キ)
$$y(x,\ t)=y_1(x,\ t)+y_2(x,\ t)=A\cos(\omega_1 t-k_1 x)+A\cos(\omega_2 t-k_2 x)$$
$$=2A\cos\left(\dfrac{\omega_1-\omega_2}{2}t-\dfrac{k_1-k_2}{2}x\right)\cos\left(\dfrac{\omega_1+\omega_2}{2}t-\dfrac{k_1+k_2}{2}x\right)$$

これを
$$y(x,\ t)=2A\cos(\Omega t-Kx)\cos(\omega t-kx)=A_m(x,\ t)\cos(\omega t-kx)$$
と表すとき，

$$\Omega=\dfrac{\omega_1-\omega_2}{2},\qquad K=\dfrac{k_1-k_2}{2}$$

> **注意** $y(x,\ t)=A_m(x,\ t)\cos(\omega t-kx)$ のように，係数 A_m が時間変動することがある。振幅とは「短い周期で振動する関数 $\cos(\omega t-kx)$ の「係数部分全部」（の絶対値）」のことをいう。

問4 下図。

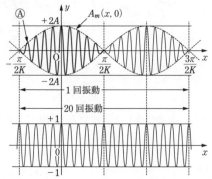

▶角振動数と波数の値が近い2つの波を合成すると，ゆっくり変動する振幅を持つ波のように表すことができる。

注意 音波などの「うなり」を表すグラフは通例，横軸を時間軸として描かれる。上図は横軸を x 軸としており，表す観点は異なる。

研究 上のグラフは，ゆったり振動する関数にはさまれて細かく振動する関数である。

$$-2A|\cos(\Omega t - Kx)| \leq 2A\cos(\Omega t - Kx)\cos(\omega t - kx) \leq +2A|\cos(\Omega t - Kx)|$$

注意 $\dfrac{k_1 - k_2}{k} \doteqdot \dfrac{1}{10}$ すなわち，$\dfrac{k_1 - k_2}{2} : k \doteqdot 1 : 20$ であることから，関数 $\cos(\Omega t - Kx)$ が1回振動する間に $\cos(\omega t - kx)$ は20回振動する。

問5 (ク) 式①と同様に考え，速さ v_m は次のように得られる。

$$\left(\frac{\omega_1 - \omega_2}{2}\right)t - \left(\frac{k_1 - k_2}{2}\right)x = \left(\frac{\omega_1 - \omega_2}{2}\right)(t + \Delta t) - \left(\frac{k_1 - k_2}{2}\right)(x + \Delta x)$$

これにより，$v_m = \dfrac{\Delta x}{\Delta t} = \dfrac{\omega_1 - \omega_2}{k_1 - k_2}$ ……③

問6 (4) ゆっくりと音量が変化する「うなり」として聞こえる。

(5) 式②を波長 λ_1，λ_2，振動数 f_1，f_2 の式に書き換え，数値を代入すると，

$$v = \frac{\omega}{k} = \frac{\dfrac{\omega_1 + \omega_2}{2}}{\dfrac{k_1 + k_2}{2}} = \frac{(f_1 + f_2)\lambda_1\lambda_2}{\lambda_1 + \lambda_2} \doteqdot 3.399 \times 10^2 \doteqdot 3.4 \times 10^2 \,\mathrm{m/s}$$

同様に，式③に数値を代入すると，

$$v_m = \frac{\omega_1 - \omega_2}{k_1 - k_2} = \frac{(f_1 - f_2)\lambda_1\lambda_2}{\lambda_2 - \lambda_1} \doteqdot 3.386 \times 10^2 \doteqdot 3.4 \times 10^2 \,\mathrm{m/s}$$

すなわち，$v = v_m$

注意 波 y_1，y_2 の速さは，波の基本式により次のように計算される。

$$v_1 = f_1\lambda_1 \doteqdot 339.9 \,\mathrm{m/s}, \qquad v_2 = f_2\lambda_2 \doteqdot 339.9 \,\mathrm{m/s}$$

このように $v_1 = v_2$ の波の重ねあわせでは，v と v_m は同一の値となる。

研究 「位相速度」 v に対して，v_m は「群速度」と呼ばれる。上の数値例のように，音波や真空中の光波では，位相速度と群速度に差がないことが知られている。ところが，水面波や物質波ではこの2種の速さは異なる値を持つ。水面波の一例では $v \doteqdot 2v_m$ であり，上図にあるように，群速度で進む大きなうねり1個の後部から，位

相速度で進む波の山Ⓐが現れ，右へ右へと進みながら次第に波高を高くし，その後低くなり，やがて前方に消える，という動きをする。

> **Point**
>
> 正弦波の「位相」とは，$A\sin\left\{2\pi f\left(t-\dfrac{x}{v}\right)+\varphi\right\}$ などの式で sin 記号の「後ろ全部」を指す。
>
> 波の「山」，「谷」のような日常用語を数量的に表すと，正弦波の「山」は位相 $\dfrac{1}{2}\pi$〔rad〕，「谷」は $\dfrac{3}{2}\pi$〔rad〕に対応する。

---

27 問1　ホイヘンスの原理　　問2　BD$=Vt$，CC$'=v_1t$，DB$'=v_2t$

問3　$\dfrac{v_1}{\sin\theta_1}=V+\dfrac{v_2}{\sin\theta_2}$　　問4　$v_2+V\sin\theta_2$　　問5　$\dfrac{v_2}{v_2+V\sin\theta_2}f$

解説 問1　ホイヘンスの原理と呼ばれる。

問2　点Bを発した素元波は速さ v_2 で円形に広がりながら，その中心点は速さ V で右方向にずれてゆく。時間 t 経過後，

$$\mathrm{BD}=Vt$$

境界面下側で波面は速さ v_1 で伝わり，上側で素元波は速さ v_2 で広がる。

$$\mathrm{CC}'=v_1t,\qquad \mathrm{DB}'=v_2t$$

問3　長さ BC$'$ を2通りで表現すると次のようになる。

$$\frac{v_1t}{\sin\theta_1}=Vt+\frac{v_2t}{\sin\theta_2}\quad \text{すなわち}\quad \frac{v_1}{\sin\theta_1}=V+\frac{v_2}{\sin\theta_2}\quad\cdots\cdots①$$

注意 式①において，$V=0$（風が吹いていない）を代入すると，いわゆる「屈折の法則」が確かめられる。

問4　素元波が風に流される場合であっても，複数の素元波の共通接線が新たな波面となる。波の進行方向は共通接線（波面）B$''$C$'$ に垂直であり，点Bに入射した波は，BB$''$ 方向に進んでいく。その速さ v_2' は，距離の関係

$$v_2't=v_2t+Vt\sin\theta_2\quad \text{により，}\quad v_2'=v_2+V\sin\theta_2\quad\cdots\cdots②$$

注意 ここでは問われていないが，式①，②を v_2'，$\sin\theta_2$ についての連立方程式として解くと，

$$\sin\theta_2=\frac{v_2\sin\theta_1}{v_1-V\sin\theta_1},\qquad v_2'=\frac{v_1v_2}{v_1-V\sin\theta_1}\quad\cdots\cdots③$$

すなわち，境界面上側ではこの角度 θ_2 の向きに，この速さ v_2' で進む。

また，式②，③において，$V=0$（風が吹いていない）を代入すると，$v_2'=v_2$ が確かめられる。

問5　音速は $v_2'=v_2+V\sin\theta_2$ であり，気球は速度 V の音波の進行方向の成分 $V\sin\theta_2$ で音源から遠ざかると考え，

（図の中のラベル）波面，B$''$，θ_2，B$'$，θ_2，B，θ_2，θ_1，D，v_2t，C$'$，θ_1，Vt，v_1t，C

$$f' = \frac{v_2' - V\sin\theta_2}{v_2' - 0}f = \frac{(v_2 + V\sin\theta_2) - V\sin\theta_2}{(v_2 + V\sin\theta_2) - 0}f = \frac{v_2}{v_2 + V\sin\theta_2}f$$

Point ある時刻の波面の各点から出る「素元波が伝わる予定の半円」を「伝わる可能性のある領域」として図示すると，その半円に共通に接する曲線が次の瞬間の波面となる。これが「ホイヘンスの原理」である。

---

28 〔Ⅰ〕 **問1** (1) $f\Delta t$　(2) $\dfrac{L}{V}$　(3) $v\Delta t\cos\theta$　(4) $v\Delta t\sin\theta$

(5) $\dfrac{\sqrt{L^2 + (v\Delta t)^2 - 2L(v\Delta t)\cos\theta}}{V}$　**問2** $\dfrac{V}{V - v\cos\theta}f$　**問3** (ア)

〔Ⅱ〕 **問4** $\cos\varphi_{\mathrm{D}} = \dfrac{r}{L}$　**問5** $\dfrac{L - r}{V}$

問6 (6) 最大値：$\dfrac{VT}{VT - 2\pi r}f$，　最小値：$\dfrac{VT}{VT + 2\pi r}f$

(7) $\dfrac{L - r}{V}$，$\dfrac{1}{2}T + \dfrac{L + r}{V}$，$T + \dfrac{L - r}{V}$　(8) 解説参照

解説 〔Ⅰ〕 **問1** (1) 単位時間当たりの波の個数 f に対して，時間 Δt の間の波の個数 n は，$n = f\Delta t$

(2) 原点Oで出た音が距離 L 離れた点Aに届く時刻 t_1 は，$t_1 = \dfrac{L}{V}$

　注意 音源の速さ v は音速に影響せず，音波は音速 V で伝わる。

(3), (4) 音源は速さ v，角 θ の向きに等速運動している。時刻 Δt の点Bの座標 $(x,\ y)$ は，
$(x,\ y) = (v\Delta t\cos\theta,\ v\Delta t\sin\theta)$

(5) 点A，B間の距離 l は，余弦定理により，
$l = \sqrt{L^2 + (v\Delta t)^2 - 2L(v\Delta t)\cos\theta}$ ……①
これにより，点Bで出た音が点Aに届く時刻 t_2 は，
$t_2 = \Delta t + \dfrac{\sqrt{L^2 + (v\Delta t)^2 - 2L(v\Delta t)\cos\theta}}{V}$

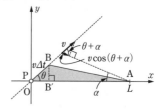

問2 式①の距離 l において，$(\Delta t)^2$ の項を無視し，さらに1に対して $\dfrac{2(v\Delta t)\cos\theta}{L}$ を微小な項として次のように近似計算する。

$$l = \sqrt{L^2 + (v\Delta t)^2 - 2L(v\Delta t)\cos\theta} \fallingdotseq L\left(1 - \frac{2(v\Delta t)\cos\theta}{L}\right)^{\frac{1}{2}} \fallingdotseq L\left(1 - \frac{(v\Delta t)\cos\theta}{L}\right)$$

　注意 上の結果は，距離 BA が近似的に次のように表せることを示す（**問1**の図）。
$$\mathrm{BA} \fallingdotseq \mathrm{B'A} = \mathrm{OA} - v\Delta t\cos\theta = L - v\Delta t\cos\theta$$

これにより，点Aにおいて n 個の波が観測される時間 $\Delta t'$ は，
$$\Delta t' = t_2 - t_1 = \left(\Delta t + \frac{l}{V}\right) - t_1 \fallingdotseq \left(1 - \frac{v\cos\theta}{V}\right)\Delta t$$

したがって，観測される音の振動数 f_{m0} は，

$$f_{m0} = \frac{n}{\Delta t'} = \frac{f\Delta t}{\left(1 - \frac{v\cos\theta}{V}\right)\Delta t} = \frac{V}{V - v\cos\theta}f \quad \cdots\cdots ②$$

注意 音源は時間 Δt の間に $f\Delta t$ 個の波を送り出す。ところが，観測者は同じ $f\Delta t$ 個の波を，Δt よりやや短い時間 $\Delta t'$ の間に受けることになる。この「ずれ」がドップラー効果である。なお，波の個数は等しく，$f\Delta t = f_{m0}\Delta t'$ である。

問3 式②によれば，観測される音の振動数 f_m は音源の速度 v の観測者に向かう方向成分 $v\cos(\theta+\alpha)$（ただし，$\theta \leqq \theta+\alpha < \pi$）に関係することがわかる（**問1**の図）。すなわち，

$$f_m = \frac{V}{V - v\cos(\theta+\alpha)}f$$

音源の移動にともない，角 $\theta+\alpha$ は θ から π に近い値まで単調に増加し，$\cos(\theta+\alpha)$ はある正の値から -1 に近い値まで単調に減少する。このため，点Aで観測される音の振動数 f_m は f_{m0} から単調に「減少し続ける」。（⇒(ア)）

〔Ⅱ〕 **問4** 角 φ_D の余弦関数（cos 関数）は図形的に $\cos\varphi_D = \dfrac{r}{L}$ と表される。

問5 時刻 $t=0$ に点Cで出た音が点Aに届く時刻 t_A は，CA 間の距離を考え，

$$t_A = \frac{L-r}{V}$$

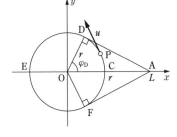

問6 (6) 等速円運動する音源の速さは $u = \dfrac{2\pi r}{T}$，

観測される音の振動数 f_m の最大値は，上図の点Fで出た音の点Aで観測される振動数である。その振動数 f_{mF} は，

$$f_{mF} = \frac{V}{V-u}f = \frac{VT}{VT - 2\pi r}f$$

同様に，最小値は点Dで出た音の点Aで観測される振動数で，その振動数 f_{mD} は，

$$f_{mD} = \frac{V}{V+u}f = \frac{VT}{VT + 2\pi r}f$$

(7) 振動数 f として観測される音は，点 C, E, C において時刻 0, $\dfrac{1}{2}T$, T に出た音である。これらの時刻を，点Aで音が観測される時刻に書き換えると，

$$\frac{L-r}{V}, \quad \frac{1}{2}T + \frac{L+r}{V}, \quad T + \frac{L-r}{V}$$

注意 上記の時刻のうち，第1番目，第3番目は，t_A, $T+t_A$ のことである。

(8) 下図。

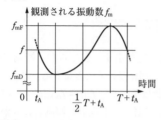

Point ドップラー効果の公式では，音源の「音が発せられた瞬間の音源の位置」と「観測者」を結ぶ直線の方向の速度成分を音源の速度とする（観測者の速度も同様）。

---

29 問1 (1) $\dfrac{x_0}{V}$　(2) $\dfrac{f_0 x_0}{V}$　(3) $\dfrac{(2V-v)x_0}{V^2}$　(4) $\dfrac{V}{V-v}f_0$

問2 (5) $V+w$　(6) $\dfrac{x_0}{V+w}$　(7) $\dfrac{\{2(V+w)-v\}x_0}{(V+w)^2}$　(8) $\dfrac{(V+w)}{(V+w)-v}f_0$

問3 (9) $\sqrt{V^2-w^2}\,t_f$　(10) $\sqrt{V^2-w^2}$　(11) $\dfrac{\sqrt{V^2-w^2}}{\sqrt{V^2-w^2}-v}f_0$　(12) 12 %

解説 問1 (1) 音源が動いていても，音速は V であるので，$t_1 = \dfrac{x_0}{V}$

(2) 振動数 f_0 とは，音源が単位時間当たりに発する波の個数を意味する。時刻 0 から t_1 の間に音源Sが発した波の個数 n は，$n = f_0 t_1 = \dfrac{f_0 x_0}{V}$ ……①

注意 この n 個の波の先頭は観測者Oの位置に，末尾は音源Sの位置にある。

(3) 時刻 t_1 における音源Sから観測者Oまでの距離は $x_0 - v t_1$，時刻 t_1 に音源Sが発した音が観測者Oに伝わる時刻 t_2 は，$t_2 = t_1 + \dfrac{x_0 - v t_1}{V} = \dfrac{(2V-v)x_0}{V^2}$ ……②

(4) 観測者Oは，式①の n 個の波の先頭を時刻 t_1 に聞きはじめ，末尾を時刻 t_2 に聞き終わる。時間 $t_2 - t_1$ に n 個であることから，単位時間当たりの個数，すなわち振動数 f_1 は，

$$f_1 = \frac{n}{t_2 - t_1} = \frac{V}{V-v}f_0 \quad ……③$$

参考 式③によれば，向かってくる音源が楽器音「ミ」音（$f_0 = 330$ Hz）を発するとき，半音高い「ファ」音（$f = 348$ Hz）に聞こえるならば，音源の速さ v は，$v \fallingdotseq 18$ m/s $= 65$ km/h と計算される。かなりの速さである（音速を 340 m/s とした）。

問2 (5) 風下側では「風に乗って」，音速は，$V+w$

(6) 音源Sから観測者Oまでの距離 x_0 を音速 $V+w$ で進むので，$t_3 = \dfrac{x_0}{V+w}$

(7) 時刻 t_3 における音源Sから観測者Oまでの距離は $x_0 - vt_3$ である。時刻 t_3 に発した音が観測者Oに伝わる時刻 t_4 は，$t_4 = t_3 + \dfrac{x_0 - vt_3}{V+w} = \dfrac{\{2(V+w)-v\}x_0}{(V+w)^2}$

　　注意 $w=0$ を代入すると，式②が確かめられる。

(8) 音源Sが時刻 t_3 までに発した個数 $n' = f_0 t_3$ の音を，観測者Oは時刻 t_3 から t_4 の時間で観測する。式③と同様に考え，単位時間当たりの波の個数，すなわち振動数 f_2 は，

$$f_2 = \frac{n'}{t_4 - t_3} = \frac{(V+w)}{(V+w)-v} f_0$$

　　注意 上の式は式③において音速 V を $V+w$ に置き換えたものに等しい。

問3 (9) 時刻0に音源Sを発した波面は時刻 t_f には半径 Vt_f の円形（球面）に広がる。ただし，円の中心は風下側に距離 wt_f 流された位置となる。この波面が x 軸を横切る座標 x_f は，右図の三角形について三平方の定理を考え，

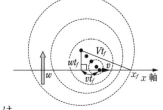

$$x_f = \sqrt{(Vt_f)^2 - (wt_f)^2} = \sqrt{V^2 - w^2}\, t_f$$

(10) 音源Sから観測者Oの向きに音の伝わる速さ V' は，

$$V' = \frac{x_f}{t_f} = \sqrt{V^2 - w^2}$$

(11) 式③において音速 V を V' に置き換えて考えることができる。観測者Oが聞く音の振動数 f_3 は，$f_3 = \dfrac{V'}{V'-v} f_0 = \dfrac{\sqrt{V^2-w^2}}{\sqrt{V^2-w^2}-v} f_0$ ……④

(12) 与えられた近似式を用い，さらに，比 $\dfrac{w}{V} = \dfrac{1}{4}$ を代入すると，音速 V' は

$$V' = \sqrt{V^2 - w^2} = V\sqrt{1 - \left(\frac{w}{V}\right)^2} \fallingdotseq V\left\{1 - \frac{1}{2}\left(\frac{w}{V}\right)^2\right\} = \frac{31}{32}V$$

式④に上の V'，および比 $\dfrac{v}{V} = \dfrac{1}{10}$ を代入すると，$f_3 = \dfrac{155}{139} f_0$ と得られる。これにより，

$$\frac{\varDelta f_3}{f_0} = \frac{f_3 - f_0}{f_0} = \frac{16}{139} \fallingdotseq 0.115 = 12\,\%$$

Point 風速 w の大気中のドップラー効果の式では，繰り返し，繰り返し，$w=0$ を代入して風が無い場合と一致するか確認しよう。

解説 **問1** (1), (2)　$\triangle AA'O \backsim \triangle BB'O$ により，$\dfrac{AA'}{BB'}=\dfrac{a}{b}$　……①

(3), (4)　$\triangle OPF' \backsim \triangle BB'F'$ により，$\dfrac{OP}{BB'}=\dfrac{f}{b-f}$　……②

(5)　$AA'=OP$ であることから，$\dfrac{OP}{BB'}=\dfrac{AA'}{BB'}$，すなわち，式①，②は同一の比であり，

$\quad\dfrac{a}{b}=\dfrac{f}{b-f}$　……③　これにより　$\dfrac{1}{a}+\dfrac{1}{b}=\dfrac{1}{f}$　……④

注意 式③から式④を導くにあたっては，はじめに式③を $a(b-f)=fb$ とし，

次に各辺を abf で割り，$\dfrac{ab}{abf}-\dfrac{af}{abf}=\dfrac{fb}{abf}$ とするのが扱いやすい。

問2　式④により，レンズLを動かす前のレンズLからスクリーンまでの距離 b は，

$\quad\dfrac{1}{20}+\dfrac{1}{b}=\dfrac{1}{16}$　すなわち，$b=80$ cm

物体 AA' からスクリーンまでの距離は 100 cm である。物体 AA' から距離 x の位置
にレンズLを移動し，再び鮮明な像を生じた場合，式④は次のように表せる。

$\quad\dfrac{1}{x}+\dfrac{1}{100-x}=\dfrac{1}{16}$

ここから得られる x についての 2 次方程式 $x^2-100x+1600=0$ により，

$\quad x=80$ cm　（移動前の位置，$x=20$ cm は除外する）

注意 $x=20$ cm，80 cm の2つの位置でスクリーン上に像ができるのは，

$\quad\dfrac{1}{20}+\dfrac{1}{80}=\dfrac{1}{16}$　であるとき　$\dfrac{1}{80}+\dfrac{1}{20}=\dfrac{1}{16}$

が成り立つことから明らかである。

スクリーン上の像の倍率 m は，$m=\dfrac{|b|}{|a|}=\dfrac{20}{80}=0.25$ 倍

注意 像の倍率 m は，比 $m=\dfrac{|b|}{|a|}$ をいう。$a<0$，$b<0$ の場合にも成り立つ。

問3 右図。

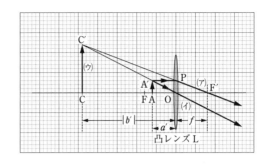

問4 式④により，像の作られる
位置を b' とすると，

$$\frac{1}{12}+\frac{1}{b'}=\frac{1}{16}\quad\text{すなわち}\quad b'=-48\text{ cm}$$

レンズLと虚像CC′の距離は，$|b'|=48$ cm

研究 問3の図のような物体とレンズLの配置の場
合，式④の a，b は右図のような向きを持つ「座標
軸」を考えている。$b<0$ は，レンズ左側，を意味す
る。

注意 「虚像」は英語では「virtual image」。
いわゆる「バーチャル」である。

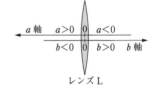

レンズL

問5 物体 AA′ からレンズ L_1 までの距離を a_1 とす
ると，式④は次のようになる。

$$\frac{1}{a_1}+\frac{1}{f_1+g}=\frac{1}{f_1}\quad\cdots\cdots⑤$$

上の式により，レンズ L_1 による倍率は，

$$\frac{\text{DD}'}{\text{AA}'}=\frac{f_1+g}{a_1}=\frac{g}{f_1}$$

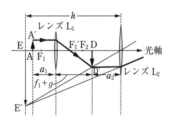

問6 実像 DD′ からレンズ L_2 までの距離を a_2 とすると，式④は次のようになる。

$$\frac{1}{a_2}+\frac{1}{-h}=\frac{1}{f_2}$$

上の式により，レンズ L_2 による倍率は，$\dfrac{\text{EE}'}{\text{DD}'}=\dfrac{h}{a_2}=\dfrac{h+f_2}{f_2}$

総合倍率 $\dfrac{\text{EE}'}{\text{AA}'}$ はそれぞれのレンズの倍率の積として表され，

$$\frac{\text{EE}'}{\text{AA}'}=\frac{\text{DD}'}{\text{AA}'}\times\frac{\text{EE}'}{\text{DD}'}=\frac{g}{f_1}\times\frac{h+f_2}{f_2}=\frac{g(h+f_2)}{f_1f_2}$$

問7 レンズ L_3 が作る実像は，実像 DD′ と同一の位置である。そうでなければ，虚像
JJ′ が EE′ と同じ位置となることはない。物体 AA′ を右向きに $\varDelta a_1$ 移動させたもの
と仮定すると，レンズ L_3 について式④は，$\dfrac{1}{a_1-\varDelta a_1}+\dfrac{1}{f_1+g}=\dfrac{1}{f_3}\quad\cdots\cdots⑥$

⑤，⑥の2式により a_1 を消去すると，$\varDelta a_1=\dfrac{(f_1-f_3)(f_1+g)^2}{g(f_1+g-f_3)}$

不等式 $f_1>f_3$，$f_1+g>f_3$ により，$\varDelta a_1>0$ が示される。レンズ L_1，L_3 による倍率

$\dfrac{f_1+g}{a_1}$, $\dfrac{f_1+g}{a_1-\Delta a_1}$ の大小を比較すると，$\Delta a_1>0$ により，$\dfrac{f_1+g}{a_1}<\dfrac{f_1+g}{a_1-\Delta a_1}$

すなわち，「物体 AA′ を右へ移動させた，$\dfrac{EE'}{AA'}<\dfrac{JJ'}{AA'}$」 （⇒(イ)）

問8 レンズ L_3 による実像を GG′ とすると，

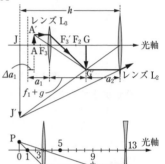

倍率 $\dfrac{JJ'}{AA'}$ は，

$$\dfrac{JJ'}{AA'}=\dfrac{GG'}{AA'}\times\dfrac{JJ'}{GG'}$$

$$=\dfrac{f_1+g-f_3}{f_3}\cdot\dfrac{h+f_2}{f_2}$$

研究 右図のように，2枚のレンズ L_1, L_2 による点Pの像を考えるとき，レンズ公式の a, b, f の値は次のようになる。図(a)の場合，凹レンズ L_2 の焦点距離を4とすると，虚像との距離は2となり，

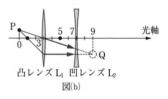

図(a)

（凸レンズ L_1） $\dfrac{1}{3}+\dfrac{1}{6}=\dfrac{1}{2}$

（凹レンズ L_2） $\dfrac{1}{4}+\dfrac{1}{-2}=\dfrac{1}{-4}$

凹レンズ L_2 にとって，点Qは「実光源」。ところが，図(b)のように，点Qに像を結ぶ手前にレンズ L_2 が配置されている場合，凹レンズ L_2 による実像と凹レンズ L_2 との距離は4となり，レンズ公式は，

図(b)

（凸レンズ L_1） $\dfrac{1}{3}+\dfrac{1}{6}=\dfrac{1}{2}$　　（凹レンズ L_2） $\dfrac{1}{-2}+\dfrac{1}{4}=\dfrac{1}{-4}$

この -2 が「虚光源」を意味し，$a<0$ という扱いになる。このように，「実光源」・「虚光源」は各光源に固有な違いではなく，像とレンズの位置の関係によるものである。

点Qがレンズ L_2 の右側にある場合が虚光源，それはそうではあるが，「実像」・「虚像」・「実光源」・「虚光源」の4つの区別は図(c)のように，光線の発散・収束の状況によるものともいえる。右図の分類は，凸レンズ，凹レンズのレンズの種類は問わない。

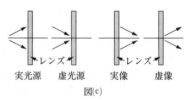

図(c)

Point 凸レンズ，凹レンズ，凸面鏡，凹面鏡，平面鏡，そのどれについても式は

1つ $\dfrac{1}{a}+\dfrac{1}{b}=\dfrac{1}{f}$ で，

$a<0$（虚光源），$b<0$（虚像），$f<0$（凹レンズ，凸面鏡）

と使い分ける。

問1 (1) $2xd$ (2) $\dfrac{xd}{L}$ (3) $2A\cos 2\pi\left(\dfrac{xd}{2L\lambda}\right)\sin 2\pi\left(\dfrac{t}{T}-\dfrac{L}{\lambda}\right)$

(4) $2A\cos 2\pi\left(\dfrac{3xd}{2L\lambda}\right)\sin 2\pi\left(\dfrac{t}{T}-\dfrac{L}{\lambda}\right)$ (5) $2A^2\cos^2 2\pi\left(\dfrac{3xd}{2L\lambda}\right)$ (6) $\dfrac{1}{3}$

(7) $4A\cos 2\pi\left(\dfrac{xd}{L\lambda}\right)\cos 2\pi\left(\dfrac{xd}{2L\lambda}\right)\sin 2\pi\left(\dfrac{t}{T}-\dfrac{L}{\lambda}\right)$

(8) $8A^2\cos^2 2\pi\left(\dfrac{xd}{L\lambda}\right)\cos^2 2\pi\left(\dfrac{xd}{2L\lambda}\right)$ (9) 4 **問2** 式(b)：(イ)，式(c)：(オ)

問3 解説参照

解説 問1 (1) 三平方の定理

$$L_1{}^2=L^2+\left(x+\frac{1}{2}d\right)^2, \qquad L_2{}^2=L^2+\left(x-\frac{1}{2}d\right)^2$$

の2式により，$L_1{}^2-L_2{}^2=2xd$ ……①

(2) 式①左辺の因数分解

$$L_1{}^2-L_2{}^2=(L_1+L_2)(L_1-L_2)=2xd$$

において，$L_1+L_2\fallingdotseq 2L$ ……② を用いると，

$$L_1-L_2=\frac{xd}{L} \quad \cdots\cdots③$$

研究 近似計算

$$L_1=L\left\{1+\frac{1}{L^2}\left(x+\frac{1}{2}d\right)^2\right\}^{\frac{1}{2}}\fallingdotseq L\left\{1+\frac{1}{2L^2}\left(x+\frac{1}{2}d\right)^2\right\}$$

$$L_2=L\left\{1+\frac{1}{L^2}\left(x-\frac{1}{2}d\right)^2\right\}^{\frac{1}{2}}\fallingdotseq L\left\{1+\frac{1}{2L^2}\left(x-\frac{1}{2}d\right)^2\right\}$$

によっても式③と同じ結果が得られる。上の2式によれば，

$$L_1+L_2\fallingdotseq 2L\left(1+\frac{x^2}{L^2}+\frac{d^2}{4L^2}\right)\fallingdotseq 2L$$

$L_1+L_2\fallingdotseq 2L$ であっても，$L_1-L_2\fallingdotseq 0$ とはしないことに注意したい。

$$x_1+x_2=1.0003=1+0.0003, \qquad x_1-x_2=0.0001$$

でたとえるなら，

$$(x_1+x_2)(x_1-x_2)=(1+0.0003)\times 0.0001$$

の計算上，「0.0003は省略するが，0.0001は省略しない」，という扱いと同様である。

(3) sin関数の重ねあわせにより，

$$\begin{aligned}F_1&=A\sin 2\pi\left(\frac{t}{T}-\frac{L_1}{\lambda}\right)+A\sin 2\pi\left(\frac{t}{T}-\frac{L_2}{\lambda}\right)\\&=2A\cos 2\pi\left(\frac{L_1-L_2}{2\lambda}\right)\sin 2\pi\left(\frac{t}{T}-\frac{L_1+L_2}{2\lambda}\right)\\&=2A\cos 2\pi\left(\frac{xd}{2L\lambda}\right)\sin 2\pi\left(\frac{t}{T}-\frac{L}{\lambda}\right) \quad\cdots\cdots④\end{aligned}$$

ここで，式②，③により置き換えを行った。

注意 明線の位置は，$\cos^2 2\pi\left(\dfrac{xd}{2L\lambda}\right)=1$，すなわち，$2\pi\left(\dfrac{xd}{2L\lambda}\right)=m\pi$ から得られる。

side
第3章 波動

(4) 同様に，$L_3-L_4 \fallingdotseq \dfrac{3dx}{L}$ となるので，sin 関数の重ねあわせにより，

$$F_2 = A\sin 2\pi\left(\dfrac{t}{T}-\dfrac{L_3}{\lambda}\right)+A\sin 2\pi\left(\dfrac{t}{T}-\dfrac{L_4}{\lambda}\right)$$

$$= 2A\cos 2\pi\left(\dfrac{3xd}{2L\lambda}\right)\sin 2\pi\left(\dfrac{t}{T}-\dfrac{L}{\lambda}\right) \quad \cdots\cdots ⑤$$

ここで，$L_3+L_4 \fallingdotseq 2L$ とした。

(5) 関数 $\sin^2 2\pi\left(\dfrac{t}{T}-\dfrac{L}{\lambda}\right)$ の時間平均が $\dfrac{1}{2}$ となることから，

$$I_2 = \langle F_2{}^2\rangle = \dfrac{1}{2}\times\left\{2A\cos 2\pi\left(\dfrac{3xd}{2L\lambda}\right)\right\}^2 = 2A^2\cos^2 2\pi\left(\dfrac{3xd}{2L\lambda}\right) \quad \cdots\cdots ⑥$$

注意 三角関数の等式 $\sin^2\theta = \dfrac{1-\cos 2\theta}{2} = \dfrac{1}{2}-\dfrac{1}{2}\cos 2\theta$ によれば，関数 $\sin^2\theta$

は $\dfrac{1}{2}$ を中心に $0 \sim +1$ の間を変動する関数であり，平均値は $\dfrac{1}{2}$ である。

(6) スリット S_1，S_2 による明線の間隔 Δx，および S_3，S_4 による間隔 $\Delta x'$ を比較する。スリット S_1，S_2 による m 番目の明線の座標を x_m，S_3，S_4 による m 番目の明線の座標を x_m' とすると，

$$\Delta x = x_{m+1}-x_m = \left(\dfrac{L\lambda}{2d}\right)\times\{2(m+1)-2m\} = \dfrac{L\lambda}{d}$$

$$\Delta x' = x_{m+1}'-x_m' = \left\{\dfrac{L\lambda}{2(3d)}\right\}\times\{2(m+1)-2m\} = \dfrac{L\lambda}{3d}$$

これにより，$\dfrac{\Delta x'}{\Delta x} = \dfrac{1}{3}$ 倍

(7) 式④，⑤の 2 式を用いると，

$$F_3 = F_1+F_2 = 2A\left\{\cos 2\pi\left(\dfrac{xd}{2L\lambda}\right)+\cos 2\pi\left(\dfrac{3xd}{2L\lambda}\right)\right\}\sin 2\pi\left(\dfrac{t}{T}-\dfrac{L}{\lambda}\right)$$

$$= 4A\cos 2\pi\left(\dfrac{xd}{L\lambda}\right)\cos 2\pi\left(\dfrac{xd}{2L\lambda}\right)\sin 2\pi\left(\dfrac{t}{T}-\dfrac{L}{\lambda}\right) \quad \cdots\cdots ⑦$$

注意 $L_1+L_2=L_3+L_4 \fallingdotseq 2L$ であるため，$\sin 2\pi\left(\dfrac{t}{T}-\dfrac{L}{\lambda}\right)$ を共通項としてくくることができる。S_4，S_2 による L_4+L_2，S_1，S_3 による L_1+L_3 を組合せた場合，$L_4+L_2 \neq L_1+L_3$ となり，共通項を作ることはできない。

(8) 式⑦の $F_3{}^2$ の平均値 I_3 は，

$$I_3 = \langle F_3{}^2\rangle = \dfrac{1}{2}\times\left\{4A\cos 2\pi\left(\dfrac{xd}{L\lambda}\right)\cos 2\pi\left(\dfrac{xd}{2L\lambda}\right)\right\}^2$$

$$= 8A^2\cos^2 2\pi\left(\dfrac{xd}{L\lambda}\right)\cos^2 2\pi\left(\dfrac{xd}{2L\lambda}\right) \quad \cdots\cdots ⑧$$

(9) 式⑥の最大値 $2A^2$ に対して，式⑧の最大値 $8A^2$ は 4 倍である。

問2 式⑥の I_2 は図(イ)，式⑧の I_3 は，$x=0$ で $I_3\neq 0$ であることと，$x=\dfrac{1}{4}\cdot\dfrac{L\lambda}{d}$ で $I_3=0$ であることから，図(オ)。

■研究■ 式⑧の関数は次の不等式を満たす。

$$0 \leqq \cos^2 2\pi\left(\frac{xd}{L\lambda}\right)\cos^2 2\pi\left(\frac{xd}{2L\lambda}\right) \leqq \cos^2 2\pi\left(\frac{xd}{2L\lambda}\right)$$

すなわち，関数 $\cos^2 2\pi\left(\frac{xd}{L\lambda}\right)\cos^2 2\pi\left(\frac{xd}{2L\lambda}\right)$ は，「緩やかに変動する関数

$\cos^2 2\pi\left(\frac{xd}{2L\lambda}\right)$ の変動範囲の内側で，関数 $\cos^2 2\pi\left(\frac{xd}{L\lambda}\right)$ が変動するグラフ」である。

グラフ(オ)は，グラフ(ア)と同型の $\cos^2 2\pi\left(\frac{xd}{2L\lambda}\right)$ 型の輪郭線(りんかく)が想定されるグラフである。

下図中の(A)，(B)，(C)のように，$\cos^2 2\pi\left(\frac{xd}{L\lambda}\right)$，$\cos^2 2\pi\left(\frac{xd}{2L\lambda}\right)$ の一方が 0 の場合，I_3 は 0 となる。なお，I_3 のグラフは，$I_3 = I_1 + I_2$ としては得られない。これは合成強度 $\langle(F_1+F_2)^2\rangle$ と，$\langle F_1^2\rangle + \langle F_2^2\rangle$ の違いによる。強度の合成は「前者」としなければならない。

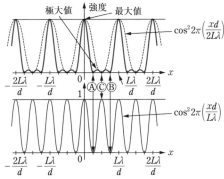

問3 $m=0$ については白色，$m=\pm1$，±2，…… では，点Oに近い側に紫色，遠い側に赤色が並ぶ虹状の色の分解（スペクトル分解）が起こる。

Point 三角関数の合成式

$$\sin A + \sin B = 2\sin\frac{A+B}{2}\cos\frac{A-B}{2} \quad \text{は，}$$

$$\sin kA + \sin kB = 2\sin k\frac{A+B}{2}\cos k\frac{A-B}{2}$$

のように共通の定数 k を含む場合にも成り立つ。正弦波の合成，交流回路では，定数 k が $2\pi f$，2π，ω という例は多い。

32 (1) グラフ(ア), $x_0=\dfrac{\lambda l}{d}$ (2) グラフ(ウ), $x_0=\dfrac{\lambda l}{2d}$ (3) グラフ(ケ), $x_0=\dfrac{\lambda l}{d}$

解説 (1) 「幅」d の単スリットによる光波の干渉である。干渉縞の図形はグラフ(ア)となる。暗線の方向を中心線と光線のなす角 θ_{m_1} で表すと，整数 m_1 を用いて，

$$\left(\frac{1}{2}d\right)\sin\theta_{m_1}=\left(m_1+\frac{1}{2}\right)\lambda$$

図形的関係，$\tan\theta_{m_1}\fallingdotseq\sin\theta_{m_1}$，$\tan\theta_{m_1}=\dfrac{x_{m_1}}{l}$ ……① を用いると，暗線のスクリーン上の位置 x_{m_1} は，$x_{m_1}=\left(m_1+\dfrac{1}{2}\right)\dfrac{2\lambda l}{d}$

点Oに最も近い暗線の位置 x_0 は，$m_1=0$ として，$x_0=\dfrac{\lambda l}{d}$

> **注意** 以下，スリットの「格子間隔」とスリットの「幅」を厳格に区別している。
> また，どのスリットを用いた場合にも，スクリーン上の中央，点Oは明線となる。これにより，選択肢のグラフのうち，(エ)，(ク)，(コ)は除外される。

> **研究** 単スリットによる明暗の分布は $\dfrac{\sin^2 x}{x^2}$
> 型の曲線となることが知られている。sin関数
> の性質 $0\leqq\dfrac{\sin^2 x}{x^2}\leqq\dfrac{1}{x^2}$ により，この関数は 0
> と $\dfrac{1}{x^2}$ の間を変動する右図のような曲線である。
> 主極大の強度 1 に対して，副極大の強度は
> 0.047 程度と計算される。

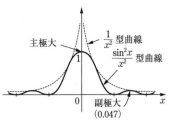

主極大 $\frac{1}{x^2}$ 型曲線 $\frac{\sin^2 x}{x^2}$ 型曲線

副極大 (0.047)

(2) 「幅」$\dfrac{1}{5}d$ の単スリットによる干渉，「格子間隔」d の2個のスリットによる干渉，の2種の要因による明暗の分布が生じる。

「幅」$\dfrac{1}{5}d$ の単スリットにより生じる暗線の方向を θ_{m_2} とすると，整数 m_2 を用いて，

$$\frac{1}{2}\left(\frac{1}{5}d\right)\sin\theta_{m_2}=\left(m_2+\frac{1}{2}\right)\lambda \quad\cdots\cdots②$$

式①と同様な図形的関係を用いると，点Oに最も近い暗線の位置 x_0' は，$m_2=0$ として，

$$x_0'=\frac{5\lambda l}{d}$$

これは(1)の場合よりも緩やかな変動を表している。

2個のスリットによって生じる暗線の方向 θ_{m_3} は，整数 m_3 を用いて，

$$d\sin\theta_{m_3}=\left(m_3+\frac{1}{2}\right)\lambda$$

点Oに最も近い暗線の位置 x_0 は，$m_3=0$ として，$x_0=\dfrac{\lambda l}{2d}$

これは「幅」$\frac{1}{5}d$ の単スリットによる変動よりも激しい変動を表している。

　以上から，スリット(2)の場合，干渉縞は，$x_0' = \frac{5\lambda l}{d}$ の(1)よりも緩やかな変動とそれを超えない $x_0 = \frac{\lambda l}{2d}$ の激しい変動を合成したものになる（**研究**参照）。よって，干渉縞の図形はグラフ(ウ)で，$x_0 = \frac{\lambda l}{2d}$

　注意　スリットの「幅」が「格子間隔」d に対して無視できるほど小さい場合，大きな x に対しても同じ極大強度が繰り返される。

　研究「幅」$\frac{1}{5}d$ の単スリットによる変動をⒶ，「格子間隔」d の2個のスリットによる変動をⒷとして図示すると，次のようになる（Ⓑの変動は実際よりも緩やかに描かれている）。

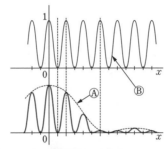

　スクリーン上での強度は，前問 **31** のように，
　　　　(定数)×(激しい変動)²×(緩やかな変動)²
で表せる。また，**31** と同様，変動は三角関数で表されるので，(変動)² は0以上1以下である。最大強度を1とすると，(定数)＝1 となり，また，(変動)² は0以上1以下であるので，
　　　　$0 \leqq (激しい変動)^2 \times (緩やかな変動)^2 \leqq (緩やかな変動)^2$
となる。したがって，干渉縞の図形は，緩やかな変動Ⓐとそれを超えない激しい変動Ⓑを合成したもの（上図の赤い曲線）となる。

(3)「幅」$\frac{1}{5}d$ の単スリットによる干渉，「格子間隔」d の回折格子による干渉，の2種の要因による明暗の分布を生じる。

　「幅」$\frac{1}{5}d$ の単スリットにより生じる暗線の位置は，式②によるものとまったく同じもので，点Oに最も近い暗線の位置 x_0' は，$x_0' = \frac{5\lambda l}{d}$

これは(2)と同様に(1)の場合よりも緩やかな変動を表している。

　スリット1と10の2個のスリットによる干渉の条件式は整数 m_4 を用いて表すと，
　　　　$9d \sin\theta_{m_4} = m_4 \lambda$　（強めあう），　　$9d \sin\theta_{m_4} = \left(m_4 + \frac{1}{2}\right)\lambda$　（弱めあう）

スクリーン上の位置 x_{m_4} に置き換えると，

$$x_{m_4}=m_4\times\frac{l\lambda}{9d}, \qquad x_{m_4}=\left(m_4+\frac{1}{2}\right)\times\frac{l\lambda}{9d}$$

同様に，スリット 2 と 9 の 2 個のスリットによる干渉により，スクリーン上では，

$$x_{m_4}'=m_4'\times\frac{l\lambda}{7d} \quad（強めあう）, \qquad x_{m_4}'=\left(m_4'+\frac{1}{2}\right)\times\frac{l\lambda}{7d} \quad（弱めあう）$$

スリット 3 と 8, ……, の組合せも考えると結局，10 個のスリットにより，

(a) 間隔 $\dfrac{l\lambda}{9d}$ の極大・極小，間隔 $\dfrac{l\lambda}{7d}$ の極大・極小，……，が重なった分布が現れる。

(b) $x_0=\dfrac{l\lambda}{d}$ ではすべてが強めあい，点 O に最も近い「強度ほぼ 1 の極大点」となる。

(3)の場合も(2)と同様に，単スリットの干渉の緩やかな変動とそれを超えない回折格子の激しい変動を合成したものになる。以上から，干渉縞の図形はグラフ(ケ)で，
$$x_0=\frac{\lambda l}{d}$$

注意 スリットの個数が多数の場合，副極大は消え，明線の幅が狭くなる。

Point スリットの幅を考慮するヤングの干渉実験の明暗の分布では，
①スリットの「個数」，「間隔」，「幅」が 3 つの要素。
②緩やかな変動とそれを超えない激しい変動の合成となる。

---

33 問1 (1) $m\lambda$ (2) $\left(m+\dfrac{1}{2}\right)\lambda$ (3) $2u_0$ 問2 (4) $m(\lambda+\Delta\lambda)$

(5) $\left(m+\dfrac{1}{2}\right)\left(\lambda-\dfrac{1}{2}\Delta\lambda\right)$ (6) $\dfrac{\left(\lambda-\dfrac{1}{2}\Delta\lambda\right)(\lambda+\Delta\lambda)}{6\Delta\lambda}$ 問3 (7) m

(8) $m+\dfrac{1}{2}$ (9) 減少する（暗くなる） 問4 (10) $\dfrac{c+v}{c-v}$

(11) うなりのような長い周期の強度の振動を生じる

(12) 振動数 $5.6\times10^7\,\mathrm{Hz}$ で振動する

解説 問1 (1) 強度 I が極大になるのは，光路差 $2|l-l_0|$ が波長 λ の整数倍の場合で，
$$2|l-l_0|=m\lambda$$

(2) 強度 I が極小になるのは，光路差 $2|l-l_0|$ が波長 λ の半整数倍の場合であるから，
$$2|l-l_0|=\left(m+\frac{1}{2}\right)\lambda$$

(3) 距離 u_0 離れた 2 点について，極大の条件式はそれぞれ，
$$2(l-l_0)=m\lambda$$
$$2\{(l+u_0)-l_0\}=(m+1)\lambda$$
となるので，$\lambda=2u_0$

問2 (4) 極大の条件式は，$2|l_1-l_0|=m(\lambda+\Delta\lambda)$ ……①

(5) 極小の条件式は，$2|l_1-l_0|=\left(m+\dfrac{1}{2}\right)\left(\lambda-\dfrac{1}{2}\varDelta\lambda\right)$ ……②

　　注意 左辺の光路差を変えず，波長をλより短くしているため，

$$2|l_1-l_0|=\left(m-\dfrac{1}{2}\right)\left(\lambda-\dfrac{1}{2}\varDelta\lambda\right)$$

とすることはできない。

(6) ①，②の2式を，$|l_1-l_0|$，mについての連立方程式として解くと，

$$|l_1-l_0|=\dfrac{\left(\lambda-\dfrac{1}{2}\varDelta\lambda\right)(\lambda+\varDelta\lambda)}{6\varDelta\lambda}$$

　　注意 上の2式から，$|l_1-l_0|$を消去し，先にmを求める方が計算上扱いやすい。

　　研究 mの解は，$m=\dfrac{2\lambda-\varDelta\lambda}{6\varDelta\lambda}$と得られる。$m$が「ある確定した整数」の場合に限って式①，②は成り立つ。

問3 (7)，(8) 式①により，$2|l_1-l_0|=m(\lambda+\varDelta\lambda)>m\lambda$

式②により，$2|l_1-l_0|=\left(m+\dfrac{1}{2}\right)\left(\lambda-\dfrac{1}{2}\varDelta\lambda\right)<\left(m+\dfrac{1}{2}\right)\lambda$

と得られる。すなわち，$m\lambda<2|l_1-l_0|<\left(m+\dfrac{1}{2}\right)\lambda$

　　注意 問2の**研究**の図の点Aの光路差$2|l_1-l_0|$に対し，点B，点Cの光路差との大小を比較したもの。

(9) 減少する（暗くなる）

　　注意 波長を変えずに光路差を大きくするもので，問2の**研究**の図の「$\left(m+\dfrac{1}{2}\right)$の暗」に向かう矢印Ⓕをいう。

問4 (10) 動く平面鏡Mが受ける振動数f''と送り出す振動数は等しい。入射光dの振動数をf，反射光eの光検出器Dが受ける振動数をf'とすると，ドップラー効果による振動数変化は，

$$f''=\dfrac{c-v}{c-0}f,\quad f'=\dfrac{c-0}{c-(-v)}f''\quad \text{すなわち}\quad f'=\dfrac{c-v}{c-(-v)}f$$

$c=f\lambda$，$c=f'\lambda'$の2式により，波長の関係に書き換えると，

$$\lambda'=\dfrac{c+v}{c-v}\lambda$$

(11) 10^{14} Hz 程度の光波の振動数に比べ，光の強度Iははるかにゆっくりとした振動となる。音波でいう「うなり」に相当する。

(12) 2つの振動数

$$f=\dfrac{c}{\lambda},\quad f'=\dfrac{c-v}{c+v}f=\dfrac{c-v}{c+v}\cdot\dfrac{c}{\lambda}$$

からなる光波の重ねあわせにより生じる「うなり」の回数$|f-f'|$は，

$$|f-f'|=\dfrac{c}{\lambda}-\dfrac{c-v}{c+v}\cdot\dfrac{c}{\lambda}\fallingdotseq\dfrac{2v}{\lambda}=\dfrac{2\times(60\times10^3)\times\dfrac{1}{3600}}{600\times10^{-9}}\fallingdotseq5.6\times10^7\,\text{Hz}$$

干渉光の強度 I は振動数 $5.6 \times 10^7\,\mathrm{Hz}$ で振動する。

注意 途中，$\dfrac{c}{c+v} \fallingdotseq 1$ としている。振動数 $5.6 \times 10^7\,\mathrm{Hz}$ は，光の振動数 $5.0 \times 10^{14}\,\mathrm{Hz}$ に比べはるかにゆっくりした振動といえる。

研究 問2において，明・暗の条件を満たす，光路差 $2|l-l_0|$ と波長 λ の関係は右図のようになる。光路差 $2|l_1-l_0|$，波長 λ の点Aをはじめの状態としている。

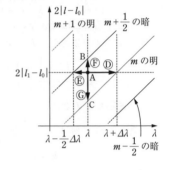

矢印Ⓓ：光路差を変えずに，波長を長くした場合，「m の明」に向かう。

矢印Ⓔ：光路差を変えずに，波長を短くした場合，「$m+\dfrac{1}{2}$ の暗」に向かう。

矢印Ⓕ：波長を変えずに，光路差を大きくした場合，「$m+\dfrac{1}{2}$ の暗」に向かう。

矢印Ⓖ：波長を変えずに，光路差を小さくした場合，「m の明」に向かう。

Point
干渉の「明」の条件式，$l_2-l_1=m\lambda$ に対して，光路差を変えずに波長を $\lambda+\Delta\lambda$ とした場合，隣の「明」の条件は，
$$l_2-l_1=(m\pm1)(\lambda+\Delta\lambda) \quad (m \text{ は整数})$$
複号の $\pm$ は，「$\Delta\lambda>0$ ならば $-$，$\Delta\lambda<0$ ならば $+$」を選ぶ。

第4章 電磁気

34 問1 $E_1 = k_0 \dfrac{Q}{r^2}$, $V_1 = k_0 \dfrac{Q}{r}$

問2 $E_2 = k_0 \dfrac{Q}{r^2}$, $V_2 = k_0 \dfrac{Q}{r}$, $V_0 = k_0 \dfrac{Q}{a}$

問3 $k_0 \dfrac{Q_1 + Q_2 + Q_3 + \cdots\cdots + Q_n}{a}$ 問4 $V_R + k_0 \dfrac{Q_0}{r}$

問5 (1) (ケ) (2) (キ) (3) (カ) (4) (ウ) (5) (ウ) (6) (ク)

(7) (オ) (8) (ア) (9) (サ) (10) $V_A = k_0 \dfrac{Q}{r}$

解説 問1 点電荷Aから距離 r の点においては，電場の強さ $E_1 = k_0 \dfrac{Q}{r^2}$，電位

$V_1 = k_0 \dfrac{Q}{r}$

問2 中心が導体球の中心と同じで半径が r の球面を考える。半径 r の球面を貫く電気力線を N 本とすると，

$$E_2 = \frac{N}{4\pi r^2}$$

ガウスの法則より，$N = 4\pi k_0 Q$ なので，

$$E_2 = \frac{4\pi k_0 Q}{4\pi r^2} = k_0 \frac{Q}{r^2} \quad (r > a)$$

導体球外部の電位は，点Oに点電荷 Q がある場合と変わらず，

$$V_2 = k_0 \frac{Q}{r} \quad (r > a) \quad \cdots\cdots①$$

導体球の中心Oの電位は，導体球表面の電位に等しい。式①において $r = a$ とし，

$$V_0 = k_0 \frac{Q}{a}$$

問3 導体球上の各電荷はどれも点Oからの距離 a の位置にある。これらの各電荷が作る電位 $k_0 \dfrac{Q_1}{a}$, $k_0 \dfrac{Q_2}{a}$, $k_0 \dfrac{Q_3}{a}$, $\cdots\cdots$, $k_0 \dfrac{Q_n}{a}$ の和として，

$$V_0' = k_0 \frac{Q_1 + Q_2 + Q_3 + \cdots\cdots + Q_n}{a}$$

問4 電位の重ねあわせを考える。n 個の点電荷が作る電位が V_R，電気量 Q_0 の電荷が作る電位が $k_0 \dfrac{Q_0}{r}$ より，$V_R' = V_R + k_0 \dfrac{Q_0}{r}$

注意 電荷 Q_1, Q_2, $\cdots\cdots$, Q_n は「固定されていること」が必要である。点電荷 Q_0 を新たに置いたとき，電荷 Q_1, Q_2, $\cdots\cdots$, Q_n の配置が変わるならば，電位の重ねあわせは移動後の電荷配置について考えなければならない。**問5**はそうした例である。

問5 (10) 導体球殻表面に誘導された電荷を $+Q_A$, $-Q_A$ とすると，点Oの電位は電荷

Q, $+Q_A$, $-Q_A$ による電位の重ねあわせを考え，

$$V_A = k_0\frac{Q}{r} + k_0\frac{+Q_A}{a} + k_0\frac{-Q_A}{a} = k_0\frac{Q}{r}$$

研究 誘導電荷 $+Q_A$，$-Q_A$ だけを考えた場合，これらによる電位 $V_A{}'$ が 0 となる
のは点 O だけである。範囲 $-a < r < +a$
の電位 $V_A{}'$ は右図のようになる。これに
よれば，点 O では導体球殻 A が存在する，
しないによらず，同一の電位 $V_0 = k_0\frac{Q}{r}$ と
なる。なお，点 O，P を通る直線上の電位
は重ねあわせの結果，右図のようになる。

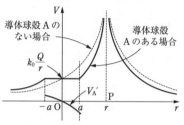

導体球殻 A の ない場合 / 導体球殻 A のある場合

Point 点電荷 Q_A，Q_B が作る電場，電位の重ねあわせは，

電場：$E_A = k\dfrac{|Q_A|}{r_A{}^2}$，$E_B = k\dfrac{|Q_B|}{r_B{}^2}$ はベクトル合成

電位：$V_A = k\dfrac{Q_A}{r_A}$，$V_B = k\dfrac{Q_B}{r_B}$ は代数和

静電誘導により電荷の移動が生じる場合，移動後の電荷配置による重ね
あわせとなる。

---

35 問1 (1) 解説参照 (2) 点電荷を $y>0$ に置いたとき，8.0×10^5 m/s，
$y<0$ に置いたとき，-8.0×10^5 m/s

問2 (3) $\left(x - \dfrac{5}{6}l\right)^2 + y^2 = \left(\dfrac{2}{3}l\right)^2$，点 $\left(\dfrac{5}{6}l,\ 0\right)$ を中心とする半径 $\dfrac{2}{3}l$ の円

(4) 点 $P\left(\left(\sqrt{2} + \dfrac{3}{2}\right)l,\ 0\right)$ (5) 解説参照 (6) $-\dfrac{1}{2}\pi < \theta < \dfrac{1}{2}\pi$

(7) 解説参照

解説 問1 (1) 右図。

(2) クーロンの法則の比例定数を k_0，荷電粒子を置
く，y 座標が正の点 C の座標を $(0,\ +d)$ と表すと，
点 C の電位 V_C は次のようになり，数値を代入す
ると，

$$V_C = k_0\frac{Q}{\sqrt{\left(\frac{1}{2}l\right)^2 + d^2}} + k_0\frac{Q}{\sqrt{\left(\frac{1}{2}l\right)^2 + d^2}}$$

$$= 1.8\text{ V}$$

荷電粒子を置くもう一方の点（y 座標が負）を $D(0,\ -d)$ とすると，対称性により
点 D の電位も $V_D = 1.8$ V である。荷電粒子の質量を m，電荷を e とすると，無限
遠での速さ v_0 は，次のエネルギー保存の法則の式を満たす。

$$\frac{1}{2}mv_0{}^2 + 0 = \frac{1}{2}m \times 0^2 + eV_C \quad \text{これにより，} \quad v_0 = \sqrt{\frac{2eV_C}{m}} = 8.0 \times 10^5\text{ m/s}$$

荷電粒子は y 軸に沿って進み，無限遠での y 軸方向の速度 v の値は，向きを考慮すると，荷電粒子を

　　点Cに置いたとき，$v = 8.0 \times 10^5$ m/s

　　点Dに置いたとき，$v = -8.0 \times 10^5$ m/s

問2 (3) 点A，点Bの電荷が作る電位の和 V が0となる点の座標を (x, y) とすると，

$$V = k_0 \frac{Q}{\sqrt{\left\{x - \left(-\frac{1}{2}l\right)\right\}^2 + y^2}} + \left\{k_0 \frac{-\frac{1}{2}Q}{\sqrt{\left(x - \frac{1}{2}l\right)^2 + y^2}}\right\} = 0$$

より，

$$\left(x - \frac{5}{6}l\right)^2 + y^2 = \left(\frac{2}{3}l\right)^2$$

この式が表す xy 平面上の図形は，点 $\left(\frac{5}{6}l, \ 0\right)$ を中心とする半径 $\frac{2}{3}l$ の円，となる。

注意 この円は，x 軸上で電位が0となる点 $\left(\frac{1}{6}l, \ 0\right)$，$\left(\frac{3}{2}l, \ 0\right)$ を直径の両端とする円で，この2点はそれぞれ線分 AB を2：1に内分，外分する。すなわち，この円は，数学にいう「アポロニウスの円」である。3次元空間では「球形の等電位面」をなす。

(4)　x 軸上で点A，点Bの電荷が作る電場の和が0となる点Pの x 座標 x' を求める。点A，点Bの電荷の大きさやそれらの電荷による電場の向きを考慮すると，

$x' > \frac{1}{2}l$ の範囲に限られ，

$$k_0 \frac{Q}{\left\{x' - \left(-\frac{1}{2}l\right)\right\}^2} + \left\{-k_0 \frac{\frac{1}{2}Q}{\left(x' - \frac{1}{2}l\right)^2}\right\} = 0 \quad \cdots\cdots ①$$

$x' > \frac{1}{2}l$ より，点Pの座標は，$\left(\left(\sqrt{2} + \frac{3}{2}\right)l, \ 0\right)$

注意 式①の第2項の負号は，「負電荷」によるものではなく，電場ベクトルが「左向き」であることによるもの。他の例では，x 軸上で $-\frac{1}{2}l < x < \frac{1}{2}l$ の点 x での合成電場は，次のような符号の扱いとなる。

$$k_0 \frac{Q}{\left\{x - \left(-\frac{1}{2}l\right)\right\}^2} + k_0 \frac{\frac{1}{2}Q}{\left\{x - \left(\frac{1}{2}l\right)\right\}^2}$$

(5)　点A，点Bの電荷が作る電位の和 V を，$V = V_A + V_B$ と表すとき，点Bを中心とする円周上の点では V_B は同一の値を持つ（$V_B < 0$）。この円周上で，合計電位 V が最も低い点は点Aから最も遠い点（円周上の右末端），すなわち x 軸上の $x > \frac{l}{2}$ の範囲にある。

注意 電位が最も高い点（円周上の左末端）も x 軸上である。

(6) 点Aを出た電気力線のうち，$\dfrac{1}{2}$（左半分）が無限遠に向かい，$\dfrac{1}{2}$（右半分）が点P，および点Bの負電荷に向かう。点A付近では電気力線に方向の不均一さはないので，点Bに入る電気力線の範囲 θ は，$-\dfrac{1}{2}\pi < \theta < \dfrac{1}{2}\pi$（等号は含まない）。

(7) 右図。

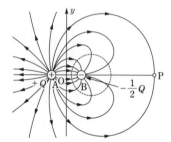

研究 $\theta = \pm\dfrac{1}{2}\pi$ の電気力線は，点Pに向かう。

これらの電気力線はどこまでも点Pの近くへ進むが，点Pに達することはない。

注意 問1の図中，電気力線Ⓐ，Ⓑも座標原点に達することはなく，交わることもない。

また，x 軸上の電位の変化は下図のようになる。電場が0（電位のグラフが傾き0）となる位置は点P以外に存在しないことがわかる。

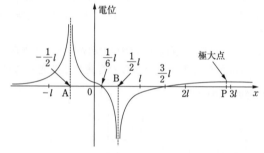

Point 2つの点電荷による電場，電位の和について，前者はベクトル和，後者は代数和であることに注意したい。

作図に当たっては，他の問題の答えを参考にしつつ，電気力線が等電位面と直交すること，点電荷に出入りする電気力線の本数が電荷の大きさに比例することに注意しよう。

36 〔I〕 **問1** (1) I_2+I_3　**問2** (2) $-rI_2+rI_3$　(3) rI_1+rI_2

問3 $I_1=\dfrac{E_1+2E_2}{3r}$,　$I_2=\dfrac{E_2-E_1}{3r}$,　$I_3=\dfrac{2E_1+E_2}{3r}$,　$V_a=\dfrac{2}{3}(E_1-E_2)$

〔II〕 **問4** $\dfrac{3}{2}r$　〔III〕 **問5** $I_x'=-\dfrac{2E_1}{r+3r_x}$,　$I_x''=\dfrac{2E_2}{r+3r_x}$

問6 $E_0=\dfrac{2}{3}(E_2-E_1)$,　$r_0=\dfrac{1}{3}r$　**問7** 解説参照

解説 〔I〕 **問1** (1) 右図の点dについてキルヒホッフの
第1法則は，$I_1=I_2+I_3$ ……①

問2 (2) 回路 bcdb についてキルヒホッフの第2法則を考
えると，

　　$E_1+rI_2-rI_3=0$　すなわち，$E_1=-rI_2+rI_3$ ……②

(3) 同様に，回路 adca については，

　　$E_2-rI_3-rI_1=0$　これにより，$E_2=rI_1+rI_2$ ……③

問3 式①，②，③を I_1, I_2, I_3 についての連立方程式として
解くと，

$$I_1=\frac{E_1+2E_2}{3r},\quad I_2=\frac{E_2-E_1}{3r},\quad I_3=\frac{2E_1+E_2}{3r}$$

点bに対する点aの電位 V_a は，$V_a=+rI_3-E_2=\dfrac{2}{3}(E_1-E_2)$

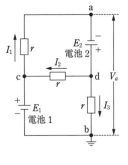

〔II〕 **問4** 電池，3つの抵抗は右図のような回路を構成し
ている。これにより，合成抵抗 R_2 は，

$$R_2=\frac{r\times r}{r+r}+r=\frac{3}{2}r$$

注意 図3において，電池2から見た，3つの抵抗の
合成抵抗 R_3 は，$R_3=\dfrac{3}{2}r$

研究 図2，図3の各電流値は，

$$I_1'=\frac{E_1}{3r},\ I_2'=-\frac{E_1}{3r},\ I_3'=\frac{2E_1}{3r}\ \ \text{および，}\ I_1''=\frac{2E_2}{3r},\ I_2''=\frac{E_2}{3r},\ I_3''=\frac{E_2}{3r}$$

と得られる。これらの値を用いて，電流の重ねあわせ $I_1=I_1'+I_1''$ などの3式によ
り，**問3**の各電流値が確かめられる。

〔III〕 **問5** 電池2をないものとした場合，抵抗の接続状態
は右図のようになる。電池1から見た合成抵抗を考えると，
電池1を流れ出る電流 i' は次の式を満たす。

$$E_1=\left(\frac{1}{2}r+\frac{rr_x}{r+r_x}\right)i'$$

抵抗 R_X 側に流れる電流 I_x' は，抵抗値 r，r_x の並列接続を
考え，

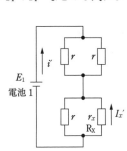

$$I_x' = -\frac{r}{r+r_x}i' = -\frac{2E_1}{r+3r_x}$$

同様に,上記の場合と同様の回路図（$E_1 \rightarrow E_2$, I_x'' の向きは I_x' と逆向き）が描けるので,電池 1 をないものとしたとき,電池 2 を流れ出る電流 i'' は,

$$E_2 = \left(\frac{1}{2}r + \frac{rr_x}{r+r_x}\right)i''$$

抵抗 R_x 側に流れる電流 I_x'' は, $I_x'' = \frac{r}{r+r_x}i'' = \frac{2E_2}{r+3r_x}$

問6 電流の重ねあわせ $I_x = I_x' + I_x''$ を,

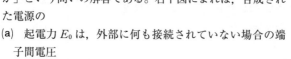

$$I_x = I_x' + I_x'' = -\frac{2E_1}{r+3r_x} + \frac{2E_2}{r+3r_x} = \frac{2(E_2-E_1)}{r+3r_x} = \frac{\frac{2}{3}(E_2-E_1)}{r_x + \frac{1}{3}r}$$

と書き換え,与えられた式 $I_x = \dfrac{E_0}{r_x+r_0}$ と比較すると,

$$E_0 = \frac{2}{3}(E_2-E_1), \quad r_0 = \frac{1}{3}r \quad \cdots\cdots④$$

問7 端子 a,b 間の左側部分に,式④で表される起電力 E_0,内部抵抗 r_0 の 1 個の電池が接続されていると見なすことができる。回路は右図のように置き換えられる。

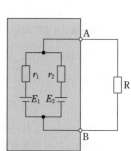

研究 また,この問題は,「電源の並列接続は合成できるのか」という問いの解答である。右下図によれば,合成された電源の

(a) 起電力 E_0 は,外部に何も接続されていない場合の端子間電圧

$$E_0 = \frac{E_1 r_2 + E_2 r_1}{r_1 + r_2}$$

この式は,$E_2 = 0$ などの場合にも成り立つ。

(b) 内部抵抗 r_0 は,両端子間内の合成抵抗

$$r_0 = \frac{r_1 r_2}{r_1 + r_2}$$

大学課程では「テブナン Thévenin の定理」と呼ばれる。

Point キルヒホッフの第 2 法則は,閉回路をある向きに一周すると考え,各抵抗,電源を超えるときに「向こう側の電位」がこちら側より,「高いならば $+RI$, $+E$」,「低いならば $-RI$, $-E$」として足しあわせたものである。抵抗の場合,「電流の上流側の端子の電位が高い」。

---

37 問1 $\dfrac{1}{2}E_1$　問2 $\dfrac{1}{4}E_2$　問3 $\dfrac{2E_1-E_2}{3R}$　問4 $\dfrac{1}{2}E_1+\dfrac{1}{4}E_2$

問5 $\dfrac{1}{8}E$　問6 $\dfrac{7}{8}E$　問7 $\dfrac{1}{3}E$　問8 $\dfrac{1}{2^N}E$　問9 S_2, S_3, S_5

解説 問1　起電力 E_1 の電池から見ると，回路の合成抵抗は，

$$\frac{3}{4}R+\frac{1}{4}R+\frac{R\times R}{R+R}=\frac{3}{2}R$$

スイッチ S_1 を上向きに流れる電流 I は，$I=\dfrac{E_1}{\dfrac{3}{2}R}$　となるので，端子 X_1G 間の電位差

V_{X1G} は，

$$V_{X1G}=E_1-\frac{3}{4}R\times I=\frac{1}{2}E_1　\cdots\cdots①$$

問2　起電力 E_2 の電池から見ると，回路の合成抵抗は，$R+\dfrac{R\times\left(\dfrac{1}{4}R+\dfrac{3}{4}R\right)}{R+\left(\dfrac{1}{4}R+\dfrac{3}{4}R\right)}=\dfrac{3}{2}R$

スイッチ S_2 を上向きに流れる電流 I_2 は，$I_2=\dfrac{E_2}{\dfrac{3}{2}R}$ となり，$\dfrac{3}{4}R$ の抵抗には $\dfrac{1}{2}I_2$ の

電流が流れるので，端子 X_1G 間の電位差 V_{X1G} は，

$$V_{X1G}=\frac{3}{4}R\times\frac{1}{2}I_2=\frac{1}{4}E_2　\cdots\cdots②$$

注意　並列接続されている抵抗がどちらも同じ抵抗値の場合，それぞれの抵抗には回路が分岐する前の半分の電流が流れる。

問3　スイッチ S_2 を上向きに流れる電流を I_2' とすると，キルヒホッフの第2法則の式は，一番外側の，$E_1\to S_1\to\dfrac{3}{4}R\to\dfrac{1}{4}R\to R\to E_1$ と回る閉回路について，

$$E_1-\left(\frac{3}{4}R+\frac{1}{4}R\right)I-R(I_2'+I)=0$$

$E_2\to S_2\to R\to X_2\to R\to E_2$ と回る閉回路について，$E_2-RI_2'-R(I_2'+I)=0$

上の2式を I，I_2' についての連立方程式として解くと，$I=\dfrac{2E_1-E_2}{3R}$，$I_2'=\dfrac{2E_2-E_1}{3R}$

合計電流は $I+I_2'=\dfrac{E_1+E_2}{3R}=\dfrac{\dfrac{E_1+E_2}{2}}{\dfrac{1}{2}R+R}$ と書き換えられる。すなわち,

左端の抵抗 R から見ると,起電力 $\dfrac{E_1+E_2}{2}$,内部抵抗 $\dfrac{1}{2}R$ の1個の電池と見なせる。

問4 端子 X_1G 間の電位差は,$V_{X1G}=E_1-\dfrac{3}{4}RI=\dfrac{1}{2}E_1+\dfrac{1}{4}E_2$

この電位差は式①,②の V_{X1G} の和である。端子 X_1G 間にかかる電圧は,E_1 の電池と E_2 の電池の「共同作業」の結果である,ということを意味している。端子 X_1G に遠い電池ほど電位差への寄与は小さい。

問5 問2と同様に,左端の電池から見ると,回路の合成抵抗は $\dfrac{3}{2}R$ となるので,スイッチ S_3 を上向きに流れる電流 I_3 は,$I_3=\dfrac{E}{\dfrac{3}{2}R}$ となる。このうち,$\dfrac{1}{4}I_3$ が端子 X_1G

間を流れる。端子 X_1G 間の電位差 V_{X1G} は,

$$V_{X1G}=\dfrac{3}{4}R\times\dfrac{1}{4}I_3=\dfrac{1}{8}E$$

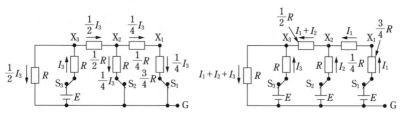

問6 各スイッチ S_1,S_2,S_3 を上向きに流れる電流を右上図のように,改めて I_1,I_2,I_3 と表すことにする。最も右側の閉回路についてのキルヒホッフの第2法則の式

$$E-\dfrac{3}{4}RI_1-\dfrac{1}{4}RI_1+RI_2-E=0 \quad \text{により,} \quad I_2=I_1$$

X_2G 間の電位差が2つの経路で等しいと考えることもできる。

$$E-\dfrac{3}{4}RI_1-\dfrac{1}{4}RI_1=E-RI_2$$

同様に,中央の閉回路についてのキルヒホッフの第2法則の式

$$E-RI_2-\dfrac{1}{2}R(I_1+I_2)+RI_3-E=0 \quad \text{(ただし,} I_2=I_1\text{)}$$

により,$I_3=2I_1$

左側の閉回路については,

$$E-RI_3-R(I_1+I_2+I_3)=0 \quad \text{(ただし,} I_2=I_1,\ I_3=2I_1\text{)}$$

により,$I_1=\dfrac{E}{6R}$

端子 X_1G 間の電位差 V_{X1G} は,$V_{X1G}=E-\dfrac{3}{4}R\times I_1=\dfrac{7}{8}E$

注意 電位差 $\dfrac{7}{8}E=\dfrac{1+2+4}{8}E=\dfrac{1}{8}E+\dfrac{2}{8}E+\dfrac{4}{8}E$ より, $\dfrac{1}{8}E$, $\dfrac{2}{8}E$, $\dfrac{4}{8}E$ は, 回路図の左, 中央, 右の各電池により生じる電位差である。

問7 N 番目の電池から見るとき, 全合成抵抗は $\dfrac{3}{2}R$ である。スイッチ S_N を上向きに流れる電流を I_N とすると,

$$I_N=\dfrac{E}{\dfrac{3}{2}R} \quad \cdots\cdots\text{③} \quad \text{により,} \quad V_{XNG}=E-RI_N=\dfrac{1}{3}E$$

注意 合成抵抗について, R の抵抗の並列接続を合成して $\dfrac{1}{2}R$ を得て, それと $\dfrac{1}{2}R$ の抵抗の直列接続から合成抵抗 R を得る。その R の抵抗がまた R の抵抗と並列接続となっていて, ……ということを繰り返すので, 結局スイッチ S_N の上の抵抗を除いたすべての抵抗の合成抵抗は $\dfrac{1}{2}R$ となる。

問8 ここでは, 各スイッチ S_i $(i=1, 2, 3, \cdots\cdots, N-1)$ を流れる電流 I_i については下向きを正の向き, スイッチ S_N を流れる電流 I_N については上向きを正の向きとする。抵抗値の対称性により, 各分岐で電流は半分ずつに分かれるので, 電流 I_{N-1}, I_{N-2}, $\cdots\cdots$, I_1 は,

$$I_{N-1}=\left(\dfrac{1}{2}\right)^2 I_N, \quad I_{N-2}=\left(\dfrac{1}{2}\right)^3 I_N, \quad \cdots\cdots,$$

$$I_2=I_1=\left(\dfrac{1}{2}\right)^{N-1} I_N \quad \cdots\cdots\text{④}$$

③, ④の2式により I_1, I_N を消去すると, 端子 X_1G 間の電位差 V_{X1G} は,

$$V_{X1G}=\dfrac{3}{4}R\times I_1=\dfrac{1}{2^N}E$$

問9 電位の重ねあわせにより, 各電池により端子 X_1G 間に生じる電位差は左端の電池から順に,

$$\dfrac{1}{64}E, \dfrac{1}{32}E, \dfrac{1}{16}E, \dfrac{1}{8}E, \dfrac{1}{4}E, \dfrac{1}{2}E \quad \text{すなわち, } 0.125, 0.25, 0.5, 1, 2, 4 \text{〔V〕}$$

$3.25=2+1+0.25$ と考えると, スイッチを左に接続すべきものは「S_2, S_3, S_5」。

研究 こうして, スイッチ S_1, $\cdots\cdots$, S_6 の開・閉により範囲 7.875 V～0.125 V の電圧を 0.125 V 刻みで表現することができる。100101 のようなデジタル信号をなめらかな電圧変化に変換する「D/A 変換」(Digital to Analog 変換) 回路の例である。

Point 回路図の複雑な問題では, どの部分の抵抗を考えているのか, どこをどの向きに流れる電流を考えているのか, どこにかかる電圧を考えているのかをはっきりさせよう。合成抵抗はどの電池から見たものかが重要である。

38 〔Ⅰ〕 (1) $\dfrac{\varepsilon_0 ab}{d}$ (2) $\dfrac{\varepsilon_0 abV}{d}$ 〔Ⅱ〕 (3) (イ) (4) $\dfrac{\varepsilon_0 a\{(\varepsilon-1)l+b\}}{d}$

(5) $\dfrac{\varepsilon_0 ab^2 V^2}{2d\{(\varepsilon-1)l+b\}}$ (6) $\dfrac{\varepsilon_0 a\{(\varepsilon-1)l+b\}V^2}{2d}$ (7) $\dfrac{\varepsilon_0 a(\varepsilon-1)V^2}{2d}\varDelta l$

(8) $\dfrac{\varepsilon_0 a(\varepsilon-1)V^2}{d}\varDelta l$ (9) $\dfrac{\varepsilon_0 (\varepsilon-1)V^2}{2d^2}$ (10) (ア) **問1** $\dfrac{\varepsilon^2 \varepsilon_0 ab}{(2\varepsilon+1)d}V^2$

〔Ⅲ〕 (11) $\dfrac{\varepsilon_0 ab}{d}-\dfrac{\varepsilon_0 abh}{d^2}\sin\omega t$ (12) $-\dfrac{\varepsilon_0 abhV}{d^2}\{\sin\omega(t+\varDelta t)-\sin\omega t\}$

(13) $-\dfrac{\varepsilon_0 abh\omega V}{d^2}\cos\omega t$

解説 〔Ⅰ〕 (1) 極板面積 ab を考え，電気容量 C_0 は， $C_0=\dfrac{\varepsilon_0 ab}{d}$

(2) 極板 1 の正電荷の電気量 Q_0 は， $Q_0=C_0V=\dfrac{\varepsilon_0 abV}{d}$

〔Ⅱ〕 (3) 挿入された誘電体には「誘電分極」によって極板 1 側の表面には「負」，極板 2 側の表面には「正」の電荷が誘起される（⇒(イ)）。

(4) コンデンサー全体の電気容量 $C(l)$ は，

$$C(l)=\varepsilon\frac{l}{b}C_0+\frac{b-l}{b}C_0=\frac{(\varepsilon-1)l+b}{b}C_0=\frac{\varepsilon_0 a\{(\varepsilon-1)l+b\}}{d}$$

(5) 電気量は電池を切り離す前の Q_0 と変わらず，静電エネルギー $U_1(l)$ は，

$$U_1(l)=\frac{Q_0{}^2}{2C(l)}=\frac{\varepsilon_0 ab^2 V^2}{2d\{(\varepsilon-1)l+b\}}$$

(6) 電池を接続したままの場合，極板間電圧 V は変わらないので，静電エネルギー U は，

$$U=\frac{1}{2}C(l)V^2=\frac{\varepsilon_0 a\{(\varepsilon-1)l+b\}V^2}{2d}$$

(7) 電池を接続したままの場合，静電エネルギーの変化 $\varDelta U$ は，

$$\varDelta U=\frac{1}{2}C(l+\varDelta l)V^2-\frac{1}{2}C(l)V^2=\frac{\varepsilon_0 a(\varepsilon-1)V^2}{2d}\varDelta l \quad\cdots\cdots①$$

(8) コンデンサーの電気量の変化 $\varDelta Q_0$ は，

$$\varDelta Q_0=C(l+\varDelta l)V-C(l)V=\frac{\varepsilon_0 a(\varepsilon-1)V}{d}\varDelta l$$

電気量 $\varDelta Q_0$ を送り出すに当たって，電池がする仕事 W_0 は，

$$W_0=\varDelta Q_0\times V=\frac{\varepsilon_0 a(\varepsilon-1)V^2}{d}\varDelta l \quad\cdots\cdots②$$

(9) 電気力に逆らう力 F_1 がした仕事 W_1 は，

$$W_1=\varDelta U-W_0=-\frac{\varepsilon_0 a(\varepsilon-1)V^2}{2d}\varDelta l$$
$$\cdots\cdots③$$

一方， $W_1=F_1\varDelta l\cos\theta$ （$\theta=0°$，または $180°$） $\cdots\cdots④$

式③より， $W_1<0$ のため， $\theta=180°$ である。③，④の 2 式により， $F_1=\dfrac{\varepsilon_0 a(\varepsilon-1)V^2}{2d}$

注意 $\theta=180°$，このため，y 軸方向負の向きの力 F_1 を誘電体に加えながら，極板 1，2 の電荷による電気力 F_2 によって誘電体は正の向きに動く。

誘電体を引き込む電気力の大きさ $F_2 (=F_1)$ を誘電体の単位断面積当たりの大きさ f_2 で表すと，

$$f_2=\frac{F_2}{ad}=\frac{F_1}{ad}=\frac{\varepsilon_0(\varepsilon-1)V^2}{2d^2}$$

研究 ΔU，電源がする仕事 $W_{電源}$，コンデンサーの電荷が誘電体にする仕事 $W_{コン}$（外力がする仕事 $W_{外}$ の -1 倍）には，$W_{電源}=\Delta U+W_{コン}$ の関係がある。ここで，式①，②のように電源に接続したままの場合，$\Delta U : W_{電源}=(+1):(+2)$ という比の関係がある。結局，$W_{電源}=\Delta U+W_{コン}$ より，$(+2)=(+1)+(+1)$ となり，この式は次のような内容を持つ。「電源に接続したままの場合，コンデンサーのエネルギーの増加は，電源が送り出すエネルギーによる。また，そのエネルギーの半分は誘電体を動かす仕事に使われる。」

(10) 電気力 F_2 は誘電体を極板間に引き込もうとする向きを持ち，外力を 0 にすると，誘電体は y 軸の「正方向」に動く（⇒(ア)）。

問1 極板間隔を $3d$ とした場合の電気容量 $C(3d)$ は，電気容量 εC_0 と $\frac{1}{2}C_0$ のコンデンサーの直列接続の合成容量を考え，$C(3d)=\dfrac{\varepsilon C_0\times\frac{1}{2}C_0}{\varepsilon C_0+\frac{1}{2}C_0}=\dfrac{\varepsilon}{2\varepsilon+1}C_0$

電池に接続したまま電気容量を $C(d)\to C(3d)$ とすると，静電エネルギーの変化 $\Delta U'$ は，

$$\Delta U'=\frac{1}{2}C(3d)V^2-\frac{1}{2}C(d)V^2=-\frac{\varepsilon^2\varepsilon_0 ab}{(2\varepsilon+1)d}V^2 \quad\cdots\cdots⑤$$

この間に電池が送り出した電気量 $\Delta Q_0'=C(3d)V-C(d)V=-\dfrac{2\varepsilon^2\varepsilon_0 ab}{(2\varepsilon+1)d}V$ を考えると，電池がした仕事 W_0' は，

$$W_0'=\Delta Q_0'\times V=-\frac{2\varepsilon^2\varepsilon_0 ab}{(2\varepsilon+1)d}V^2 \quad\cdots\cdots⑥$$

極板1をゆっくり移動させるのに必要な仕事 W_3 は，式③と同様に，

$$W_3=\Delta U'-W_0'=-\frac{\varepsilon^2\varepsilon_0 ab}{(2\varepsilon+1)d}V^2-\left\{-\frac{2\varepsilon^2\varepsilon_0 ab}{(2\varepsilon+1)d}V^2\right\}=\frac{\varepsilon^2\varepsilon_0 ab}{(2\varepsilon+1)d}V^2$$

〔Ⅲ〕 (11) 時刻 t における極板間隔 $d+h\sin\omega t$ のコンデンサーの電気容量 C は，

$$C=\frac{\varepsilon_0 ab}{d+h\sin\omega t}$$

ここで，近似計算を用いると，

$$C=\frac{\varepsilon_0 ab}{d+h\sin\omega t}=\frac{\varepsilon_0 ab}{d\left(1+\dfrac{h}{d}\sin\omega t\right)}\fallingdotseq\frac{\varepsilon_0 ab}{d}\left(1-\frac{h}{d}\sin\omega t\right)$$

$$=\frac{\varepsilon_0 ab}{d}-\frac{\varepsilon_0 abh}{d^2}\sin\omega t$$

このように，t によらない定数項と $\sin\omega t$ に比例する項の和として表される。

(12) 電気量の差 ΔQ は，

$$\Delta Q = Q(t+\Delta t) - Q(t)$$

$$= \left\{\frac{\varepsilon_0 ab}{d} - \frac{\varepsilon_0 abh}{d^2}\sin\omega(t+\Delta t)\right\}V - \left\{\frac{\varepsilon_0 ab}{d} - \frac{\varepsilon_0 abh}{d^2}\sin\omega t\right\}V$$

$$= -\frac{\varepsilon_0 abhV}{d^2}\{\sin\omega(t+\Delta t) - \sin\omega t\}$$

(13) ここで，近似計算

$$\sin(\omega t + \omega\Delta t) = \sin\omega t\cos\omega\Delta t + \cos\omega t\sin\omega\Delta t$$

$$\fallingdotseq \sin\omega t \times \left(1 - \frac{1}{2}(\omega\Delta t)^2\right) + \cos\omega t \times \omega\Delta t$$

を用いると，

$$\Delta Q = -\frac{\varepsilon_0 abhV}{d^2}\left\{-\frac{1}{2}(\omega\Delta t)^2\sin\omega t + \cos\omega t \times \omega\Delta t\right\}$$

単位時間当たりの電荷の変化量，すなわち電流 I は，Δt の 1 次の項を無視すると，

$$I = \frac{\Delta Q}{\Delta t} \fallingdotseq -\frac{\varepsilon_0 abh\omega V}{d^2}\cos\omega t$$

Point 比誘電率 $\varepsilon = 1$ の誘電体とは空気（真空）のこと。問題文に「極板間に誘電体を」とあるときは，「空気を挿入しても，何も変化しない，何も起こらない」ことから，$\varepsilon = 1$ を代入した場合に変化が無いことを確認すると，正解を確信できる。

---

39 問1 $Q_0 = C_A V_0$, $U_0 = \frac{1}{2}C_A V_0^2$ 問2 $I_2 = I_3 = \dfrac{V_0}{R_2 + R_3}$

問3 $V_B = \dfrac{C_A}{C_A + C_B}V_0$, $Q_B = \dfrac{C_A C_B}{C_A + C_B}V_0$ 問4 $\dfrac{1}{2}\cdot\dfrac{C_A C_B}{C_A + C_B}V_0^2$

問5 $\dfrac{1}{2}\cdot\dfrac{R_2 C_A C_B}{(R_2 + R_3)(C_A + C_B)}V_0^2$ 問6 $V(2) = \dfrac{C_A(C_A + 2C_B)}{(C_A + C_B)^2}V_0$,

$Q_B(2) = \dfrac{C_A C_B(C_A + 2C_B)}{(C_A + C_B)^2}V_0$ 問7 $V(n) = \dfrac{C_B}{C_A + C_B}V(n-1) + \dfrac{C_A}{C_A + C_B}V_0$,

$V(n) = \left\{1 - \left(\dfrac{C_B}{C_A + C_B}\right)^n\right\}V_0$, $V(n)$ の極限値：V_0

解説 以下，各コンデンサーの名称を C_A, C_B, 抵抗を R_1, R_2, R_3 とする。

問1 十分に時間が経過して，回路の電流が 0 となったとき，抵抗 R_1 での電位差は 0 となり，コンデンサー C_A に蓄えられる電気量 Q_0 は，$Q_0 = C_A V_0$

静電エネルギー U_0 は，$U_0 = \dfrac{1}{2}C_A V_0^2$

問2 スイッチSをbに切り換えた直後，コンデンサー C_B の電荷は 0，電位差は 0 であり，電圧 V_0 が抵抗 R_2, R_3 にかかる。抵抗 R_2, R_3 に流れ始める電流 I_2, I_3 は，

$$I_2 = I_3 = \frac{V_0}{R_2 + R_3}$$

問3 十分に時間が経過したとき，コンデンサー C_A に蓄えられていた電気量 Q_0 はコンデンサー C_A，C_B に配分される。コンデンサー C_B の電圧 V_B は，

$$Q_0 = C_A V_B + C_B V_B \quad \text{により，} \quad V_B = \frac{C_A}{C_A + C_B} V_0 \quad \cdots\cdots①$$

電気量 Q_B は，$\displaystyle Q_B = C_B V_B = \frac{C_A C_B}{C_A + C_B} V_0$

> **注意** スイッチ S を b に接続すると，コンデンサー C_A，C_B は並列接続となる。したがって，n 回のスイッチ操作後も電荷 $Q_A(n)$，$Q_B(n)$ の比は，
> $$Q_A(n) : Q_B(n) = C_A : C_B$$

問4 十分に時間が経過したとき，コンデンサー C_A，C_B の静電エネルギーの合計 U_{AB} は，

$$U_{AB} = \frac{1}{2}(C_A + C_B)V_B{}^2 = \frac{1}{2} \cdot \frac{C_A{}^2}{C_A + C_B} V_0{}^2$$

失われた静電エネルギー $\varDelta U$ は，$\displaystyle \varDelta U = U_0 - U_{AB} = \frac{1}{2} \cdot \frac{C_A C_B}{C_A + C_B} V_0{}^2$

問5 直列接続された抵抗 R_2，R_3 での消費電力は，電流値 I に対して $R_2 I^2$，$R_3 I^2$ のように，抵抗値に比例する。抵抗 R_2 で消費されたエネルギー W は，

$$W = \frac{R_2}{R_2 + R_3} \varDelta U = \frac{1}{2} \cdot \frac{R_2 C_A C_B}{(R_2 + R_3)(C_A + C_B)} V_0{}^2$$

問6 スイッチ S を a に接続すると，コンデンサー C_A の電気量は $C_A V_0$ になる。続いて b に接続すると，コンデンサー C_A，C_B は並列接続となり，電気量保存の法則より，

$$C_A V_0 + C_B V(1) = C_A V(2) + C_B V(2) \quad \cdots\cdots②$$

これにより，$\displaystyle V(2) = \frac{C_A(C_A + 2C_B)}{(C_A + C_B)^2} V_0$

このとき，電気量 $Q_B(2)$ は，$\displaystyle Q_B(2) = C_B V(2) = \frac{C_A C_B(C_A + 2C_B)}{(C_A + C_B)^2} V_0$

問7 式②と同様な電気量の関係式

$$C_A V_0 + C_B V(n-1) = C_A V(n) + C_B V(n) \quad \cdots\cdots③$$

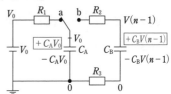

が成り立つ。上の式により，

$$V(n) = \frac{C_B}{C_A + C_B} V(n-1) + \frac{C_A}{C_A + C_B} V_0$$

この漸化式を解いて，

$$V(n) = \left\{ 1 - \left(\frac{C_B}{C_A + C_B} \right)^n \right\} V_0 \quad \cdots\cdots④$$

上の式において，$n \to \infty$ としたとき，

$$V(n) \to V_0$$

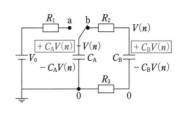

> **注意** 式③は，右図上の正の電荷の和
> $$+C_A V_0 + C_B V(n-1)$$
> がスイッチ切り換え後の右図下の状態でも保存されることを式に表したもの。

研究 2 項間漸化式③を定数 α，β を使った次の形に変形することを考える。

$$V(n) - \alpha = \beta\{V(n-1) - \alpha\}$$

上の式を $V(n) = \beta \times V(n-1) - \alpha\beta + \alpha$ と変形して各項の係数を比較すると,

$$\alpha = V_0, \quad \beta = \frac{C_B}{C_A + C_B}$$

が得られる。これにより，式③は次のようになることが示される。

$$V(n) - V_0 = \frac{C_B}{C_A + C_B}\{V(n-1) - V_0\} = \cdots\cdots = \left(\frac{C_B}{C_A + C_B}\right)^{n-1}\{V(1) - V_0\}$$

ここで，$V(1)$ に式①の V_B を代入すると，一般項 $V(n)$ の式④が得られる。

　また，スイッチSをaに接続した後，bに接続し直しても回路の電位，コンデンサーの電荷に何ら変化が起こらない最終状態 $(n \to \infty)$ では，式③において，

$$V(n-1) = V(n)$$

と考えられる。これにより，

$$C_A V_0 + C_B V(n) = C_A V(n) + C_B V(n) \quad \text{すなわち,} \quad V(n) = V_0$$

> **Point** 2項間漸化式の解法はしばしば問われる。$a_n = p a_{n-1} + q$ は係数を調整して $a_n - \alpha = \beta(a_{n-1} - \alpha)$ 型に書き換えられる。

> **Point** コンデンサーの接続では，各コンデンサーについて基本式 $Q = CV$ を作るのが扱いやすい。その際，右辺の V は，極板の電位差
> $$V = V_2(\text{正電荷側極板の電位}) - V_1(\text{負電荷側極板の電位})$$

---

40 問1　(1) $\frac{1}{2}V_0$〔V〕　　(2) C_1 のQ側：$-\frac{1}{2}CV_0$〔C〕,

C_2 のP側：$+\frac{1}{2}CV_0$〔C〕　　問2　(3) C_1 のQ側：$-\frac{1}{2}CV_0$〔C〕,

C_2 のP側：$+\frac{1}{2}CV_0$〔C〕　　(4) 点P：$\frac{1}{2}V_0$〔V〕, 点Q：0 V

問3　D_1：閉，D_2：開　　問4　解説参照

解説　以下，各点の電位を V_P, V_Q などと表記する。

問1　(1) コンデンサー C_1, C_2 の直列接続に相当する。どちらのコンデンサーにも $\frac{1}{2}V_0$〔V〕の電圧がかかるので，電位 V_P は，　$V_P = \frac{1}{2}V_0$〔V〕

(2) 各点の電位は $V_A > V_Q$, $V_P > V_B$ である。各コンデンサーの極板の電荷は，

C_1 のA側：$+\frac{1}{2}CV_0$〔C〕, Q側：$-\frac{1}{2}CV_0$〔C〕

C_2 のP側：$+\frac{1}{2}CV_0$〔C〕, B側：$-\frac{1}{2}CV_0$〔C〕

注意 コンデンサーでは，「電位の高い側の極板に正電荷」が蓄えられる。

問2　(3) C_1, C_2 の電荷はそのまま残されており，変化はない。

$$C_1 \text{のA側}：+\frac{1}{2}CV_0 \text{[C]}, \quad \text{Q側}：-\frac{1}{2}CV_0 \text{[C]}$$

$$C_2 \text{のP側}：+\frac{1}{2}CV_0 \text{[C]}, \quad \text{B側}：-\frac{1}{2}CV_0 \text{[C]}$$

(4) コンデンサー C_1 では，点Aの電位 V_A が下がるにしたがい，V_Q もともに下がる。

$$V_A = \frac{1}{2}V_0 \quad \text{のとき，} \quad V_Q = \frac{1}{2}V_0 - \frac{1}{2}V_0 = 0 \text{ V}$$

C_2 は電荷に変化がなく，この間 V_P は変わらないので，$V_P = \frac{1}{2}V_0$ 〔V〕

注意 V_A の変化にしたがい V_Q は次のように変化する。

$$V_A : \frac{4}{4}V_0 \rightarrow \frac{3}{4}V_0 \rightarrow \frac{2}{4}V_0 \rightarrow \frac{1}{4}V_0 \rightarrow \quad 0 \quad \rightarrow \cdots\cdots$$

$$V_Q : \frac{2}{4}V_0 \rightarrow \frac{1}{4}V_0 \rightarrow \quad 0 \quad \rightarrow \quad 0 \quad \rightarrow \quad 0 \quad \rightarrow \cdots\cdots$$

ダイオード D_2 があるため，V_Q は負の値になることはない。V_Q が負になりそうになっても D_2 のスイッチが閉じて，$V_Q = 0$ 〔V〕となる。

問3 $\frac{3}{8}T \leqq t \leqq \frac{6}{8}T$ のとき，電位 V_A が $-V_0$ まで下がる際，V_Q は負の値になることができず，電位0にとどまる。この間に C_1 に電荷 $\pm CV_0$（Q側に正電荷，A側に負電荷）が充電される。

$t = \frac{6}{8}T$ 以降，電位 V_A の上昇にともない，V_Q も一緒に上昇するが，V_Q が

$V_P = \frac{1}{2}V_0$ 〔V〕を超えると，ダイオード D_1 を通じて電荷の移動がはじまり，スイッチを閉じた状態になる。V_Q は正なので，D_2 のスイッチは開いている。すなわち，

　　　D_1 のスイッチ：閉，D_2 のスイッチ：開

注意 回路各部の電位は下図のようになる。

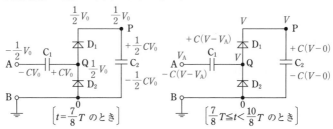

問4 $0 \leqq t \leqq \frac{2}{8}T$ については，**問1**を参照。

$\frac{2}{8}T \leqq t \leqq \frac{7}{8}T$ については，D_1 のスイッチが開いているので，V_P は変化しない。$\frac{7}{8}T \leqq t \leqq \frac{10}{8}T$ については，$V_P = V_Q = V$ で表すと，C_1 のQ側極板，C_2 のP側極板について次の電気量保存の法則が成り立つ。

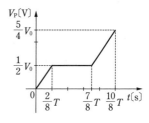

$$CV_0 + \frac{1}{2}CV_0 = C(V - V_A) + C(V - 0)$$

これにより，　$V = \frac{1}{2}V_A + \frac{3}{4}V_0$

電位 $V_P(=V)$ の変化は上図のようになる。

注意 以後，V_A の変化にしたがい V_Q は次のように変化する。

$$V_A : \frac{4}{4}V_0 \rightarrow \frac{2}{4}V_0 \rightarrow \quad 0 \quad \rightarrow -\frac{2}{4}V_0 \rightarrow -\frac{4}{4}V_0 \rightarrow \cdots\cdots$$

$$V_Q : \frac{5}{4}V_0 \rightarrow \frac{3}{4}V_0 \rightarrow \frac{1}{4}V_0 \rightarrow \quad 0 \quad \rightarrow \quad 0 \quad \rightarrow \cdots\cdots$$

ダイオード D_2 があるため，V_Q は負の値になることはない。

研究 点Aの電位が $-V_0$ になるたびに C_1 には $\pm CV_0$ の充電が繰り返され，その後一部が C_2 に送り出される。C_2 に充電された電荷は蓄積され，多数回の後，$V_P \rightarrow 2V_0$ に達する。

参考 本問は，コッククロフト（Cockcroft）とウォルトン（Walton）による倍電圧整流回路を扱っている。1932 年，この回路を多数段重ねたものを使って 60 万 V の電圧を発生させ，その電圧によって陽子を加速，その陽子を Li（リチウム）原子核に衝突させ，2 個の α 粒子が生じることを確認した。人類史上はじめて原子核の破壊（組み替え）に成功したとされる。核反応式は次のものである。

$$\mathrm{{}_1^1H} + \mathrm{{}_3^7Li} \longrightarrow \mathrm{{}_2^4He} + \mathrm{{}_2^4He}$$

Point ダイオードの特性は，
(1)電流については，右図①の向きには流れない。
(2)生じる電位については，右図②の電位差はあっても③の電位差にはなり得ない。

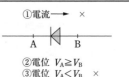

①電流 —→ ×
A ⊲ B
②電位 $V_A \geqq V_B$
③電位 $V_A < V_B$ ×

---

41 **問1** (1) $E - RI$　(2) $\dfrac{a(E - v_a)}{aR + 1}$　(3) $q = C(E - v_a)$, $U = \dfrac{1}{2}C(E - v_a)^2$

(4) $W = CE(E - v_a)$, $Q = \dfrac{1}{2}C(E^2 - v_a^2)$　**問2** (5) $q_A = C_A E$, $q_B = 0$

(6) $I_A = 0$, $I_B = \dfrac{2aE}{aR + 1}$　(7) $\dfrac{2C_A C_B}{C_A + C_B}E$

解説 **問1** (1) キルヒホッフの第 2 法則により，ダイオードにかかる電圧 V は，

$$V = E - RI \quad \cdots\cdots ①$$

(2) ダイオードに流れる電流 $I(I = i)$ とかかる電圧 $V(V = v)$ の関係式は，

$$I = a(V - v_a) \quad \cdots\cdots ②$$

①，②の 2 式により，V を消去すると，$I = \dfrac{a(E - v_a)}{aR + 1}$

注意 ここでは式①，②を I，V の連立方程式として解いた。特性曲線が関数式として表せない場合には，「グラフ上の交点」として解を求める方法が使われる。

(3) ダイオードにかかる電圧 V，流れる電流 I' の関係は式②により，$V = \dfrac{I'}{a} + v_a$

コンデンサーの電圧を V_C とすると，スイッチをⅡ側に接続しているとき，回路の電位の式

$$E - RI' - \left(\frac{I'}{a} + v_a\right) - V_C = 0 \quad \cdots\cdots ③$$

を満たしながら電流 I' は減少し，やがて 0 となる。式③によれば，電流 $I' = 0$ に達したとき，コンデンサーの電圧 V_C は，$V_C = E - v_a$

コンデンサーに蓄えられる電気量 q は，$q = CV_C = C(E - v_a)$ $\quad \cdots\cdots ④$

静電エネルギー U は，$U = \dfrac{1}{2}CV_C{}^2 = \dfrac{1}{2}C(E - v_a)^2$

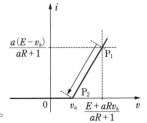

注意 コンデンサーは電圧 E まで充電されるわけではない。

ダイオードの電流 i，電圧 v は，右図の特性グラフ上の点 P_1 を出発し，直線を「なぞるようにして」電流 0 の点 P_2 に達する。このとき電圧は v_a である。

(4) 電池は一定電圧 E で，式④の電気量 q を送り出すことから，電池のした仕事 W は，

$$W = qE = CE(E - v_a)$$

回路から失われたエネルギー Q は，電池の仕事 W と静電エネルギー U の差により，

$$Q = W - U = CE(E - v_a) - \frac{1}{2}C(E - v_a)^2 = \frac{1}{2}C(E^2 - v_a{}^2)$$

問2 (5) スイッチをⅠ側に接続し，やがて回路を流れる電流が 0 となったとき，コンデンサーAにかかる電圧を V_A，コンデンサーBにかかる電圧を V_B とすると，キルヒホッフの第2法則より，

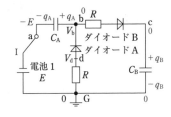

回路外周について，$E + V_B - V_A = 0$ $\quad \cdots\cdots ⑤$
左側の閉回路について，$E - V_A = 0$ $\quad \cdots\cdots ⑥$

式⑤，⑥より，$V_A = E$，$V_B = 0$

各コンデンサーに蓄えられる電気量は，$q_A = C_A E$，$q_B = 0$

上図で点Gの電位を 0 とすると，回路各点の電位は図のようになる。

(6) スイッチをⅡ側に接続した直後，ダイオードAには逆方向の電圧がかかるので，

$$I_A = 0$$

この瞬間，点aは電位 E，点bは $2E$ である。コンデンサーBにかかる電圧を V_B とすると，回路外周についてのキルヒホッフの第2法則の式は，

$$2E - RI_B - \frac{I_B}{a} - V_B = 0$$

スイッチを接続した直後，$V_B=0$ であることを考慮すると，$I_B=\dfrac{2E}{R+\dfrac{1}{a}}=\dfrac{2aE}{aR+1}$

(7)　コンデンサーAの電荷の一部がコンデンサーBに移動する。十分に時間が経過し，電流が流れなくなった状態で点bの電位，コンデンサーA，Bの電気量を右図のように仮定すると，次のコンデンサーの基本式2式が成り立つ。

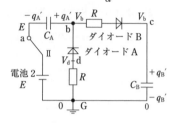

$$q_A'=C_A(V_b-E)$$
$$q_B'=C_B(V_b-0)$$

一方，電気量保存の法則により，

$$q_A'+q_B'=C_AE+0$$

これら3式を q_A'，q_B'，V_b についての連立方程式として解くと，

$$q_A'=\frac{C_A(C_A-C_B)}{C_A+C_B}E,\quad q_B'=\frac{2C_AC_B}{C_A+C_B}E,\quad V_b=\frac{2C_A}{C_A+C_B}E$$

注意 コンデンサーに蓄えられた電気量とは，通例，正の値をいう。仮に，コンデンサーAの電気量を問われた場合，C_A と C_B の大小が不明なので，次のように表記するのが好ましい。

$$q_A'=\left|\frac{C_A(C_A-C_B)}{C_A+C_B}E\right|$$

研究 上の連立方程式には前提条件 $V_b\geqq0$ がある。この回路ではダイオードの特性 $V_b\geqq V_d$ を考えると，$V_b<0$ となることはない。

Point ダイオード，非線形抵抗の特性グラフでは，その曲線，直線に沿って「なぞるように」電流 I，電圧 V が変化する。

---

42 〔Ⅰ〕**問1** 強さ：$\dfrac{I}{2\pi a}$，図は解説参照

問2 大きさ：$\dfrac{\mu_0I^2l}{2\pi a}$，図は解説参照

〔Ⅱ〕**問3** (1) $\dfrac{2\pi a}{2N+1}$ (2) $\dfrac{I}{2N+1}$ (3) $\dfrac{\mu_0I^2l}{2\pi a(2N+1)^2}$ (4) $\dfrac{\mu_0NI^2l}{2\pi a(2N+1)^2}$

(5) $\dfrac{\mu_0NI^2}{4\pi^2a^2(2N+1)}$ (6) $\dfrac{\mu_0I^2}{8\pi^2a^2}$ **問4** 解説参照

解説 〔Ⅰ〕**問1** 点A，B間の距離 r は，

$$r=2\times a\sin\frac{1}{2}\theta$$

注意 余弦定理

$$r^2=a^2+a^2-2a^2\cos\theta=4a^2\sin^2\frac{1}{2}\theta$$

を考えることもできる。

点Bを通る電流による磁場 $\vec{H_\mathrm{B}}$ と点Cを通る電流による磁場 $\vec{H_\mathrm{C}}$ の合成磁場の大きさ H は，

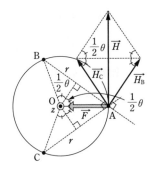

$H_\mathrm{B}=H_\mathrm{C}=\dfrac{I}{2\pi r}$ なので，右図より，

$$H=2\times\frac{I}{2\pi r}\times\sin\frac{1}{2}\theta=\frac{I}{2\pi a}\quad\cdots\cdots①$$

向きは「y 軸方向正の向き」（右図）。

問2 力の大きさ F は，

$$F=\mu_0 HIl\sin90°=\mu_0\frac{I}{2\pi a}Il=\frac{\mu_0 I^2 l}{2\pi a}$$

向きは，フレミングの左手の法則より，「x 軸方向負の向き」（上図）。

〔Ⅱ〕 **問3** (1) 円周の長さ $2\pi a$ を $2N+1$ 等分し，$\Delta w=\dfrac{2\pi a}{2N+1}$

(2) 全電流 I を $2N+1$ 等分すると，$\Delta I=\dfrac{I}{2N+1}\quad\cdots\cdots②$

(3) 式①によれば，n 番目，$-n$ 番目の電流が 0 番目の領域に作る合成磁場は，

$$\Delta H_n=\frac{\Delta I}{2\pi a}\quad\cdots\cdots③$$

式②，③により，0 番目の領域の z 方向の長さ l の部分を流れる電流に及ぼす力 ΔF_n は，

$$\Delta F_n=\mu_0\Delta H_n\times\Delta I\times l\sin90°=\frac{\mu_0 I^2 l}{2\pi a(2N+1)^2}$$

(4) ΔF_n が n によらない一定値であるため，$\displaystyle\sum_{n=1}^{N}$ は単に N 倍することに等しい。

$$F_N=\sum_{n=1}^{N}\Delta F_n=\sum_{n=1}^{N}\frac{\mu_0 I^2 l}{2\pi a(2N+1)^2}=\frac{\mu_0 NI^2 l}{2\pi a(2N+1)^2}$$

(5) 0 番目の領域の長さ l の部分の面積は $l\Delta w$，その単位面積当たりに働く力の大きさ f_N は，

$$f_N=\frac{F_N}{l\Delta w}=\frac{\mu_0 NI^2}{4\pi^2 a^2(2N+1)}$$

(6) 極限値 $\displaystyle\lim_{N\to\infty}f_N$ を考え，

$$f=\lim_{N\to\infty}f_N=\lim_{N\to\infty}\frac{\mu_0 NI^2}{4\pi^2 a^2(2N+1)}=\lim_{N\to\infty}\frac{\mu_0 I^2}{4\pi^2 a^2\left(2+\dfrac{1}{N}\right)}=\frac{\mu_0 I^2}{8\pi^2 a^2}$$

問4 下図のように，n 番目，$-n$ 番目の領域の電流が点Pに作る合成磁場 $\Delta\vec{H_n}$ は xy 平面内にあり，x 成分が打ち消しあうので，y 軸の正の向きとなる。0 番目の領域の電流が点Pに作る磁場 $\vec{H_0}$ も xy 平面内にあって，y 軸の正の向きとなる。したがって，全合成磁場 $\vec{H}$ は xy 平面内にあって，x 軸に垂直となる。

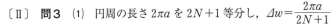

研究 n 番目，$-n$ 番目の領域の電流が点Pに作る合成磁場の大きさ ΔH_n は，

$$\Delta H_n = 2 \times \frac{\Delta I}{2\pi r} \times \cos\beta_n \quad (\beta_n = \angle B_nPO)$$

全合成磁場の大きさ H は，$H = \sum_{n=1}^{N} \Delta H_n + \frac{\Delta I}{2\pi(R-a)}$

$N \to \infty$ の極限値を考えると，点Pでの合成
磁場 H が得られる。

ところが，こうした電流の場合，パイプの
外側の磁場は z 軸を流れる電流 I による磁場
と同一で，$H = \dfrac{I}{2\pi R}$ となる。「アンペール
の法則」と呼ばれる。

なお，円筒内部の磁場は 0 である。

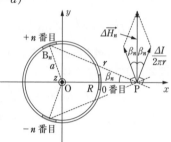

Point 長さ l の部分を流れる電流 I が磁場 H から受ける力の大きさ F の式，
$F = \mu_0 HIl\sin\theta$ では θ は $\vec{I}$ と $\vec{H}$ の間の角。
　　　フレミングの左手の法則により，力の向きは「$\vec{I}$ に垂直，しかも $\vec{H}$ に
も垂直」となる。

---

43 問1 $\dfrac{BLv}{R}$ 　　問2 $mg\sin\theta - \dfrac{B^2L^2v}{R}$ 　　問3 $\dfrac{mgR\sin\theta}{B^2L^2}$

問4 $\dfrac{(mg)^2R\sin^2\theta}{(BL)^2}$ 　　問5 $ma = mg\sin\theta - BIL$ 　　問6 $BLv - \dfrac{Q}{C} - RI = 0$

問7 $\dfrac{\Delta Q}{\Delta v} = BLC$ 　　問8 加速度：$\dfrac{mg\sin\theta}{m + B^2CL^2}$，電流：$\dfrac{mgBCL\sin\theta}{m + B^2CL^2}$

解説 問1　導体棒に生じる誘導起電力の大きさ V は，

$V = BLv\sin 90° = BLv$ ……①

注意 角度 90° は速度 v と磁束密度 B，右図の
矢印Ⓐと矢印Ⓑの間の角で，起電力 V は矢印
Ⓒの向き。

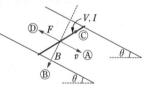

レンツの法則により，回路に流れる電流 I は，斜面を上から見たとき時計回りとなり，

$I = \dfrac{V}{R} = \dfrac{BLv}{R}$ ……②

問2　導体棒が電流 I により磁場から受ける力を考え，x 軸方向に働く力 F_x は，

$F_x = mg\sin\theta + (-BIL\sin 90°) = mg\sin\theta - \dfrac{B^2L^2v}{R}$

注意 角度 90° は電流 I と磁束密度 B，上図の矢印Ⓒと矢印Ⓑの間の角で，導体
棒が磁場から受ける力 F は矢印Ⓓの向き。

問3 一定の速度 v_0 となったとき，導体棒に働く力はつりあっている。

$$mg\sin\theta - \frac{B^2L^2v_0}{R} = 0 \quad \text{すなわち，} \quad v_0 = \frac{mgR\sin\theta}{B^2L^2}$$

問4 速度 v_0 のとき，式②により電流 I_0 は，$I_0 = \frac{BLv_0}{R} = \frac{mg\sin\theta}{BL}$

抵抗Rで発生する単位時間当たりの熱量 q は，$q = RI_0{}^2 = \frac{(mg)^2R\sin^2\theta}{(BL)^2}$

問5 導体棒が電流 I により磁場から受ける力を考慮すると，運動方程式は，

$$ma = mg\sin\theta - BIL\sin 90° \quad \cdots\cdots ③$$

問6 棒に生じる誘導起電力 V' の表式は式①と同じ。蓄えられた電荷 Q によりコンデンサーの電圧は，図中の上側の極板が $V_C = \dfrac{Q}{C}$ だけ高い。キルヒホッフの第2法則より，

$$V' - V_C - RI = 0 \quad \text{すなわち，} \quad BLv - \frac{Q}{C} - RI = 0 \quad \cdots\cdots ④$$

問7 式③，④の2式から電流 I を消去すると，

$$ma = mg\sin\theta - \frac{BL(BLCv - Q)}{RC} \quad \cdots\cdots ⑤$$

速度が $v \to v + \Delta v$，電荷が $Q \to Q + \Delta Q$ と変化するとき，等加速度運動の場合，

$$ma = mg\sin\theta - \frac{BL\{BLC(v + \Delta v) - (Q + \Delta Q)\}}{RC} \quad \cdots\cdots ⑥$$

加速度 a が一定の場合，⑤，⑥の2式を比較すると，

$$BLC\Delta v - \Delta Q = 0 \quad \cdots\cdots ⑦ \quad \text{すなわち，} \quad \frac{\Delta Q}{\Delta v} = BLC = \text{一定}$$

問8 式⑦において，$a = \dfrac{\Delta v}{\Delta t}$，$I = \dfrac{\Delta Q}{\Delta t}$ を考えると，$BCLa = I \quad \cdots\cdots ⑧$

③，⑧の2式を a，I についての連立方程式として解くと，

$$a = \frac{mg\sin\theta}{m + B^2CL^2}, \quad I = \frac{mgBCL\sin\theta}{m + B^2CL^2}$$

Point 本来，起電力 $V = BLv\sin\theta_1$ の θ_1 は v と B の間の角で，力 $F = BIL\sin\theta_2$ の θ_2 は I と B の間の角を表す。力 F の向きは，「I に垂直，しかも B にも垂直」な向きである。

---

44 **問1** $(B_0 - 2bz)l^2$　　**問2** $2bl^2v$　　**問3** $\dfrac{2bl^2v}{R}$

問4 大きさ：$\dfrac{4b^2l^4v}{R}$，向き：z 軸方向正の向き　　**問5** 解説参照

問6 $\dfrac{mgR}{4b^2l^4}$　　**問7** 解説参照

解説 以下，$B_0 - 2bz > 0$ を満たす z の範囲を扱うことにする。

問1 コイルを貫く磁束の大きさ $\Phi(z)$ は，磁束密度 $\vec{B}$ の z 成分 B_z が関係する。コイルの面積 l^2 を考え，$\Phi(z) = (B_0 - 2bz)l^2$

問2 高さの変化 Δz による磁束変化 $\Delta\Phi$ は，

$$\Delta\Phi = \Phi(z + \Delta z) - \Phi(z) = \{B_0 - 2b(z + \Delta z)\}l^2 - (B_0 - 2bz)l^2 = -2bl^2\Delta z$$

$\dfrac{\Delta z}{\Delta t} = -v$ であることから，誘導起電力の大きさ V は，

$$V = \left| -\frac{\Delta\Phi}{\Delta t} \right| = \left| -2bl^2\frac{\Delta z}{\Delta t} \right| = 2bl^2v \quad \cdots\cdots①$$

研究 起電力 V はコイルの 4 辺に生じる起電力の和としても求まる。辺 AB については，

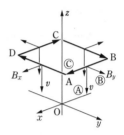

$$V_{AB} = B_y lv\sin 90° = \left(b \times \frac{1}{2}l\right)lv = \frac{1}{2}bl^2v \quad \cdots\cdots②$$

注意 角度 $90°$ は速度 v と磁束密度の y 成分 B_y，すなわち，矢印Ⓐと矢印Ⓑの間の角で，起電力の向きは矢印Ⓒの向き。

4 辺で 4 倍すると，式①と同じ起電力の値が確かめられる。

ところが，式①では磁束密度の z 成分 B_z を，式②では y 成分 B_y を用いており，誘導起電力のこれら 2 式は，異なる観点に基づいている。

問3 式①の起電力により，コイルを流れる電流の大きさ I は，

$$I = \frac{V}{R} = \frac{2bl^2v}{R} \quad （時計回り） \quad \cdots\cdots③$$

問4 辺 AB に働く z 方向の力の大きさ F_{zAB} は，電流 I，磁束密度の y 成分 B_y により，

$$F_{zAB} = B_y Il\sin 90° = \left(b \times \frac{1}{2}l\right)Il = \frac{b^2l^4v}{R}$$

注意 角度 $90°$ は電流 I と磁束密度の y 成分 B_y，すなわち矢印Ⓒと矢印Ⓑの間の角で，F_{zAB} は矢印Ⓔの向き。

磁場が各辺に及ぼす力は同じ大きさ，同じ向きなので，F_{zAB} を，4 辺・4 倍すると，$F_z = \dfrac{4b^2l^4v}{R} \quad \cdots\cdots④$

向きは「z 軸方向正の向き」

注意 もう一例をあげてみる。辺 BC に働く力の大きさ F_{zBC} については，磁束密度の x 成分 B_x 成分が関係し，

$$F_{zBC} = |B_x|Il\sin 90° = \left|b \times \left(-\frac{1}{2}l\right)\right|Il = \frac{b^2l^4v}{R}$$

大きさを求めるとき，$F = |B| \|I|l\sin\theta$，$V = |B||v|l\sin\theta$ のように必ず B, v, I は「絶対値」として扱わなければならない。

問5 微小時間 Δt に磁場がコイルにする仕事 W は，式④の F_z により，

$$W = F_z(v\Delta t)\cos 180° = -\frac{4b^2l^4v}{R} \times v\Delta t = -\frac{4b^2l^4v^2}{R}\Delta t$$

一方，コイルで消費されるジュール熱 Q は，式③の I を用いて，

$$Q=RI^2\varDelta t=R\left(\frac{2bl^2v}{R}\right)^2\varDelta t=\frac{4b^2l^4v^2}{R}\varDelta t$$

すなわち，$|W|=Q$

問6 一定の速さ v_f となったとき，式④の磁場から受ける力 F_z と重力がつりあい，

$$\frac{4b^2l^4v_\mathrm{f}}{R}=mg \quad\text{すなわち，}\quad v_\mathrm{f}=\frac{mgR}{4b^2l^4}$$

問7 「コイルの加速にともない，誘導電流が増加し，コイルが磁場から受ける力が重力とつりあうまで増大するから。」(50字)

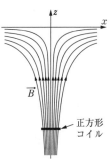

> **研究** 与えられた磁束密度の成分によれば，xy 平面内，半径 r 上の放射状成分 B_r は，
>
> $$B_r=\sqrt{B_x{}^2+B_y{}^2}=b\sqrt{x^2+y^2}=br$$
>
> これによれば，磁束密度の xy 平面内成分 B_r は，半径 r に比例して強さが増す分布である。一方，xz 断面内の磁力線の形状は右図のように
>
> $$z=-\frac{a}{x^2}\quad(a\text{ は正の定数})$$
>
> 型の関数型をしている。

> **Point** $V=Blv\sin\theta$, $F=BIl\sin\theta$ の2式で v, B, I をベクトルの「成分」を用いて扱うこともできる。ただし，各成分の大きさ $|v|$, $|B|$, $|I|$ を用いる。

---

45 〔I〕 **問1** πa^2b〔V〕 **問2** $\dfrac{a^2b}{2r}$〔V/m〕 **問3** 時計回り

問4 $a\sqrt{\dfrac{2\pi Neb}{m}}$〔m/s〕 **問5** $\dfrac{e^2a^2bnS}{2kr}$〔A〕 **問6** $\dfrac{2\pi kr}{e^2nS}$〔Ω〕

〔II〕 **問1** πr^2b〔V〕 **問2** $\dfrac{rb}{2}$〔V/m〕 **問3** 時計回り

問4 $r\sqrt{\dfrac{2\pi Neb}{m}}$〔m/s〕 **問5** $\dfrac{e^2rbnS}{2k}$〔A〕 **問6** $\dfrac{2\pi kr}{e^2nS}$〔Ω〕

解説 〔I〕 **問1** 時刻 $t\to t+\varDelta t$ の間の円形コイルを貫く磁束の変化 $\varDelta\varPhi_1$ は，

$$\varDelta\varPhi_1=\pi a^2\{b\times(t+\varDelta t)\}-\pi a^2(b\times t)=\pi a^2b\varDelta t$$

誘導起電力の大きさ V_1 は，$V_1=\dfrac{\varDelta\varPhi_1}{\varDelta t}=\pi a^2b$〔V〕 ……①

問2 式①の誘導起電力によって作られる電場の強さ E_1〔V/m〕は，

$$E_1=\frac{V_1}{2\pi r}=\frac{a^2b}{2r}\text{〔V/m〕}\quad\text{……②}$$

問3 z 軸方向の磁束密度が増加する（$b>0$）場合，誘導電流はレンツの法則により時

計回り，したがって，電子の動きは反時計回り。電子のこの運動を起こす電場の向きは「時計回り」である。

注意 円形コイル部分には磁場はなく，電子にローレンツ力は働かない。

問4 円周方向の電子の運動方程式は，加速度を A_1，反時計回りを正の向きとすると，

$$mA_1 = eE_1 \quad \text{式②の } E_1 \text{ を代入すると，} A_1 = \frac{ea^2b}{2mr}$$

電子は，円周方向に加速度の大きさ A_1 の等加速度運動することがわかる。コイル上を N 回転し，$2\pi r \times N$ 進んだときの電子の速さ u_1 は，等加速度運動の式

$$u_1^2 - 0^2 = 2A_1 \times (2\pi rN) \quad \text{により，} u_1 = a\sqrt{\frac{2\pi Neb}{m}} \ \text{(m/s)}$$

問5 抵抗力を受け，力がつりあって運動する電子の速さを v_1 とすると，運動方程式

$$m \times 0 = eE_1 - kv_1 \quad \text{により，} v_1 = \frac{eE_1}{k} = \frac{ea^2b}{2kr}$$

求める電流 I_1 を，単位体積中の自由電子の個数 n，平均の速さ v_1 を用いて表すと，

$$I_1 = env_1S = \frac{e^2a^2bnS}{2kr} \ \text{(A)} \quad \cdots\cdots ③$$

問6 式③を式①の V_1 を用いて表すと，$I_1 = \frac{e^2a^2bnS}{2kr} = \frac{e^2nS}{2\pi kr} \times \pi a^2b = \frac{e^2nS}{2\pi kr}V_1$

上の式をオームの法則 $I = \dfrac{V}{R}$ と対照させると，円形コイルの電気抵抗 R_1 は，

$$R_1 = \frac{2\pi kr}{e^2nS} \ \text{(Ω)} \quad \cdots\cdots ④$$

〔II〕 **問1** 誘導起電力の大きさは，コイル内側の磁束の変化に関係する。式①と同様に，

$$V_2 = \pi r^2 b \ \text{(V)} \quad \cdots\cdots ⑤$$

注意 円形コイルの外側の部分の磁束はコイル上の誘導起電力には関係しない。

問2 式②と同様に，$E_2 = \dfrac{V_2}{2\pi r} = \dfrac{rb}{2} \ \text{(V/m)}$

問3 〔I〕**問3**と同様に，電場の向きは，「時計回り」となる。

注意 電子は磁場によりローレンツ力を受けるが，半径方向中心を向くため，円の接線方向の運動状態には影響しない。

問4 電子の円周方向の運動方程式は，加速度を A_2，時計回りを正の向きとすると，

$$mA_2 = eE_2 \quad \text{これにより，} A_2 = \frac{erb}{2m}$$

コイル上を N 回転したときの電子の速さ u_2 は，等加速度運動の式

$$u_2^2 - 0^2 = 2A_2 \times (2\pi rN) \quad \text{により，} u_2 = r\sqrt{\frac{2\pi Neb}{m}} \ \text{(m/s)}$$

問5 抵抗力とつりあって等速運動する電子の速さ v_2 は，〔I〕**問5**と同様に，

$$v_2 = \frac{eE_2}{k} = \frac{erb}{2k}$$

求める電流 I_2 を，単位体積中の自由電子の個数 n，平均の速さ v_2 を用いて表すと，

$$I_2 = env_2S = \frac{e^2rbnS}{2k} \text{ [A]} \quad \cdots\cdots ⑥$$

問6 式⑥を式⑤の V_2 を用いて表すと，

$$I_2 = \frac{e^2rbnS}{2k} = \frac{e^2nS}{2\pi kr} \times \pi r^2 b = \frac{e^2nS}{2\pi kr}V_2$$

上の式をオームの法則 $I = \dfrac{V}{R}$ と対照させると，円形コイルの電気抵抗 R_2 は，

$$R_2 = \frac{2\pi kr}{e^2nS} \text{ [}\Omega\text{]}$$

注意 式④と同じ値となる。

研究 $R_1 = R_2 = \dfrac{2\pi kr}{e^2nS} = \dfrac{k}{e^2n} \cdot \dfrac{2\pi r}{S}$ と書き換えると，抵抗値が，導線の長さ $2\pi r$ に

比例し，断面積 S に反比例することが示される。このとき，$\rho = \dfrac{k}{e^2n}$ は導線の材質，

温度などで決まる量で，「抵抗率」と呼ばれる。

Point. 電流 I を電子の運動として見るとき，$I = envS$（n は電子の個数密度）
電流の大きさを求めるときに，電場による力と抵抗力のつりあいから電
子の速さを求める方法は覚えておきたい。

46 〔I〕 **問1** $\dfrac{4}{3}\pi k_0 q\rho$　　**問2** $\dfrac{1}{2}Cr^2$　　**問3** $R\sqrt{\dfrac{C}{m}}$

〔II〕 **問4** $\sqrt{v_1^2 - \dfrac{C}{m}R^2}$　　**問5** (i) $\dfrac{qB}{2m} + \sqrt{\left(\dfrac{qB}{2m}\right)^2 + \dfrac{C}{m}}$

(ii) $-\dfrac{qB}{2m} + \sqrt{\left(\dfrac{qB}{2m}\right)^2 + \dfrac{C}{m}}$　　**問6** (1) $\dfrac{qB}{2m}$　　(2) $\sqrt{\left(\dfrac{qB}{2m}\right)^2 + \dfrac{C}{m}}$

(3) $C + \dfrac{(qB)^2}{2m}$

解説 〔I〕 **問1** 原点Oに電気量 $-\dfrac{4}{3}\pi r^3 \times \rho$ の点電荷があると考えて，クーロン力

の大きさ $F(r)$ は，

$$F(r) = k_0\frac{q \times \frac{4}{3}\pi r^3\rho}{r^2} = \frac{4}{3}\pi k_0 q\rho r = Cr \quad \text{により，} \quad C = \frac{4}{3}\pi k_0 q\rho$$

問2 位置エネルギー $U(r)$ は，右図の $F(r)$-r グラ
フ上の三角形の面積として得られ，

$$U(r) = \frac{1}{2}Cr \times r = \frac{1}{2}Cr^2 \quad \cdots\cdots ①$$

問3 式①の位置エネルギーを用いたエネルギー保存
の法則により，絶縁体球の表面 $r = R$ まで到達す
るための速さの最小値 v_0 は，

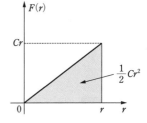

$$\frac{1}{2}mv_0{}^2+\frac{1}{2}C\times0^2=\frac{1}{2}m\times0^2+\frac{1}{2}CR^2 \quad \cdots\cdots\text{②}$$

すなわち，$v_0=R\sqrt{\dfrac{C}{m}}$

〔Ⅱ〕 **問4** 磁場から受ける力は，つねに荷電粒子の速度に垂直に働くため，仕事は0であり，エネルギーの増減に関与しない。式②と同様に電場の作用だけを考えたエネルギー保存の法則の式

$$\frac{1}{2}mv_1{}^2+\frac{1}{2}C\times0^2=\frac{1}{2}mv^2+\frac{1}{2}CR^2$$

により，速さ v は，$v=\sqrt{v_1{}^2-\dfrac{C}{m}R^2}$

問5 （i）円運動が時計回りの場合，ローレンツ力は点Oの側を向く。円運動の角速度を ω_1 とすると，運動方程式は，$mr\omega_1{}^2=+Cr+q(r\omega_1)B \quad \cdots\cdots\text{③}$
上の式を ω_1 についての2次方程式として解くと，

$$\omega_1=\frac{qB}{2m}+\sqrt{\left(\frac{qB}{2m}\right)^2+\frac{C}{m}} \quad \text{（時計回り）}$$

ただし，ω_1 が負の値となる解を除いた。

（ii）円運動が反時計回りの場合，円運動の角速度を ω_2 とすると，ローレンツ力の向きを考慮し，式③と同様な式

$$mr\omega_2{}^2=+Cr-q(r\omega_2)B \quad \text{により，}\quad \omega_2=-\frac{qB}{2m}+\sqrt{\left(\frac{qB}{2m}\right)^2+\frac{C}{m}} \quad \text{（反時計回り）}$$

ただし，ω_2 が負の値となる解を除いた。

問6 （1）角速度 ω_1，ω_2，Ω を矢印で表すと右図のような関係になる。相対角速度の大きさが等しくなるような観測者Kの角速度を Ω とすると，

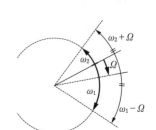

$\omega_1-\Omega=\omega_2-(-\Omega)$ すなわち，

$$\Omega=\frac{\omega_1-\omega_2}{2}=\frac{qB}{2m} \quad \cdots\cdots\text{④}$$

（2）荷電粒子の角速度の大きさ ω' は，どちらの回転についても，

$$\omega'=\omega_1-\Omega=\sqrt{\left(\frac{qB}{2m}\right)^2+\frac{C}{m}} \quad \cdots\cdots\text{⑤}$$

（3）観測者Kから見ると，荷電粒子に働くローレンツ力はなくなるが，観測者Kの回転のために生じる遠心力 $mr\Omega^2$ が新たに加わる。荷電粒子の円運動の運動方程式は，

$$mr(\omega')^2=+C'r-mr\Omega^2 \quad \cdots\cdots\text{⑥}$$

すなわち，$C'=m(\omega')^2+m\Omega^2=C+\dfrac{(qB)^2}{2m}$

ここで，式⑤の ω' を代入した。

　注意 回転する座標系（角速度 Ω）で観測した場合，荷電粒子は静止しているの

ではなく，電場からの力と遠心力を受けて角速度 ω' で回転している。

■研究■ 静止座標系での円運動の運動方程式 $mr\omega_1^2 = +Cr + qr\omega_1 B$ において，角速度 ω_1 を $\omega_1 = \omega' + \Omega$ と置き換えると，

$$mr\{(\omega')^2 + 2\omega'\Omega + \Omega^2\} = +Cr + qr(\omega' + \Omega)B$$

左辺の2項を移項すると，

$$mr(\omega')^2 = +Cr + qr\omega'B + qr\Omega B - 2mr\omega'\Omega - mr\Omega^2 \quad \cdots\cdots ⑦$$

これが回転座標系で観測される運動である。この式において，

(a) 右辺の第2項のローレンツ力 $(+qr\omega'B)$ を第4項 $(-2mr\omega'\Omega)$ がちょうど打ち消すような回転座標系の角速度 Ω を選ぶことができる。これが式④の角速度 $\Omega = \dfrac{qB}{2m}$ である。この角速度は「ラーモア Larmor 角速度」と呼ばれる。

(b) 式⑥においては，右辺第1項，第3項をまとめて $C'r$ としている。

$$C'r = +Cr + qr\Omega B$$

(c) 右辺第5項 $(-mr\Omega^2)$ は回転座標系で観測しているために生じる遠心力。

Point 問題 **8** で見たように，観測者が角速度 Ω で回転している場合，物体には観測者から離れる向きに遠心力 $mr\Omega^2$ が働く。コリオリの力は式⑦の第4項であり，Ω をうまく選ぶとローレンツ力と打ち消しあう。

47 問1 (1) $\dfrac{qB}{m}$ (2) 速度（の成分） 問2 (3) $\dfrac{1}{2} \cdot \dfrac{(qB_1 r_1)^2}{m}$

(4) $\pi(B_2 - B_1)r_1^2$ (5) $\dfrac{2\pi m}{qB_1}$ (6) $\dfrac{q^2 B_1(B_2 - B_1)r_1^2}{2m}$ (7) $B_1 r_1^2 = B_2 r_2^2$

(8) $V_0^2 + \left(1 - \dfrac{B(x)}{B_0}\right)v_0^2$ (9) $\dfrac{1}{\sqrt{a}} \cdot \dfrac{V_0}{v_0}$

解説 問1 (1) 円運動の半径を r とすると，荷電粒子の運動方程式は，

$$mr\omega^2 = q(r\omega)B \quad \text{角速度 } \omega \text{ は，} \quad \omega = \dfrac{qB}{m} \quad \cdots\cdots ①$$

(2) 磁場に平行な方向にはローレンツ力を受けず，「速度（の成分）」が一定となる。

問2 (3) 荷電粒子の円運動の運動エネルギー E_1 は，

$$E_1 = \dfrac{1}{2}m(r_1\omega_1)^2 = \dfrac{1}{2} \cdot \dfrac{(qB_1 r_1)^2}{m}$$

注意 この運動エネルギーは，回転運動についての運動エネルギーである。この他に，x 軸方向の運動の運動エネルギーがある。

(4) 位置 x_1 で円運動するとき，軌道が囲む磁束 Φ_1 は，$\Phi_1 = B_1 \times \pi r_1^2$

位置 x_2 についても軌道半径 r_1 のままであると仮定する場合，増加分 $\Delta\Phi$ は，

$$\Delta\Phi = B_2 \times \pi r_1^2 - B_1 \times \pi r_1^2 = \pi(B_2 - B_1)r_1^2 \quad \cdots\cdots ②$$

(5) 磁束密度 B_1 の中で荷電粒子が円軌道を1周するのに要する時間 Δt は，式①と同様に ω_1 を表して，$\Delta t = \dfrac{2\pi}{\omega_1} = \dfrac{2\pi m}{qB_1} \quad \cdots\cdots ③$

(6) ②，③の2式により，磁束変化 $\Delta\Phi$ により生じる誘導起電力の大きさ V は，

$$V=\frac{\Delta\Phi}{\Delta t}=\frac{qB_1(B_2-B_1)r_1^2}{2m}$$

円運動の運動エネルギーの増加 ΔE は，誘導された電場が荷電粒子にする仕事を考え，$\Delta E=qV=\dfrac{q^2B_1(B_2-B_1)r_1^2}{2m}$

(7) 運動エネルギーの関係式 $E_1+\Delta E=E_2$ は次のように表せる。

$$\frac{1}{2}\cdot\frac{(qB_1r_1)^2}{m}+\frac{q^2B_1(B_2-B_1)r_1^2}{2m}=\frac{1}{2}\cdot\frac{(qB_2r_2)^2}{m}$$ これにより，$B_1r_1^2=B_2r_2^2$

注意 上の式の両辺を π 倍すると，$B_1\times\pi r_1^2=B_2\times\pi r_2^2$

これによれば，軌道が囲む磁束 Φ（磁力線の本数）は変化しない。磁場のみによる荷電粒子の運動について一般的に成り立つ性質である。

(8) 位置 x に移動したときの円運動の速さを v とすると，次の2式が成り立つ。

$$\frac{v_0^2}{B_0}=\frac{v^2}{B(x)},\qquad\frac{1}{2}m(V_0^2+v_0^2)=\frac{1}{2}m(V^2+v^2)$$

上の2式から v を消去すると，$V^2=V_0^2+\left(1-\dfrac{B(x)}{B_0}\right)v_0^2$ ……④

注意 円運動の運動方程式 $m\dfrac{v^2}{r}=qvB$ および $\dfrac{v^2}{B}=$一定 の2式により，

$vr=$一定，と得られる。近似的に「面積速度一定の法則」が成り立つことが知られている。

(9) 式④において，$B(x)=B_0(1+ax^2)$ とした場合，速さ V は，$V=\sqrt{V_0^2-ax^2v_0^2}$
根号内が負にならない範囲で運動すると考えると，往復運動の x 軸方向の範囲は，

$$|x|\leqq\frac{1}{\sqrt{a}}\cdot\frac{V_0}{v_0}$$

研究 右図の点Pにおいては，磁束密度 $\vec{B}$ の z 方向成分 B_z が存在する。この B_z と速度の y 方向成分 v_y によるローレンツ力の成分は x 方向・負の向きを向く。この力の成分が粒子の x 方向の運動を減速させている。一方，速度の x 方向成分 v_x と磁束密度の z 成分によれば，ローレンツ力が荷電粒子を加速する向きを持つ。これは「成

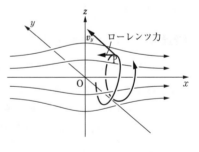

分に分解して扱っているから」であって，ローレンツ力の全成分を考えれば，「ローレンツ力が仕事をすることは決してない」。

Point 荷電粒子が位置 x_1 から x_2 に移るとき，レンツの法則から，荷電粒子の円運動を加速する向きに誘導起電力を生じる。そのため，粒子の円運動の運動エネルギーは，電荷×起電力だけ増加する。

48 問1 (1) $ma_x = -qv_yB$ (2) $ma_y = qv_xB$ (3) $ma_z = qE$

(4) $\dfrac{mv_0}{qB}$ (5) $\dfrac{2\pi m}{qB}$ (6) $\dfrac{mv_0}{qB}\sin\left(\dfrac{qB}{m}t\right)$ (7) $\dfrac{mv_0}{qB}\left\{1-\cos\left(\dfrac{qB}{m}t\right)\right\}$

(8) $\dfrac{1}{2}\cdot\dfrac{qE}{m}t^2$ (9) $\dfrac{8\pi^2 mE}{qB^2}$ 問2 (10) 4 (11) 1 (12) 4

問3 (13) $ma_x = -qv_yB + qE_x$ (14) $ma_y = qv_xB + qE_y$ (15) $v_x - u_x$

(16) $v_y - u_y$ (17) $-\dfrac{E_y}{B}$ (18) $\dfrac{E_x}{B}$ (19) 0 (20) $-v_0B$ (21) $\dfrac{E}{B}$

解説 問1 (1), (2), (3) 電場 $\vec{E}$, 磁場（磁束密度）$\vec{B}$ を成分で表すと，

$$\vec{E} = (0,\ 0,\ E), \qquad \vec{B} = (0,\ 0,\ -B)$$

粒子Pが電場，磁場から受ける力をそれぞれ $\vec{F_E}$, $\vec{F_B}$ とすると，

$$\vec{F_E} = (0,\ 0,\ qE), \qquad \vec{F_B} = (-qv_yB,\ qv_xB,\ 0)$$

注意 ローレンツ力 $\vec{F_B}$ の成分は，各成分ごとにフレミングの左手の法則を使って得られる。

これらの力の成分により，各方向の運動方程式は次のようになる。

$$ma_x = -qv_yB \ \ \cdots\cdots①, \qquad ma_y = qv_xB \ \ \cdots\cdots②, \qquad ma_z = qE \ \ \cdots\cdots③$$

(4) xy 平面に投影した粒子Pの運動は等速円運動となり，円運動の半径 r は運動方程式

$$m\dfrac{v_0^2}{r} = qv_0B \quad \text{により，} \quad r = \dfrac{mv_0}{qB}$$

(5) 半径 r，速さ v_0 の等速円運動の周期 T_P は，$T_P = \dfrac{2\pi r}{v_0} = \dfrac{2\pi m}{qB}$ $\cdots\cdots④$

(6), (7), (8) xy 平面に投影した粒子Pの運動は点 $\left(0,\ \dfrac{mv_0}{qB}\right)$ を中心とする，半径 $\dfrac{mv_0}{qB}$，

周期 T_P の等速円運動である。一方，式③によれば，z 軸方向には加速度 $a_z = \dfrac{qE}{m}$

の等加速度運動となる。これにより，時刻 t における粒子Pの位置 $(x,\ y,\ z)$ は，

$$x = \dfrac{mv_0}{qB}\sin\left(\dfrac{qB}{m}t\right), \qquad y = \dfrac{mv_0}{qB}\left\{1-\cos\left(\dfrac{qB}{m}t\right)\right\}$$

$$z = \dfrac{1}{2}\cdot\dfrac{qE}{m}t^2 \ \ \cdots\cdots⑤$$

注意 上の式で粒子Pの座標 x, y は単振動と同一である。

(9) 式⑤において，時刻 $t = 2T_P$ を考える。式④の T_P を代入すると，

$$z_P = \dfrac{1}{2}\cdot\dfrac{qE}{m}(2T_P)^2 = \dfrac{8\pi^2 mE}{qB^2} \ \ \cdots\cdots⑥$$

問2 (10), (11) 粒子Qは z 軸方向に加速度 $\dfrac{q'E}{m'}$ の等加速度運動をし，時刻 $t = T_P$ に，

点 $(0,\ 0,\ z_P)$ を通過する。式⑤と同様に $z_P = \dfrac{1}{2}\cdot\dfrac{q'E}{m'}T_P^2$ $\cdots\cdots⑦$

⑥のはじめの等号と⑦の2式を比較することにより，$\dfrac{q'}{m'}=4\dfrac{q}{m}$

ここで，q'，q および m'，m の比を「取り得る自然数のうち，最小の値」で表すと，

$q'=4\times q,\qquad m'=1\times m$

⑿ xy 平面に投影した円運動の周期は，$T_\mathrm{P}'=\dfrac{2\pi m'}{q'B}=\dfrac{1}{4}\cdot\dfrac{2\pi m}{qB}=\dfrac{1}{4}T_\mathrm{P}$

問3 ⒀, ⒁ 電場，磁場から受ける力をそれぞれ
$\overrightarrow{F_E'}$，$\overrightarrow{F_B'}$ とすると，

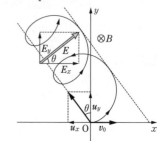

$\overrightarrow{F_E'}=(qE_x,\ qE_y,\ 0)$，

$\overrightarrow{F_B'}=(-qv_yB,\ qv_xB,\ 0)$

運動方程式の x 成分，y 成分は，

$ma_x=-qv_yB+qE_x$ ……⑧

$ma_y=qv_xB+qE_y$ ……⑨

⒂, ⒃ 速度 $(u_x,\ u_y,\ 0)$ で移動する観測者から
見る粒子Pの速度は，相対速度の一般式により，

$v_x'=v_x-u_x,\ v_y'=v_y-u_y$

⒄, ⒅ 移動する観測者が見る粒子Pの運動方程
式は，⑧，⑨の2式の速度成分 v_x，加速度成分 a_x などを v_x'，a_x' などで表すと，

$ma_x'=-q(v_y'+u_y)B+qE_x,\qquad ma_y'=q(v_x'+u_x)B+qE_y$

移動する観測者に粒子Pの運動が等速円運動に見えるという場合，運動方程式は①，
②の2式で $v_x\to v_x'$，$v_y\to v_y'$ としたものになる。すなわち，移動速度の成分 u_x，
u_y は，

$-qu_yB+qE_x=0,\qquad qu_xB+qE_y=0$

を満たす値である。そのような観測者の速度とは，

$u_x=-\dfrac{E_y}{B},\qquad u_y=\dfrac{E_x}{B}$ ……⑩

注意 この速度 u の向きは，「電場ベクトルに垂直」を意味している。この速度で
移動する観測者から見る場合「電場 E が消失して見える」，「磁場だけのように見
える」，そのため，粒子Pは「等速円運動と見える」。ただし，「この観測者から見
れば」である。

また，この場合，等速円運動の速さは v_0 ではなく，移動する観測者から見た相
対速度の大きさである。

研究 xy 平面内で見るとき，粒子Pは電場ベクトル $\overrightarrow{E}$ に垂直な方向（**問3**の図で
は左上）に曲線を描きながら進んでいく。この曲線はトロコイド曲線，$v_0=0$ の場
合にはサイクロイド曲線と呼ばれる。

⒆, ⒇ 移動している観測者が見て，粒子Pは静止している。したがって，観測者の
速度も $\overrightarrow{v}=(v_0,\ 0,\ 0)$ である。式⑩を用いると，電場の成分は，

$E_x=0,\qquad E_y=-v_0B$

(21) 電場の強さ E は，

$$E=\sqrt{E_x{}^2+E_y{}^2}=\sqrt{0^2+(-v_0B)^2}=v_0B \quad \text{これにより,} \quad v_0=\frac{E}{B}$$

研究 物体の速度 v は速度 u で移動する座標系では相対速度 $v'=v-u$ に見える。それと同様,電場 E も,電場に垂直に（向きは**問3**の図を参照）速さ u で移動する観測者からは,$E'=E-uB$ に見える。しかも,観測者の速さ u をうまく選ぶと「電場が消失する」ことになる。その速さとは,$u=\dfrac{E}{B}$ である。

Point 一定の速度で移動する観測者から見た場合,その速度をうまく選ぶと電場の効果をなくすことができる。また,「電場がなく,磁場のみである」ならば,荷電粒子は等速円運動をする。

49 **問1** 1.0 A **問2** 0.50 A **問3** 1.0×10^{-4} J **問4** 0 A
問5 0.90 A **問6** 40 V **問7** 8.0×10^2 Hz **問8** 解説参照
問9 電流：5.0×10^{-2} A, エネルギー：2.5×10^{-5} J

解説 **問1** スイッチ S_1 を閉じた瞬間,コンデンサーの電荷は 0 である。抵抗Aに電源電圧 $V_0=10$ V がかかり,抵抗Aの電流 I_0〔A〕は,$I_0=\dfrac{10}{10}=1.0$ A

問2 コンデンサーに 5.0 V の電圧がかかる瞬間,抵抗Aにかかる電圧は 5.0 V であり,求める電流 I_1〔A〕は,

$$I_1=\frac{5.0}{10}=0.50 \text{ A}$$

問3 スイッチ S_1 を閉じて十分に時間が経過したとき,コンデンサーの電圧は 10 V であり,静電エネルギー U〔J〕は,

$$U=\frac{1}{2}\times(2.0\times10^{-6})\times10^2=1.0\times10^{-4} \text{ J} \quad \cdots\cdots①$$

問4 スイッチ S_3 を閉じた瞬間,コイルには自己誘導起電力が生じ,抵抗A,コイルに流れる電流は一瞬 0 A が保たれる。

問5 コイルの自己誘導起電力により,コイル下端に対し上端の電位は 1.0 V 高い。抵抗Aにかかる電圧は 9.0 V となるので,求める電流 I_2〔A〕は,$I_2=\dfrac{9.0}{10}=0.90$ A

研究 自己インダクタンス L〔H〕のコイルについての,自己誘導起電力 V_L と電流の変化 $\varDelta I$ の関係式 $V_L=L\dfrac{\varDelta I}{\varDelta t}$ に数値を代入すると,

$$1.0=(20\times10^{-3})\times\frac{\varDelta I}{\varDelta t}$$

これにより,時間変化の割合 $\dfrac{\varDelta I}{\varDelta t}$ が得られ,$\varDelta t=0.018$ 秒後の電流値 I_2 を,

$$I_2=0+\frac{\varDelta I}{\varDelta t}\times\varDelta t$$

とすると，同じ電流値が得られる。

問6 スイッチS_3を閉じて十分に時間が経過したとき，コイルには一定電流1.0 A が流れている。スイッチS_1を開いた瞬間，コイルに流れる電流はそれまでの値1.0 A が一瞬維持される。これにより，抵抗Bにかかる電圧V_B〔V〕は，

$$V_B = 40 \times 1.0 = 40 \text{ V}$$

> **注意** スイッチS_1の操作の直前・直後で，抵抗Bに流れる電流は，下向き0.25 A から一瞬で上向き1.0 A へと変化する。また，コイルに生じる誘導起電力 V_L〔V〕はこの瞬間，コイル下端側が高く，
>
> $$V_L = (40 + 10) \times 1.0 = 50 \text{ V}$$

問7 自己インダクタンスL〔H〕のコイル，電気容量C〔F〕のコンデンサーからなる振動回路の振動数f〔Hz〕は，

$$f = \frac{1}{2\pi\sqrt{LC}} = \frac{1}{2\pi\sqrt{(20 \times 10^{-3}) \times (2.0 \times 10^{-6})}} \fallingdotseq 8.0 \times 10^2 \text{ Hz}$$

> **注意** スイッチS_1を開くと，抵抗 A，B，コイルに流れる電流は次第に減衰し，やがてすべて0となる。その後スイッチS_4を閉じると，コンデンサーの放電・充電によって振動電流が生じる。

問8 a→bの向きの電流Iとコンデンサーのb側（下側）の極板の電荷Qの関係

$$I = +\frac{\Delta Q}{\Delta t}$$

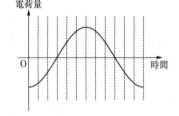

によれば，$t = 0$ の直後，$I = \dfrac{\Delta Q}{\Delta t} = 0$ であり電荷量Qは変化しない。その後，$I = \dfrac{\Delta Q}{\Delta t} > 0$ となり，

Qは増加をはじめる。再び $I = \dfrac{\Delta Q}{\Delta t} = 0$ になると，Qの増加は止まり，続いて，

$I = \dfrac{\Delta Q}{\Delta t} < 0$ となるので，Qは減少しはじめる。電荷量Qの変化は上図のようになる。

問9 コイルに流れる電流の最大値をI_{max}〔A〕とすると，コンデンサーとコイルについて，次のエネルギー保存の法則の式が成り立つ。

$$\frac{1}{2}CV_0{}^2 + \frac{1}{2}L \times 0^2 = \frac{1}{2}C \times 0^2 + \frac{1}{2}LI_{max}{}^2 \quad \cdots\cdots②$$

これにより，$I_{max} = V_0\sqrt{\dfrac{C}{L}} = 10 \times \sqrt{\dfrac{2.0 \times 10^{-6}}{20 \times 10^{-3}}} = 1.0 \times 10^{-1}$ A

点Pの瞬間，コイルに流れる電流I_P〔A〕は，$I_P = \dfrac{1}{2}I_{max} = 5.0 \times 10^{-2}$ A

コイルに蓄えられているエネルギーU_L〔J〕は，

$$U_L = \frac{1}{2}LI_P{}^2 = \frac{1}{2} \times (20 \times 10^{-3}) \times (5.0 \times 10^{-2})^2 = 2.5 \times 10^{-5} \text{ J}$$

> **注意** 式②の左辺$\dfrac{1}{2}CV_0{}^2$の値は，式①のエネルギーUと同一のものである。ま

た，図2で与えられた電流は，振動周期 T を用いると，時刻 t の関数として，

$$I(t) = I_{max} \sin\left(\frac{2\pi}{T}t\right)$$

と書ける。これにより，電流値 I_P は，$I_P = I_{max} \sin\left\{\frac{2\pi}{T}\left(\frac{5}{12}T\right)\right\} = \frac{1}{2}I_{max}$

> **Point** コイルとコンデンサーからなる振動回路の振動数は覚えておこう。振動回路では，回路に流れる電流もコンデンサーに蓄えられる電荷量も三角関数で表される。このことと，$I = \frac{\Delta Q}{\Delta t}$ から，I，Q の一方のグラフが与えられたとき，もう一方のグラフの概形が描ける。

50 〔I〕 **問1** $\dfrac{H_r}{H} = 1$, $H = \dfrac{N}{l}I$ 〔A/m〕   **問2** $\dfrac{\pi\mu_0 r_0{}^2 N^2}{l}$ 〔H〕

〔II〕 **問3** $\dfrac{\pi\mu_0 b^2}{2a}$ 〔H〕   **問4** $V_2 = \dfrac{\pi\mu_0 b^2}{2aL_1}V$ 〔V〕, $\theta = \pi$ 〔rad〕

〔III〕 **問5** 0.45 J   **問6** 45 V

解説 〔I〕 **問1** 磁場 H が磁極 m〔Wb〕に及ぼす磁気力の大きさ F〔N〕は，$F = mH$
1 Wb の磁極が長方形 ABCD を矢印の向きに1周する間に磁場が磁極にする仕事 W とは，

$$W = Hs\cos 0° + 0 + H_r s\cos 180° + 0 = J$$

$r < r_0$ の場合，長方形 ABCD を貫く電流は $J = 0$ であることから，

$$Hs - H_r s = 0 \quad \text{すなわち，} \frac{H_r}{H} = 1$$

> **注意** ソレノイドコイル内部の磁場は一様であることを表している。

$r > r_0$ の場合，長方形 ABCD を貫く電流 $J = \dfrac{N}{l}sI$ であることから，

$$Hs - H_r s = \frac{N}{l}sI$$

$H_r = 0$ を考慮すると，$H = \dfrac{N}{l}I$〔A/m〕

問2 円筒形コイル内の磁場 H_r は中心軸での値 H と等しく，コイルを貫く全磁束 Φ は，

$$\Phi = N \times \mu_0 H \times \pi r_0{}^2 = \frac{\pi\mu_0 r_0{}^2 N^2}{l}I = LI$$

自己インダクタンス L は，$L = \dfrac{\pi\mu_0 r_0{}^2 N^2}{l}$〔H〕

〔II〕 **問3** コイル1の電流 I がコイル2の位置に作る磁場 H_1 は，近似的に一様として，$H_1 = \dfrac{I}{2a}$ とすることができる。コイル2を貫く磁束 Φ_2 は，

$$\Phi_2 = \mu_0 H_1 \times \pi b^2 = \frac{\pi\mu_0 b^2}{2a}I = MI$$

相互インダクタンス M は，$M = \dfrac{\pi\mu_0 b^2}{2a}$ 〔H〕

問4 右図のように起電力，電流
の正の向きをとることにする。
自己誘導起電力 $V_1(t)$ とコイル
1 を流れる電流 $I_1(t)$ の関係は，

$$V_1(t) = -L_1\frac{\varDelta I_1(t)}{\varDelta t} \quad \cdots\cdots①$$

相互誘導起電力 $V_2(t)$ とコイル 1 を流れる電流 $I_1(t)$ の関係は，

$$V_2(t) = -M\frac{\varDelta I_1(t)}{\varDelta t} = -\frac{\pi\mu_0 b^2}{2a}\cdot\frac{\varDelta I_1(t)}{\varDelta t} \quad \cdots\cdots②$$

①，②の 2 式により $\dfrac{\varDelta I_1(t)}{\varDelta t}$ を消去すると，$V_2(t) = +\dfrac{\pi\mu_0 b^2}{2aL_1}V_1(t) \quad \cdots\cdots③$

「端子Aを基準とした端子Bの電位」（電源電圧）$V_{BA}(t)$ と自己誘導起電力 $V_1(t)$ の関係，および相互誘導起電力 $V_2(t)$ と「端子Cを基準とした端子Dの電位」$V_{DC}(t)$ の関係，

$$V_{BA}(t) = V_1(t), \quad -V_{DC}(t) = V_2(t)$$

によって式③を書き換えると，$V_{DC}(t) = -\dfrac{\pi\mu_0 b^2}{2aL_1}V_{BA}(t) \quad \cdots\cdots④$

式④の係数 -1 により，「端子Aを基準とした端子Bの電位 $V_{BA}(t)$」に対する「端子C
を基準とした端子Dの電位 $V_{DC}(t)$」の位相差 θ は，$\theta = \pi$〔rad〕

式④を振幅（電圧の最大値）の関係に書き改めると，$V_2 = \dfrac{\pi\mu_0 b^2}{2aL_1}V$

> **研究** 式④において，電源電圧 $V_{BA}(t) = V\sin 2\pi ft$ とすると，コイル 2 の電圧は，
>
> $$V_{DC}(t) = -\frac{\pi\mu_0 b^2}{2aL_1}V\sin 2\pi ft = \frac{\pi\mu_0 b^2}{2aL_1}V\sin(2\pi ft + \pi)$$
>
> これが位相差 π〔rad〕を表す表式である。
>
> また，起電力，電流の正負の関係は次のようになっている。**問4**の図のように，z
> 軸の向きを決め（ここでは上向きとしている），自己誘導起電力 V_1，相互誘導起電力
> V_2，電流 I_1，I_2 についての正の向きは z 軸を取り巻くように図の向きに「決める」。
> ここで，「右ねじの法則」が連想される。このように座標軸を「決めた」場合，
>
> $$V_1 = -L_1\frac{\varDelta I_1(t)}{\varDelta t}, \quad V_2 = -M\frac{\varDelta I_1(t)}{\varDelta t}$$
>
> となり，右辺の負号は，I_1 の正・負，$\dfrac{\varDelta I_1(t)}{\varDelta t}$ の正・負にかかわらず，「いつでも」満
>
> たされる。誘導起電力の式 $V = -\dfrac{\varDelta\varPhi(t)}{\varDelta t}$ の負号も，上と同様の z 軸とそれを取り
>
> 巻く正の向きの決め方に基づいた表式である。

〔Ⅲ〕 **問5** $t_1 \ll t \ll t_2$ において，コイルを流れる電流 I_L〔A〕は，

$$I_L = \frac{1.5}{0.5} = 3\,\text{A} \quad \cdots\cdots⑤$$

自己インダクタンス $L'=0.1$ [H] のコイルに蓄えられる磁場のエネルギー U_L [J] は,

$$U_\text{L}=\frac{1}{2}L'I_\text{L}{}^2=\frac{1}{2}\times0.1\times3^2=0.45\ \text{J}$$

問6 スイッチを切った直後, コイルには式⑤の電流値が一瞬維持される。この瞬間, 15 Ω の抵抗にも同じ電流が流れ, その両端の電位差 V_R [V] は,

$$V_\text{R}=15\times3=45\ \text{V}$$

Point

$V=-L\dfrac{\varDelta I}{\varDelta t}$, $V=-M\dfrac{\varDelta I}{\varDelta t}$ などの式で, I の変動を表す三角関数は, 時間変化 $\dfrac{\varDelta I}{\varDelta t}$ により,

V が sin 関数 → I は −cos 関数
V が cos 関数 → I は sin 関数

と変換される。このことは, 「位相を $\dfrac{1}{2}\pi$ [rad] 遅らせること」とも解釈できる。

第5章 原 子

> **51** 問1　$\Delta N = 0.69 \dfrac{N}{T} \Delta t$　　問2　3.4×10^{11} 個　　問3　6.4×10^{12} 個
>
> 問4　$\dfrac{1.2 \times 10^{-26}}{r^2}$ 〔m〕　　問5　1.7×10^{-10} m

解説 問1　時刻 $t = 0$ での原子核の個数を N_0 とすると，$N = N_0\left(\dfrac{1}{2}\right)^{\frac{t}{T}}$，

$N - \Delta N = N_0\left(\dfrac{1}{2}\right)^{\frac{t+\Delta t}{T}}$ の2式により，微小時間 Δt の間の崩壊数 ΔN は，

$$\Delta N = N - (N - \Delta N) = N_0\left(\frac{1}{2}\right)^{\frac{t}{T}} - N_0\left(\frac{1}{2}\right)^{\frac{t+\Delta t}{T}} = N_0\left(\frac{1}{2}\right)^{\frac{t}{T}}\left\{1 - \left(\frac{1}{2}\right)^{\frac{\Delta t}{T}}\right\}$$

$$= N(1 - 2^{-\frac{\Delta t}{T}}) \fallingdotseq N \times 0.69\frac{\Delta t}{T} = 0.69\frac{N}{T}\Delta t \quad \cdots\cdots ①$$

> **注意** 係数 0.69 は，$\log 2 = 0.69$ である。ただし，常用対数 $\log_{10}2$ ではなく，自然対数と呼ばれる $\log_e 2$ である。$\log_e 2 = \dfrac{\log_{10}2}{\log_{10}e} = 0.6931$

問2　$^{222}_{86}\mathrm{Rn}$（ラドン）の半減期 T_{Rn} に比べて十分に長い時間が経過したとき，微小時間 Δt での $^{222}_{86}\mathrm{Rn}$ の崩壊個数 ΔN_{Rn} と，$^{218}_{84}\mathrm{Po}$（ポロニウム）の崩壊個数 ΔN_{Po} が等しい平衡状態となる。よって，$^{222}_{86}\mathrm{Rn}$ の数を N_{Rn}，$^{218}_{84}\mathrm{Po}$ の数を N_{Po}，半減期を T_{Po}〔分〕とすると，

$$0.69\frac{N_{\mathrm{Rn}}}{T_{\mathrm{Rn}}}\Delta t = 0.69\frac{N_{\mathrm{Po}}}{T_{\mathrm{Po}}}\Delta t \quad \cdots\cdots ②$$

すなわち，　$N_{\mathrm{Po}} = \dfrac{T_{\mathrm{Po}}}{T_{\mathrm{Rn}}}N_{\mathrm{Rn}} = \dfrac{3.1}{3.8 \times (24 \times 60)} \times (6.0 \times 10^{14}) \fallingdotseq 3.4 \times 10^{11}$ 個

問3　さらに時間 $\dfrac{1}{2}T_{\mathrm{Rn}}$ が経過したとき，$^{222}_{86}\mathrm{Rn}$ の個数 $N_{\mathrm{Rn}}{}'$ は，

$$N_{\mathrm{Rn}}{}' = N_{\mathrm{Rn}} \times \left(\frac{1}{2}\right)^{\frac{1.9}{3.8}} = \frac{1}{2^{\frac{1}{2}}}N_{\mathrm{Rn}} = \frac{1}{\sqrt{2}}N_{\mathrm{Rn}}$$

に減少している。$^{222}_{86}\mathrm{Rn}$ の崩壊にともない微小時間1時間に放出される α 粒子の個数は，崩壊する $^{222}_{86}\mathrm{Rn}$ の個数 $\Delta N_{\mathrm{Rn}}{}'$ に等しく，

$$\Delta N_{\mathrm{Rn}}{}' = 0.69\frac{N_{\mathrm{Rn}}{}'}{T_{\mathrm{Rn}}}\Delta t = 0.69 \times \frac{\dfrac{1}{\sqrt{2}} \times 6.0 \times 10^{14}}{3.8 \times (24 \times 60)} \times (1 \times 60) \fallingdotseq 3.22 \times 10^{12}$$ 個

平衡状態では $^{222}_{86}\mathrm{Rn}$ の崩壊と同数の $^{218}_{84}\mathrm{Po}$ も崩壊することから，この1時間に放出される α 粒子の総個数は 6.4×10^{12} 個 と考えられる。

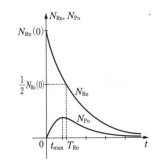

■研究■ こうした崩壊の平衡状態では，式②の関係が成り立つ。自然界に存在する放射性元素は，崩壊系列上のすべての放射性元素が式②の関係を保ちながら残存個数が「足並みをそろえて」減衰していく。

はじめに $^{218}_{84}\text{Po}$ が存在しない時刻 0 からの変化を考えると，$^{222}_{86}\text{Rn}$，$^{218}_{84}\text{Po}$ の原子核数は右図のように変化する。ここでは，$T_{\text{Rn}} : T_{\text{Po}} = 3 : 1$ と仮定して作図している。

十分に時間が経過すると原子核数の比は

$N_{\text{Rn}} : N_{\text{Po}} = T_{\text{Rn}} : T_{\text{Po}}$ という平衡関係に落ち着く。$^{218}_{84}\text{Po}$ の原子核数が最大となる時刻 $t_{\max}$ は上図の例では約 $0.79\,T_{\text{Rn}}$，実際の $^{222}_{86}\text{Rn}$，$^{218}_{84}\text{Po}$ では約 33 分と計算される。

一方，「放射能」とは，「単位時間当たりの崩壊個数」で表される。式①によれば，

$$\frac{\varDelta N}{\varDelta t} = \frac{0.69}{T} N$$

なお，N_{Rn}，T_{Rn} などで表すと，一般式は，$\varDelta N < 0$ として扱い，負号を入れると，

$$\frac{\varDelta N_{\text{Rn}}}{\varDelta t} = -\frac{0.69}{T_{\text{Rn}}} N_{\text{Rn}}, \qquad \frac{\varDelta N_{\text{Po}}}{\varDelta t} = +\frac{0.69}{T_{\text{Rn}}} N_{\text{Rn}} - \frac{0.69}{T_{\text{Po}}} N_{\text{Po}}$$

$\dfrac{0.69}{T}$ の各値は「崩壊定数」と呼ばれる。

問4 α粒子は Xe（キセノン）原子と衝突しても直進すると仮定する。6.0×10^{23} 回衝突する距離 L〔m〕を考えると，細長い円柱の体積 $\pi r^2 L$ は $2.24 \times 10^{-2}\,\text{m}^3$ に相当する。衝突1回当たりの平均自由行程 l は，

$$l = \frac{L}{6.0 \times 10^{23}} = \frac{2.24 \times 10^{-2}}{(6.0 \times 10^{23}) \times \pi r^2} = \frac{1.2 \times 10^{-26}}{r^2}\,\text{〔m〕} \quad \cdots\cdots ③$$

■注意■ 平均自由行程には，α粒子の速さ v は関係しない。

■研究■ 右図(a)の場合，Xe ガス中を進む α粒子は，距離 l 進む間に Xe 原子Bと衝突し，A，C，D，E とは衝突しない。半径 r の円柱領域内に Xe 原子の中心が入っているか，入っていないか，で判断される。

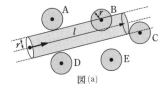

図(a)

Xe ガス中を進む α粒子も半径 r の大きさを持つ球形である場合，右図(b)のように，Xe 原子Gと衝突し，F，H とは衝突しない。平均自由行程 l' は，半径 $2r$ の円柱領域，$\pi(2r)^2 l'$ を考えることになる。

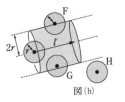

図(b)

問5 $^{222}_{86}\text{Rn}$ の崩壊により 5.5 MeV のエネルギーを持って放出された α粒子が，1回の衝突で 55 eV ずつ運動エネルギーを失うとすると，0.040 m 進む間に 1.0×10^5 回の電離作用を行う。衝突1回当たりの平均距離（平

均自由行程）l は，式③より，$l = \dfrac{0.040}{1.0 \times 10^5} = \dfrac{1.2 \times 10^{-26}}{r^2}$ 〔m〕

これにより，Xe原子の半径 r〔m〕は，$r ≒ 1.7 \times 10^{-10}$ m

Point

放射性元素の半減期の式 $N = N_0 \left(\dfrac{1}{2}\right)^{\frac{t}{T}}$ は，考える時間の幅 $\varDelta t$ が十分に

小さいとき，減少率の式 $-\dfrac{\varDelta N}{\varDelta t} = \dfrac{0.69}{T} N$ に書き換えられる。

---

52 問1 $\dfrac{2d \sin\alpha}{n}$　　問2 x軸方向：$\dfrac{h}{\lambda} = \dfrac{h}{\lambda'}\cos\varphi + mv\cos\theta$，

y軸方向：$0 = \dfrac{h}{\lambda'}\sin\varphi - mv\sin\theta$　　問3 $\dfrac{hc}{\lambda} = \dfrac{hc}{\lambda'} + \dfrac{1}{2}mv^2$

問4　解説参照　　問5　(オ)　　問6 $\dfrac{h}{2mcd\cos\alpha}(1 - \cos\varphi)$

解説 問1　単結晶の第1原子面，第2原子面

で反射する2つの経路の経路差は，右図の

$\qquad$ B₂B₀ + B₀B₃ = 2d \sin\alpha

である。したがって，角 α の方向に強い反射

X線が見られる場合，入射X線の波長 λ は次

の条件を満たしている。

$\qquad 2d \sin\alpha = n\lambda$ ……①

波長 λ は，$\lambda = \dfrac{2d \sin\alpha}{n}$

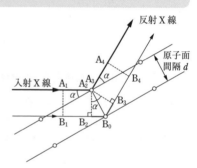

問2　入射X線と散乱X線のX線光子の運動量 $\dfrac{h}{\lambda}$，$\dfrac{h}{\lambda'}$ を用いると，x軸方向の運動量

保存の法則の式は，

$\qquad \dfrac{h}{\lambda} + 0 = \dfrac{h}{\lambda'}\cos\varphi + mv\cos\theta$ ……②

同様に，y軸方向の運動量保存の法則の式は，$0 + 0 = \dfrac{h}{\lambda'}\sin\varphi + (-mv\sin\theta)$ ……③

問3　入射X線と散乱X線のX線光子のエネルギー $\dfrac{hc}{\lambda}$，$\dfrac{hc}{\lambda'}$ を用いると，エネルギー

保存の法則の式は，

$\qquad \dfrac{hc}{\lambda} + 0 = \dfrac{hc}{\lambda'} + \dfrac{1}{2}mv^2$ ……④

問4　②，③の2式を用いて，はじめに θ を消去する。三角関数の等式を用いると，

$\qquad (mv\sin\theta)^2 + (mv\cos\theta)^2 = (mv)^2$ ……⑤

式⑤の左辺において，式②により $mv\cos\theta$ を，式③により $mv\sin\theta$ を消去する。

　一方，右辺については，式④によって v^2 を消去すると，

106

$$\left(\frac{h}{\lambda}\right)^2+\left(\frac{h}{\lambda'}\right)^2-\frac{2h^2}{\lambda\lambda'}\cos\varphi=2m\left(\frac{hc}{\lambda}-\frac{hc}{\lambda'}\right)$$

両辺を $\dfrac{\lambda\lambda'}{h^2}$ 倍すると,

$$\frac{\lambda'}{\lambda}+\frac{\lambda}{\lambda'}-2\cos\varphi=\frac{2mc}{h}(\lambda'-\lambda)$$

すなわち,

$$\Delta\lambda=\lambda'-\lambda=\frac{h}{2mc}\left(\frac{\lambda'}{\lambda}+\frac{\lambda}{\lambda'}-2\cos\varphi\right)\quad\cdots\cdots\text{⑥}$$

問5 式⑥において,近似式 $\dfrac{\lambda'}{\lambda}+\dfrac{\lambda}{\lambda'}\fallingdotseq2$ を用いると,$\Delta\lambda=\lambda'-\lambda\fallingdotseq\dfrac{h}{mc}(1-\cos\varphi)$

入射X線が失うエネルギー ΔK は,

$$\Delta K=\frac{hc}{\lambda}-\frac{hc}{\lambda'}=\frac{hc}{\lambda\lambda'}(\lambda'-\lambda)\fallingdotseq\frac{h^2}{m\lambda^2}(1-\cos\varphi)\quad(\lambda\lambda'\fallingdotseq\lambda^2\text{ とした})$$

ここで,

$\varphi=0°$ では $1-\cos\varphi=0,$ $\varphi=90°,270°$ では $1-\cos\varphi=1$
$\varphi=180°$ では $1-\cos\varphi=2$

を考えると,x 軸方向正の向きに 0,負の向きに 2,y 軸方向正・負の向きに 1 という比を持つグラフは,(オ)である。

> **注意** 近似式 $\dfrac{\lambda'}{\lambda}+\dfrac{\lambda}{\lambda'}\fallingdotseq2$ は次のようにして得られる。
>
> $$\frac{\lambda'}{\lambda}+\frac{\lambda}{\lambda'}=\frac{\lambda+\Delta\lambda}{\lambda}+\frac{\lambda}{\lambda+\Delta\lambda}=\left(1+\frac{\Delta\lambda}{\lambda}\right)+\frac{1}{\left(1+\frac{\Delta\lambda}{\lambda}\right)}=\left(1+\frac{\Delta\lambda}{\lambda}\right)+\left(1+\frac{\Delta\lambda}{\lambda}\right)^{-1}\fallingdotseq2$$

問6 式①と同様に,$2d\sin(\alpha+\Delta\alpha)=n(\lambda+\Delta\lambda)$ (ただし,$n=1$)
ここで,左辺の sin 関数について近似計算

$$\sin(\alpha+\Delta\alpha)=\sin\alpha\cos\Delta\alpha+\cos\alpha\sin\Delta\alpha\fallingdotseq\sin\alpha+(\cos\alpha)\Delta\alpha$$

を用いると,

$$2d\{\sin\alpha+(\cos\alpha)\Delta\alpha\}=\lambda+\Delta\lambda$$

式①において $n=1$ とした式 $2d\sin\alpha=\lambda$ と比較すると,

$$2d(\cos\alpha)\Delta\alpha=\Delta\lambda$$

すなわち,$\Delta\alpha=\dfrac{\Delta\lambda}{2d\cos\alpha}=\dfrac{h}{2mcd\cos\alpha}(1-\cos\varphi)$

Point

運動量 mv(物体),$\dfrac{h}{\lambda}$(波動)は別の 2 種類である。一方,コンプトン効果の式,$\dfrac{h}{\lambda}+0=\left(-\dfrac{h}{\lambda'}\right)+mv$(一直線上の例)はこの 2 種が「同じ,運動量という物理量」であることを示す式となっている。

53 問1 (1) $2\pi r_n = n\dfrac{h}{mv_n}$ $(n=1,\ 2,\ 3,\ \cdots\cdots)$ (2) $k_0\dfrac{2e^2}{r_n^2}$

(3) 運動方程式：$m\dfrac{v_n^2}{r_n} = k_0\dfrac{2e^2}{r_n^2}$, 軌道半径：$\dfrac{n^2h^2}{8\pi^2mk_0e^2}$ (4) $-\dfrac{16\pi^2mk_0^2e^4}{n^2h^2}$

(5) $-\dfrac{8\pi^2mk_0^2e^4}{n^2h^2}$ 問2 (6) $L = n\cdot\dfrac{1}{2}\lambda$ $(n=1,\ 2,\ 3,\ \cdots\cdots)$

(7) $\dfrac{n^2h^2}{8mL^2}$ (8) $\dfrac{8mcL^2}{3h}$

解説 問1 (1) 円周の長さと波長の関係により,

$$2\pi r_n = n\frac{h}{mv_n} \quad (n=1,\ 2,\ 3,\ \cdots\cdots) \quad \cdots\cdots①$$

(2) 電荷 $+2e$ の原子核と電荷 $-e$ の電子の間に働くクーロン力の大きさ F は,

$$F = k_0\frac{2e\times e}{r_n^2} = k_0\frac{2e^2}{r_n^2}$$

(3) 電子の円運動の運動方程式は, $m\dfrac{v_n^2}{r_n} = k_0\dfrac{2e^2}{r_n^2}$ $\cdots\cdots②$

①, ②の2式を v_n, r_n についての連立方程式として解くと,

$$v_n = \frac{4\pi k_0 e^2}{nh}, \qquad r_n = \frac{n^2h^2}{8\pi^2mk_0e^2} \quad \cdots\cdots③$$

> **注意** 水素原子の場合, $r_{n(\mathrm{H})} = \dfrac{n^2h^2}{4\pi^2mk_0e^2}$ である。He イオンでは, H原子より強いクーロン力によって引きつけられていることが分かる。

(4) 電荷 $+2e$ の原子核による静電気の位置エネルギー U は, 式③の r_n を用いると,

$$U = -k_0\frac{2e\times e}{r_n} = -\frac{16\pi^2mk_0^2e^4}{n^2h^2}$$

(5) 式③の v_n, r_n を用いると, エネルギー E_n は,

$$E_n = \frac{1}{2}mv_n^2 + \left(-k_0\frac{2e^2}{r_n}\right) = -\frac{8\pi^2mk_0^2e^4}{n^2h^2}$$

> **注意** 水素原子の場合, $E_{n(\mathrm{H})} = -\dfrac{2\pi^2mk_0^2e^4}{n^2h^2}$ である。He イオンでは, H原子より強い結合エネルギーによって引きつけられていることがわかる。

問2 (6) 両側の壁を固定端（節）とする定常波を考える。波長の条件は,

$$L = n\cdot\frac{1}{2}\lambda \quad (n=1,\ 2,\ 3,\ \cdots\cdots) \quad \cdots\cdots④$$

(7) 電子の速さを v_n' とする。ド・ブロイ波（物質波）の波長 $\lambda = \dfrac{h}{mv_n'}$ を考えると, 式④は,

$$L = \frac{nh}{2mv_n'} \quad (n=1,\ 2,\ 3,\ \cdots\cdots)$$

上の式を満たす速さ v_n' を持つ電子のエネルギー E_n' は,

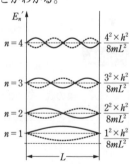

$$E_n' = \frac{1}{2}m(v_n')^2 + 0 = \frac{n^2h^2}{8mL^2} \quad \cdots\cdots ⑤$$

(8) 状態遷移 $E_2' \to E_1'$ で放出される光の波長を λ' とすると，

$$E_2' - E_1' = \frac{2^2 \times h^2}{8mL^2} - \frac{1^2 \times h^2}{8mL^2} = \frac{hc}{\lambda'} \quad \text{により，} \quad \lambda' = \frac{8mcL^2}{3h}$$

注意 波長 λ' は光波の波長，波長 λ は電子の波動性による（物質波の）波長である。

研究 式⑤のエネルギーは，狭い範囲内を運動する核子や電子の例で，領域 L の外には出られないが，その領域内では力を受けずに自由に動ける場合のエネルギー準位 E_n' である。

> **Point** 水素原子の電子の運動では，次の 2 式が出発点となる。
> 運動方程式：$m\dfrac{v^2}{r} = k\dfrac{e^2}{r^2}$, 量子条件：$2\pi r = n\dfrac{h}{mv}$ $(n=1,\ 2,\ 3,\ \cdots\cdots)$
> この 2 式は，v, r についての連立方程式と見なす。

---

54 問1 (1) 4.8 MeV　(2) 0.76

問2 (3) $\dfrac{m_a}{m_a + m_X}v_a$　(4) $\dfrac{1}{2} \cdot \dfrac{m_a m_X}{m_a + m_X} v_a^2$　(5) $-\dfrac{m_a + m_X}{m_X}Q$

解説 問1 (1) この核反応における質量の変化は，

$\Delta m = (6.0135 + 1.0087) - (4.0015 + 3.0155) = 0.0052\ \text{u}$

これにより発生するエネルギー Q は，

$Q = 0.0052\ \text{u} \times (9.3 \times 10^2) = 4.8\ \text{MeV}$

注意 上の計算式は，単位を〔kg〕，〔J〕に変換し，さらに〔MeV〕に書き換えると，$1\ \text{MeV} = 1.6 \times 10^{-13}\ \text{J}$ を用いて，

$$Q = \frac{\{0.0052 \times (1.66 \times 10^{-27})\} \times (3.0 \times 10^8)^2}{1.6 \times 10^{-13}}$$

である。ただし，式中の値 $\dfrac{(1.66 \times 10^{-27}) \times (3.0 \times 10^8)^2}{1.6 \times 10^{-13}} \fallingdotseq 9.3 \times 10^2$ となる。この数値 930 は換算定数のようにしてしばしば利用される。

(2) ^4_2He, ^3_1H の質量を m_{He}, m_H, 反応後の速さを v_{He}, v_H とすると，運動量保存の法則の式は，

$m_{He}v_{He} + m_H(-v_H) = 0$

これにより，運動エネルギーの比 $\dfrac{\frac{1}{2}m_{He}v_{He}^2}{\frac{1}{2}m_H v_H^2} = \dfrac{m_H}{m_{He}} = \dfrac{3.0155}{4.0015} \fallingdotseq \dfrac{3.02}{4.00} \fallingdotseq 0.76$

注意 それぞれの運動エネルギーは，$K_{He} \fallingdotseq 2.1\ \text{MeV}$, $K_H \fallingdotseq 2.7\ \text{MeV}$ と計算される。

問2 (3) 運動量保存の法則により，複合体の速さ v は，

$$m_a v_a = (m_a + m_x) v \quad \text{により，} \quad v = \frac{m_a}{m_a + m_x} v_a \quad \cdots\cdots①$$

(4) 式①の v を用いると，運動エネルギーの差 ΔK は，

$$\Delta K = \frac{1}{2} m_a v_a{}^2 - \frac{1}{2}(m_a + m_x)v^2 = \frac{1}{2} \cdot \frac{m_a m_x}{m_a + m_x} v_a{}^2 \quad \cdots\cdots②$$

(5) 式②の ΔK の値がちょうど質量の不足分（のエネルギー）を埋め合わせることができるとき $-Q = \Delta K$（ただし，$Q < 0$）となる。すなわち，

$$-Q = \frac{1}{2} \cdot \frac{m_a m_x}{m_a + m_x} v_a{}^2$$

これより，エネルギーしきい値は，$\dfrac{1}{2} m_a v_a{}^2 = -\dfrac{m_a + m_x}{m_x} Q$

注意 核反応（$Q < 0$ の場合）を起こすのに必要なエネルギーは，質量の増加に見合うエネルギーの追加分 $|Q| = \Delta m \times c^2$ だけでなく，運動量保存の法則によって必然的に動き出す複合体の運動エネルギー分を加えたものである。必要な入射エネルギー $\dfrac{1}{2} m_a v_a{}^2$ は，

$$\frac{1}{2} m_a v_a{}^2 = |Q| + \frac{1}{2}(m_a + m_x)v^2$$

式②によれば，式 $-Q = \Delta K$ はこのことを意味している。

Point 発生するエネルギー Q を含めた核反応式

$$A + B \rightarrow C + D + Q$$

において，質量エネルギーと運動エネルギーによるエネルギー保存の法則は，

$$E_A + E_B = E_C + E_D + Q$$

で表される。ところが，運動エネルギーの関係は，

$$K_A + K_B + Q = K_C + K_D$$

となる。

〔大学入試　全レベル問題集　物理［物理基礎・物理］　④　別冊〕小菅俊夫